国家重点图书

冶金过程自动化技术丛书

冷轧生产自动化技术

（第 2 版）

刘　玠　主编

孙一康　童朝南　彭开香　编著

北　京

冶　金　工　业　出　版　社

2021

内 容 提 要

本书为《冶金过程自动化技术丛书》(第2版)之一,本书分7章描述了板带冷轧自动化控制系统,主要内容包括单机架冷轧机到连续轧机以及联合全连续冷轧生产线自动化控制系统,其中重点放在连续轧机部分的基础自动化系统与过程自动化系统,同时兼顾了轧机入口与出口处理线的自动化,也简述了彩色涂层自动化系统以及联合企业的生产执行控制级自动化。本次修订主要修改的部分有:一些专业用语的更正;第3章基础自动化中的部分内容的调整;第4章过程自动化中增加了关于板形辊型的计算;第5章中修改管理自动化为综合自动化;第6章加强了连退线的内容。

本书可供从事冶金自动化技术的科研、设计、生产维护人员使用,也可供大专院校自动化专业的师生参考。

图书在版编目(CIP)数据

冷轧生产自动化技术/刘玠主编 . —2 版 . —北京:冶金工业
出版社,2017.8 (2021.7 重印)
(冶金过程自动化技术丛书)
ISBN 978-7-5024-6855-2

Ⅰ.①冷… Ⅱ.①刘… Ⅲ.①冷轧—自动化技术 Ⅳ.①TG335.12

中国版本图书馆 CIP 数据核字(2015)第 057851 号

出 版 人　苏长永
地　　址　北京市东城区嵩祝院北巷 39 号　邮编　100009　电话　(010)64027926
网　　址　www.cnmip.com.cn　电子信箱　yjcbs@cnmip.com.cn
责任编辑　戈　兰　李培禄　美术编辑　彭子赫　版式设计　孙跃红
责任校对　石　静　责任印制　李玉山
ISBN 978-7-5024-6855-2
冶金工业出版社出版发行;各地新华书店经销;北京中恒海德彩色印刷有限公司印刷
2006 年 10 月第 1 版,2017 年 8 月第 2 版,2021 年 7 月第 2 次印刷
787mm×1092mm　1/16;16.25 印张;393 千字;238 页
78.00 元

冶金工业出版社　投稿电话　(010)64027932　投稿信箱　tougao@cnmip.com.cn
冶金工业出版社营销中心　电话　(010)64044283　传真　(010)64027893
冶金工业出版社天猫旗舰店　yjgycbs.tmall.com
(本书如有印装质量问题,本社营销中心负责退换)

第 2 版序

  《冶金过程自动化技术丛书》出版发行已经十多年了，在这十年中，中国的经济和钢铁工业又有了飞速的发展。经济规模 GDP 从 2003 年的 13.5 万亿元增长到 2013 年的 56.8 万亿元，增长了 3.2 倍；全国粗钢产量从 2003 年的 2.2 亿吨增长到 2013 年的 7.82 亿吨，增长了 2.5 倍。中国钢铁工业不仅规模飞速增长，而且产品品种、产品质量明显提高。我国进出口钢材的变化就是很好的证明：2003 年进口钢材 3724 万吨，出口钢材 712 万吨，2013 年进口钢材 1408 万吨，出口钢材 6234 万吨。出口钢材大幅度增加，说明我们的钢材质量和品种不仅越来越好地满足了我国经济发展及各行各业的需要，而且在国际市场上也有了强大的竞争力。然而，在我国经济和钢铁工业快速发展的同时，钢铁产能过剩，市场竞争日趋激烈，许多企业出现亏损，环保压力继续增大，资源日趋匮乏等问题已经非常明显地显露出来。对钢铁工业面临的这些问题，大家都在思考如何可持续发展，政府也已经出台了许多应对政策，专家们也有各种不同的见解，但是有一点看法是一致的，那就是一定要走创新发展之路，走节能减排之路，走智能化制造之路。这样的战略，必然对企业信息化和自动化提出更高的要求，也为信息化、自动化技术提供更广阔的应用空间。因为当今世界的工业创新发展和智能制造必然涉及工业的工艺、装备、管理、销售、人才、信息等方面，

而这些方面的提升必须要与信息化、自动化技术紧密结合，除此别无其他选择。

同时，十年来，信息化和自动化技术又有了惊人的发展，不仅计算机本身的运行速度、存储容量、网络技术、通信能力、智能化水平等都有极大的提高和极快的发展，而且应用功能，比如大数据分析和决策、云计算技术、虚拟技术、物联网、电子商务等层出不穷。钢铁行业的信息化、自动化技术应用水平也与十年前不可同日而语。如宝钢、鞍钢、武钢、唐钢、邯钢、太钢等企业的信息化及自动化系统的开发和建设就取得了许多可贵的成绩和经验。以上所涉及的方方面面，钢铁工业发展面临的形势，计算机科学技术的发展水平，对我们的《丛书》无疑提出了新的要求，我们感觉到需要对《丛书》内容进行修改、补充。

此外，《丛书》第 1 版出版发行以来，除了受到了广大读者的欢迎以外，也有许多读者指出《丛书》中存在的一些缺陷和不足。为了回馈读者，我们也应该进行修改和重编。为此，本次修订工作，从作者的安排，编写的要求，到增删、改写内容及归纳、审定等等，几次开会讨论，我们做了多方面的工作，力争做到与时俱进。例如修订中广泛吸收了上述一些企业的实践经验和技术，在内容上进行了大幅度地调整和修改；为此在编写人员方面也作了一些调整，吸收了一些参与企业信息化和自动化建设的高级工程技术人员，以使《丛书》第 2 版更具有实践的经验可供借鉴和参考的价值。

本次修订，尽管我们努力做到正确、完整，但仍可能有一些技术观点和论述不全面、不恰当，敬请广大读者批评指正。

中国工程院院士　刘玠

2014 年 9 月

第1版序

新中国建立以来，冶金工业在我国国民经济的发展中一直占据很重要的位置，1949 年我国粗钢产量占世界第26 位，到1996 年粗钢产量为一亿零一百万吨，上升到世界第 1 位。预计今年钢产量能达到二亿六千万吨左右，稳居世界第 1 位。根据国家统计局数据，2003 年我国冶金工业总产值为4501.74 亿元，占整个国内生产总值的4.8%。

统计表明，国民经济增长和钢材需求之间有着非常紧密的关系。2000 年我国生产总值增长率为 8.0%，钢材需求增长率为 8.0%。2002 年我国生产总值增长率为 7.5%，钢材需求增长率为 21.3%。预计今年我国生产总值增长率为 7.5%，而钢材需求增长率为 13%。据美国《世界钢动态》杂志社的研究，钢材需求受经济增长的影响是：如果经济年增长率为 2%，钢材需求通常没有变化，但是如果经济增长为 7%，钢材需求可能会上涨 10%。这也就是 20 世纪90 年代初期远东地区和中国钢材需求量迅猛上涨的原因。

从以上的数据中我们可以清楚地看出冶金工业在国民经济中的地位和作用。在中国共产党的正确领导下，经过半个世纪，尤其是改革开放的 20 多年来的努力奋斗，我国已经成为世界的钢铁大国，但还不是钢铁强国，有许多技术经济指标还落后于技术发达的国家。如我国平均吨钢综合能耗，在 1995 年为 1516kg/t，2003 年降低为 778kg/t，而日本在 2003 年为 658kg/t。很显然是有差距的，要缩小这些差距，除了进行产品结构的调整，新工艺流程的研究与开发，建立现代企业管理制度以外，很重要的一条，就是要遵循党的十六大所提出的"以信息化带动工业化，以工业化促进信息化，走新型工业化道路"的伟大战略。

众所周知，自从电子计算机诞生半个世纪以来，尤其是近几年来信息技术和自动化技术的迅猛发展，为提高冶金企业的市场竞争力，缩短技术更新周期与提高企业科学管理水平提供了强有力的手段，也使得冶金企业得以从产业革命的高度来认识信息技术和自动化技术所带来的影响。各冶金企业，谁对信息技术、自动化技术应用得好，谁的产品质量就稳定，谁的竞争优势就增强，谁的市场信誉就提高，谁就能在激烈的市场竞争中生存、发展。因此这种"应用"就成了一种不可阻挡的趋势。

2003 年，中国钢铁工业协会信息与自动化推进中心及信息统计部就全国 65 家主要冶金企业的信息与自动化现状进行了调查，调查的结果表明：

第一，我国整个冶金企业在主要的工序流程上，基本普及了自动化级（L1），今后仍将坚持和普及。

第二，过程控制级（L2）近年也有了一定的发展，但由于受到数学模型的开发及引进数学模型的消化、吸收较为缓慢的制约，过程控制级仍有较大的发展空间，今后应关注控制模型的引进、消化和开发，它是提高产品质量重要的不可替代的环节。

第三，生产管理级（L3）、生产制造执行系统（MES）尚处于研究阶段，还不足以引起企业领导的足够重视，这一级在冶金企业信息化体系结构中的位置和作用是十分重要的，它是实现控制系统和管理信息系统完美集成的关键。

由此可见，普及、提高基础自动化，大力发展生产过程自动化，重视制造执行系统（MES）建设，加快企业信息化、自动化的建设进程，早日实现我国冶金企业信息化、自动化及管、控一体化，是"十五"期间乃至今后若干年内提升冶金工业这一传统产业，走新型工业化道路的重要目标和艰巨任务。

　　为了加速这一重要目标的实现和艰巨任务的完成，我们组织编写了这套《冶金过程自动化技术丛书》。根据冶金工业工艺流程长，而每一个工序独立性、特殊性又很强，要求掌握的技术很广、很深的特点，为了让读者能各取所需，本套丛书按《冶金过程自动化基础》、《冶金原燃料生产自动化技术》、《炼铁生产自动化技术》、《炼钢生产自动化技术》、《连铸及炉外精炼自动化技术》、《热轧生产自动化技术》、《冷轧生产自动化技术》、《冶金企业管理信息化技术》等 8 个分册出版，其中《冶金过程自动化基础》是论述研究一些在冶金生产自动化方面共性的问题，具有打好基础的作用，其他各册是根据冶金工序的不同特点编写的。

　　这套丛书的编著者都是在生产、科研、设计、领导一线长期从事冶金工业信息化及自动化工作的专家，无论是在技术研究的高度上，还是在解决复杂的实际问题方面都具有很丰富的经验，而且掌握的实际案例也很多，因此书中所介绍的内容也是读者感兴趣的，在实际工作中需要的，同时书中所讨论的问题也是当前冶金企业进行大规模技术改造迫切需要解决的问题。

　　时代的重任，国家的需要，要求我们每一个长期从事冶金企业信息化自动化的工程技术人员，以精湛的技术、刻苦求实的精神，搞好冶金企业的信息化及自动化，无愧于我们这一伟大的时代。相信，这套丛书的出版，会对大家有所帮助。

中国工程院院士　刘玠

2004 年仲夏

第 2 版前言

在我国工业现代化进程中，钢铁工业一直处于基础产业的主导地位，而冷轧板带的生产又是钢铁工业发展中的重要过程之一，同时也是高经济效益的生产过程。因此，近 40 年来国内外冷轧板带产品的生产技术得到了很大发展，尤其是带钢冷轧计算机控制技术发展尤为迅速，我国在建或准备建设的带钢连续冷轧生产线约 20 条，还有单机架、双机架冷轧机生产线，其中单个机架（包括有色金属加工企业）约 200 架次。与此同时，国内的科研人员对带钢冷轧计算机控制技术进行了深入研究，对从国外引进的设备和技术进行系统的学习、改造和创新。为此，对国内外在带钢冷轧计算机控制方面的技术进行总结显得十分必要。

为了适应我国经济发展的需要，为大批新建或待建的冷轧企业的工程技术人员提供一些有用的参考资料，作者将多年来在工程实践中的经验及相关国内外技术资料进行了补充、整理，编写成本书。本次修订是应读者的需求，并且按照读者的反馈意见加以修改的。

本书分 7 章描述了板带冷轧自动化控制系统，涵盖了主轧线和辅助线上的自动化一级、二级、三级自动化系统。重点阐述了板带冷轧计算机控制系统的设计，控制方法的理论基础，控制功能的实现。全书包括单机架冷轧机到连续轧机以及联合全连续冷轧生产线自动化控制系统，其中重点放在连续轧机部分的基础自动化系统与过程自动化系统，同时兼顾了轧机入口与出口处理线的自动化，也简述了彩色涂层自动化系统以及联合企业的生产执行控制级自动化。本次修订主要修改的部分有：一些专业用语的更正；第 3 章基础自动化中的部分内容的调整；第 4 章过程自动化中增加了关于板形辊形的计算；第 5 章中修改管理自动化为综合自动化；第 6 章加强了连退线的内容。

本书在编写过程中得到了鞍山钢铁集团公司冷轧厂领导和技术人员协助和支持，在此对鞍钢冷轧厂张俊民等同志提供部分素材表示衷心感谢。

本书中参考或直接引用了大量的文献资料，对于这些文献资料的作者，请恕在此不能逐位提名，仅表示由衷的感谢。

谨以此书献给辛勤工作在冷轧生产第一线的工程技术人员！

编著者
2017 年 6 月

第1版前言

在工业现代化进程中，钢铁工业一直处于基础产业的定位，而冷轧板带的生产又是钢铁工业发展中的重要课题之一。因此，近年来国内外冷轧板带产品的生产技术得到了很大发展，尤其是带钢冷轧计算机控制技术发展尤为迅速，我国在建或准备建设的带钢冷轧生产线约10多条。与此同时，国内的科研人员对带钢冷轧计算机控制技术进行了深入研究，对从国外引进的设备和技术进行系统的学习、改造和创新。为此，对国内外在带钢冷轧计算机控制方面的技术进行总结显得十分必要。

为了适应我国经济发展的需要，为大批新建或待建的冷轧企业的工程技术人员提供一些有用的参考资料，作者将多年来在工程实践中的经验及相关国内外技术资料进行了补充、整理，编写成本书。

本书分7章描述了板带冷轧自动化控制系统，重点阐述了板带冷轧计算机控制系统的设计、控制方法的理论基础、控制功能的实现。全书内容包括单机架冷轧机、连续轧机以及联合全连续冷轧生产线自动化控制系统，其中重点放在连续轧机部分的基础自动化系统与过程自动化系统，同时兼顾了轧机入口与出口处理线的自动化，同时简述了彩色涂层钢板生产线自动化系统以及联合企业的生产执行控制级自动化。

本书在编写过程中得到了鞍山钢铁集团公司冷轧厂领

导和技术人员的大力协助和支持，在此对鞍钢冷轧厂张俊民等同志提供部分素材表示衷心感谢。

本书中参考或直接引用了大量的文献资料，对于这些文献资料的作者，请恕不能在此逐位提名，仅表示由衷的感谢。

谨以此书献给辛勤工作在冷轧生产第一线的工程技术人员！

编著者

2006 年 7 月

目　　录

本书所用符号

第1章　带钢冷轧生产工艺与设备 ……………………………………… 1

1.1　单机架可逆冷轧机生产工艺及设备 …………………………… 1

1.2　连续冷轧机生产工艺及设备 …………………………………… 3

　　1.2.1　冷连轧生产工艺流程 ………………………………………… 4

　　1.2.2　冷连轧设备 …………………………………………………… 9

第2章　带钢冷轧机计算机控制系统和仪表系统配置 …………… 14

2.1　带钢冷连轧计算机控制功能 …………………………………… 14

　　2.1.1　跟踪功能 ……………………………………………………… 14

　　2.1.2　设定计算 ……………………………………………………… 17

　　2.1.3　动态变规格 …………………………………………………… 18

　　2.1.4　厚度控制 ……………………………………………………… 19

　　2.1.5　板形控制 ……………………………………………………… 20

　　2.1.6　成品表面质量的监控 ………………………………………… 21

　　2.1.7　轧机运行控制 ………………………………………………… 21

2.2　系统配置的特点 ………………………………………………… 23

2.3　基础自动化级 …………………………………………………… 25

2.4　过程自动化级 …………………………………………………… 27

2.5　单机架可逆冷轧机计算机控制系统功能与配置 ……………… 30

2.6　带钢冷轧机测量仪表原理与配置 ……………………………… 31

　　2.6.1　测厚系统原理 ………………………………………………… 31

　　2.6.2　轧制力、张力测量仪表 ……………………………………… 33

　　2.6.3　线速度测量仪表 ……………………………………………… 40

　　2.6.4　直线位移传感器 ……………………………………………… 45

　　2.6.5　板带材的板形测量装置 ……………………………………… 48

2.7　带钢冷连轧控制系统配置举例 ………………………………… 49

　　2.7.1　系统控制功能概述 …………………………………………… 49

　　2.7.2　系统配置与功能分配 ………………………………………… 49

第3章 带钢冷轧基础自动化系统 ……………………………………… 52

3.1 冷轧主传动速度控制和张力控制 ………………………………… 52
3.1.1 冷轧主速度控制系统 …………………………………………… 52
3.1.2 机架之间的张力控制 …………………………………………… 54
3.1.3 开卷、卷取机张力控制 ………………………………………… 60

3.2 带钢冷连轧机的厚度自动控制 …………………………………… 64
3.2.1 冷连轧自动厚度控制基本理论 ………………………………… 65
3.2.2 位置内环和压力内环 …………………………………………… 72
3.2.3 冷连轧厚度自动控制系统 ……………………………………… 76
3.2.4 传统的冷连轧 AGC 系统 ……………………………………… 84

3.3 冷连轧板形控制 …………………………………………………… 88
3.3.1 板形控制的基本概念 …………………………………………… 88
3.3.2 板形的控制方式 ………………………………………………… 94
3.3.3 冷连轧板形自动控制系统 ……………………………………… 97

3.4 冷连轧动态变规格 ………………………………………………… 110
3.4.1 冷连轧动态变规格概述 ………………………………………… 110
3.4.2 动态变规格楔形过渡段参数的计算 …………………………… 112
3.4.3 冷连轧动态变规格的调节方式 ………………………………… 114
3.4.4 冷连轧动态变规格的控制规律 ………………………………… 115
3.4.5 冷连轧动态变规格设定模型 …………………………………… 119
3.4.6 冷连轧动态变规格的控制 ……………………………………… 123

第4章 带钢冷轧过程自动化系统 ……………………………………… 125

4.1 冷轧工艺特点概述 ………………………………………………… 125
4.2 冷轧过程的物理描述 ……………………………………………… 125
4.2.1 绝对和相对压下量 ……………………………………………… 126
4.2.2 中性点和前滑、后滑 …………………………………………… 126
4.2.3 塑性变形应力屈服条件的应用前提和屈服条件公式 ………… 128
4.2.4 塑性变形屈服条件在冷轧过程中的应用 ……………………… 129

4.3 四辊板带轧机辊系的弹性挠度计算 ……………………………… 130
4.3.1 支撑辊挠度 ……………………………………………………… 131
4.3.2 工作辊挠度 ……………………………………………………… 135

4.4 冷轧过程控制模型 ………………………………………………… 141
4.4.1 轧制策略与负荷分配 …………………………………………… 141
4.4.2 辊缝设定与速度设定 …………………………………………… 145
4.4.3 板形（凸度）设定模型 ………………………………………… 148
4.4.4 轧制规程的优化 ………………………………………………… 150

　　4.5　轧制过程计算步骤和内容 ·· 151

　　　　4.5.1　预计算 ··· 151

　　　　4.5.2　后计算 ··· 155

　　4.6　模型自适应和神经元网络训练 ······································ 156

　　　　4.6.1　技术描述 ··· 156

　　　　4.6.2　模型自适应部分 ··· 157

　　　　4.6.3　设定值后计算 ··· 159

　　　　4.6.4　神经网络训练 ··· 159

第5章　冷轧生产过程综合自动化 ·· 161

　　5.1　钢铁企业综合自动化系统概述 ······································ 161

　　　　5.1.1　生产过程综合自动化系统概述 ······························· 161

　　　　5.1.2　冷轧薄板企业的生产及运作特点 ····························· 162

　　5.2　冷轧薄板企业的多级计算机计划调度系统 ···························· 163

　　　　5.2.1　多级计算机系统的集成模型 ································· 163

　　　　5.2.2　制造执行系统 ··· 164

　　　　5.2.3　多级计划与调度体系结构 ··································· 168

　　5.3　冷轧薄板厂PECS系统软件架构模型及机组作业计划中的任务分配 ······· 171

　　　　5.3.1　软件架构模型 ··· 171

　　　　5.3.2　冷轧生产线软件功能接口设计 ······························· 176

　　　　5.3.3　机组作业计划中的任务分配法 ······························· 176

　　5.4　冷轧薄板厂PECS系统的工程实施 ·································· 178

　　　　5.4.1　冷轧企业生产综合自动化模式设计 ··························· 178

　　　　5.4.2　软件功能实施过程及其集成方案设计 ························· 179

第6章　冷轧处理线自动化控制系统 ·· 183

　　6.1　酸洗机组自动化控制系统 ·· 183

　　　　6.1.1　酸洗机组主要设备 ··· 183

　　　　6.1.2　酸洗机组基础自动化系统 ··································· 184

　　　　6.1.3　过程自动化级主要功能 ····································· 187

　　6.2　连退线自动化控制系统 ·· 188

　　　　6.2.1　连续退火线基础自动化控制功能 ····························· 188

　　　　6.2.2　过程自动化系统功能 ······································· 214

　　6.3　平整机自动化控制系统 ·· 215

　　　　6.3.1　平整机工艺概述 ··· 215

　　　　6.3.2　平整机自动化系统控制功能 ································· 215

　　6.4　热镀锌生产线自动化控制系统 ······································ 217

　　　　6.4.1　生产线设备布置描述 ······································· 218

　6.4.2　热镀锌生产线控制系统配置 ……………………………………………… 220

第7章　彩色涂层生产线自动化控制系统 …………………………………………… 223

　7.1　彩色涂层钢板概述 ……………………………………………………………… 223
　　7.1.1　彩色涂层钢板的涂层分类 …………………………………………………… 223
　　7.1.2　彩色涂层钢板的应用 ………………………………………………………… 225
　7.2　彩色涂层生产线基础自动化控制系统 ………………………………………… 226
　　7.2.1　一级基础自动化闭环控制系统功能 ………………………………………… 226
　　7.2.2　一级基础自动化顺序控制系统功能 ………………………………………… 231
　7.3　彩色涂层钢板生产线二级过程控制系统功能 ………………………………… 235
　7.4　彩色涂层钢板生产线仪器仪表系统 …………………………………………… 235
　　7.4.1　彩色涂层钢板生产线仪表控制系统 ………………………………………… 235
　　7.4.2　测量仪表 ……………………………………………………………………… 237

参考文献 …………………………………………………………………………………… 238

本书所用符号

（1）厚度

H_0——冷轧来料厚度（热轧卷带钢厚度），mm；

h_0——机架入口厚度（h_{0i}为i机架入口厚度），mm；

h_1——机架出口厚度（H_i为i机架出口厚度），mm；

h_n——成品架轧出厚度，mm；

h_m——平均厚度 $h_m = \dfrac{h_0 + h_1}{2}$，mm；

h_γ——对应中性角γ处的厚度，mm；

δH_0——来料厚度的变动量，mm；

δh_0——入口厚度的变动量，mm；

δh_1——出口厚度的变动量，mm。

（2）工艺参数

l_c——变形区接触弧长（水平投影），mm；

l_c'——压扁后接触弧长，mm；

u_m——变形区内平均变形速度，s^{-1}；

Δh——绝对压下量，mm；

ε——相对变形程度；

ε_0——入口累计相对变形程度；

ε_1——出口累计相对变形程度；

$\dot{\varepsilon}$——真正变形程度；

e——秒流量，mm^3/s；

Q——轧辊直径，mm；

D——轧辊半径，mm；

R——压扁后轧辊半径，mm；

R'——带钢宽度，m；

B——入口带钢宽度，m；

B_0——出口宽度，m；

B_1——绝对宽展量，m；

ΔB——平均带钢宽度，m；

L_0——入口带钢长度，m；

L_1——出口带钢长度，m；

φ——力臂系数；

μ——变形区摩擦系数；

f——前滑值，%；

β——后滑值，%；

α——咬入角，rad；

γ——中性角，rad；

η——压下系数；

χ——宽展系数；

λ——延伸系数；

$\delta\mu$——摩擦系数变动量，%；

δf——前滑值变动量，%；

$\delta\beta$——后滑值变动量，%。

（3）速度和张力

v——带钢出口速度，m/s；

v_0——轧辊线速度，m/s；

v'——带钢入口速度，m/s；

n_0——对应于 H_0 的电机转速，r/min；

n_H——电机的额定转速，r/min；

δv——带钢出口速度变动量，m/s；

$\delta v'$——带钢入口速度变动量，m/s；

δv_0——轧辊线速度变动量，m/s；

τ_b——后张应力，MPa；

τ_f——前张应力，MPa；

τ_i——i 机架前张应力，MPa；

T_f——前张力，kN；

T_b——后张力，kN；

$\delta\tau_b$——后张应力变动量，MPa；

$\delta\tau_f$——前张应力变动量，MPa；

$\delta\tau_i$——i 机架前张应力变动量，MPa；

$\Delta\tau_i$——附加前张应力（i 机架前张应力变动量），MPa；

K_T——张力影响系数。

（4）力能参数

P_i——i 机架轧制力，kN；

P_E——带钢弹性恢复区附加轧制力，kN；

F_i——i 机架弯辊力，kN；

M_i——i 机架轧制力矩，kN·m；

N_i——i 机架电机功率，kW；

p_x——坐标 x 处变形区单位压力，MPa；

p_φ——坐标角 φ 处变形区单位压力，MPa；

t_x——坐标角 x 处变形区单位摩擦力，MPa；

t_φ——坐标角 φ 处变形区单位摩擦力，MPa；

Q_P——变形区应力状态系数；

P_0——预压靠力，kN；

σ——材料变形阻力，MPa；

k，K——材料强度，MPa；

K_0——材料强度基本值，MPa；

K_E——材料强度增量，MPa；

δP——轧制力变动量，kN；

δK——材料强度变动量，MPa；

δk，δK_0——材料强度基本值变动量，MPa；

δF——弯辊力变动量，kN。

（5）板形参数

CR——带钢出口凸度（轧出凸度），δ 即 CR，mm；

CR_0——带钢入口凸度（轧入凸度），Δ 即 CR_0，mm；

Δ_0——冷连轧来料凸度（热轧卷带钢凸度），mm；

ω_H——轧辊的热辊型，mm；

ω_W——轧辊的磨损辊型，mm；

ω_0——轧辊的原始辊型，mm；

ω_C——CVC 辊可调辊型，mm；

δCR——出口凸度变动量，mm；

$\delta\omega_C$——CVC 辊可调辊型变动量，mm。

（6）设备系数

C_0——轧辊压靠法所测得的轧机纵向刚度，kN/mm；

C_P——带钢宽度为 B 时的轧机纵向刚度，kN/mm；

C_F——弯辊力对测厚仪所在处辊缝影响的纵向刚度，kN/mm；

K_P——轧制力对辊系弯曲变形影响的横向刚度，kN/mm；

K_F——弯辊力对辊系弯曲变形影响的横向刚度，kN/mm；

S——辊缝仪显示的辊缝值，mm；

S_0——辊缝零位，mm；

S_P——辊缝弹跳量，mm；

S_F——弯辊力造成的辊缝变化量，mm；

S_C——轧辊中间点辊缝，mm；

S_e——轧辊边部点辊缝，mm；

S_H——轧辊热膨胀量，mm；

S_ω——轧辊磨损量，mm；

G——辊缝零位自学习值，mm；

O——油膜轴承油膜厚度，mm；

δS——辊缝变化量，mm；

δS_F——S_F 的变动量，mm。

（7）上标

$*$——实测值；

A——动态变规格的前带钢（A 材）参数；

B——动态变规格的后带钢（B 材）参数；

U——上限值；

L——下限值。

（8）下标

i——机架号；

s——设定值；

m——平均值；

n——成品机架参数；

0——入口处值；

H——额定值；

SET——设定值；

REF——给定值；

FB——反馈控制参数；

FF——前馈控制参数；

MN——监控值；

EC——轧辊偏心值；

MR——主令速度值；

SR——相对速度值；

TH——穿带参数；

BG——动态变规格楔形区起始点参数；

WLD——焊缝处参数；

max——最大值；

min——最小值；

RL——稳态轧制时参数。

注：某些仅用于局部公式的符号请见文中各公式的说明。

第 1 章

带钢冷轧生产工艺与设备

在工业现代化进程中，钢铁工业一直处于基础产业的定位，而冷轧板带的生产又是钢铁工业发展中的重要课题之一。冷轧带钢一般厚度为 $0.1 \sim 3\,mm$，宽度为 $100 \sim 2000\,mm$，产品规格繁多、尺寸精度高、表面质量好、机械性能及工艺性能均优于热轧板带钢。近年来国内外冷轧板带产品的生产技术得到了很大发展，冷轧薄板产品属于高附加值钢材品种，是机械制造、汽车、建筑、电子仪表、家电、食品等行业所必不可少的原材料。

随着人民生活水平及物质需求的提高，钢材市场的需求结构发生了巨大变化，特别是冷轧和镀涂层深加工产品的生产能力、品种质量与市场需求差距甚大，矛盾突出。一方面，国产冷轧产品的市场占有率低，仅为 50% 左右；另一方面，冷轧板品种、规格不全，高难度、高附加值产品虽已部分试制成功，但生产成本高，还不能完全满足国内用户需求。此外，产品质量不稳定，不能满足用户高精度要求。

冷轧带钢轧机最初是以单机架可逆轧制方式进行生产的，但这种轧机的速度低，最高只有 $10 \sim 12\,m/s$，产量低。因此，大规模、高效率地生产优质冷轧薄带钢，目前主要是在连续式冷连轧机上进行。

1.1 单机架可逆冷轧机生产工艺及设备

单机架可逆式轧制是指带钢在单机架轧机上往复进行多道次的压下变形，最终获得成品厚度的轧制过程。可逆式轧机的设备组成也较简单，是由钢卷运送及开卷设备、轧机、前后卷取机和卸卷及输出装置组成。有的轧机根据工艺要求在轧制前或轧制后要增设重卷卷取机。20 世纪 60 年代之前，冷连轧生产能力尚未形成规模时，世界各国偏重于发展可逆轧制而大量建造可逆式冷轧机。1962 年以后冷连轧生产得到了迅速的发展。

但是，实践证明单机架可逆冷轧机的作用是连轧机或其他形式的冷轧机不能替代的。而且，通过技术改造可逆轧制的工艺质量有了较大的改善和提高。因此，与连轧机一样，单机架可逆轧机仍是现代冷轧带钢生产的重要组成部分。

可逆轧机的形式是多种多样的，常见的有四辊式、森吉米尔二十辊式、MKW 型八辊式和 HC 轧机，可根据轧制带钢的品种和规格进行选用。

四辊式可逆冷轧机是一种通用性很强的冷轧机，因而在冷轧生产中占有较大的比重。其轧制品种十分广泛，除了冲压用冷轧板外，还可轧制镀锡原板、硅钢片、不锈钢板和高强合金钢板，产品厚度为 $0.15 \sim 3.5\,mm$，宽度为 $600 \sim 1550\,mm$，最宽达 $1880\,mm$，年生产能力一般为10万~30万吨。下面以国内某1700mm可逆轧机为例说明可逆轧机的生产工艺。

单机架可逆冷轧机各种产品的生产工艺流程框图如图1-1所示。

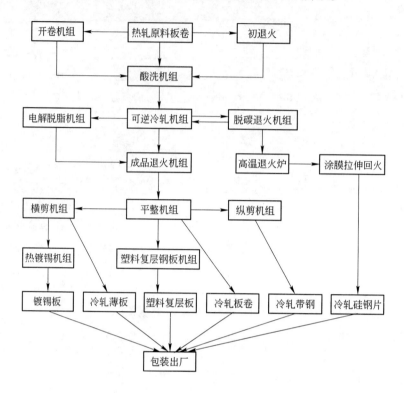

图1-1   单机架可逆冷轧机各种产品的生产工艺流程框图

冷轧原料由半连轧或连轧热轧机组供给，热轧钢卷是由钢锭初轧开坯轧成，单卷重量很小（小于4t）。钢卷可在拼卷机组上切去头尾进行焊接拼卷，以提高后续工序的生产能力。

热轧带钢在冷轧前必须经过破鳞和酸洗，并进行水洗、烘干、切边和涂油，目的在于去除带钢表面的氧化铁皮，使冷轧带钢表面光洁，并保证轧制生产顺利进行。

热轧带钢经酸洗后在可逆式轧机上进行奇数道次的可逆轧制，获得所需厚度的冷轧带钢卷。

图1-2是某1700mm单机架可逆冷轧机的机组组成示意图。机组设备由链式运输机、拆卷机、勾头机、三辊矫直机、轧机、前后卷取机、卸卷小车和输出斜坡道等组成。轧机由机架、支持辊及油膜轴承、工作辊及滚动轴承、液压平衡装置、电动压下装置和电动传动主电机等组成。

经酸洗涂油的热轧钢卷由中间库吊放到链式运输机的鞍座上，运输链把钢卷顺序运送到拆卷位置上进行开卷。

拆卷机为双锥头胀缩式，锥头下方的液压升降台上升托起钢卷并使其孔径对准合拢的两个锥头，锥头插入内径后胀开并向前转动。

伸出的带头被下落的钩头机引入到三辊矫直机经过活动导板送入辊缝。钩头机有钳夹

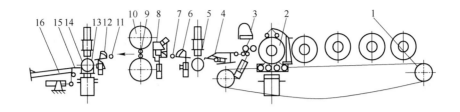

图 1-2 某 1700mm 单机架可逆冷轧机的设备组成

1—大链子；2—拆卷机；3—伸直机；4—活动导板；5—右卷取机；6—机前导板；
7—机前游动辊；8—压板台；9—工作辊；10—支持辊；11—机后游动辊；12—机后导板；
13—左卷取机；14—卸卷小车；15—卸卷翻钢机；16—卸卷斜坡道

式和电磁式两种。

带头通过抬高或闭合的辊缝到达出口侧卷取机，插入卷筒的钳口中被咬紧，根据带钢厚度缠绕数圈后调整好压下和张力，然后压下轧前压力导板，施加乳液，起动轧机，根据轧制情况升速到正常速度进行第一道次轧制。

当钢卷即将轧完时，要及时操纵轧机减速停车，使带尾在入口侧卷取机卷筒上停位。卷筒钳口咬住带尾后，轧钢工依照规程分配第二道次压下，操纵员选好张力、给上浮液，轧机进行换向轧制。

根据钢种和规格，每个轧程进行 3～7 道的往复轧制。当往复轧制到奇数道次并达到成品厚度时，根据带尾质量情况辊缝抬高或闭合地进行甩尾。在卷取机卷筒上把带尾手工焊接到外圈钢卷上或用捆带扎牢，由卸卷小车把钢卷托运出卷筒，然后倾翻到钢卷收集槽上，标写卷号规格，即可吊运到下面工序继续生产。

带钢的润滑冷却，在 1700mm 轧机上为浓度约 4%～10% 的轧制油或轧制液的乳化液，经过滤冷却可循环使用。生产操作中通过调节润滑冷却剂的浓度、温度和流量，来保证轧制过程的良好润滑和冷却条件。

1.2 连续冷轧机生产工艺及设备

单机架可逆式轧机由于轧制速度低（最高轧制速度仅为 10～12m/s）、轧制道次多、生产能力低，只适于小批量、多品种及特殊钢材的轧制。因此，当产品品种规格较为单一、年产量高时，宜选用生产效率与轧制速度都很高的多机架连续式轧制方式。在工业发达的国家中，它承担着薄板带钢的主要生产任务。

带钢冷连轧机组的机架数目，根据成品带钢厚度不同而异，一般由 3～6 个机架组成。当生产厚度 1.0～1.5mm 的冷轧汽车板时，常选用三或四机架冷连轧机组；对于厚度为 0.25～0.4mm 的带钢产品，一般采用五机架冷连轧机（四机架只能轧制 0.4～1.0mm 的板、带产品），若成品带钢厚度小于 0.18mm 时，则需采用六机架冷连轧机组，但一般最多不超过六个机组。

对于极薄产品或薄的不锈钢及硅钢板、带产品，则采用多辊式（如森吉米尔）轧机进行轧制。近年来，这些多辊式轧机已开始实现连续式轧制或完全连续式轧制。

为了使冷轧生产达到高产、优质、低成本，在冷轧机的设计制造和操作上作了极大努力，并取得了很大的成就。到目前为止，冷连轧机大致经历了四个发展阶段，即 20 世纪 60 年代以前的常规式冷连轧机；70 年代以后逐步发展为单一全连轧机（即冷连轧机本身实现的无头轧制）；联合（复合）式全连轧机（单一全连轧机与其他辅助工序的连续机组，如连续酸洗、连续退火等连接起来的联合机组）；最近正在发展中的联合式全连轧机组。

联合式全连轧机组的出现，是冷连轧机发展上的一个飞跃。它既具有单一全连轧机组的许多共同优点，同时又可省去许多重复设备和车间面积，特别是缩短生产周期。

随着轧制工序的连续化，冷连轧生产中的辅助工序也起了极大的变化，出现了一系列连续机组，如连续酸洗、连续电镀锌、连续热镀锌、连续镀锡、连续退火和连续横剪及连续纵剪机组等，使冷轧的生产率得到了极大的提高，一个现代化的冷连轧厂年产量达 100 万 ~ 250 万吨。

1.2.1　冷连轧生产工艺流程

冷连轧带钢产品以热轧带钢为原料，因其表面有氧化铁皮，所以在冷轧前要把氧化铁皮清除掉，故酸洗是冷轧生产的第一道工序。酸洗后即可轧制，轧制到一定厚度，由于带钢的加工硬化，必须进行中间退火，使带钢软化。退火之前由于带钢表面有润滑油，必须把油脂清洗干净，否则在退火中带钢表面形成油斑，造成表面缺陷。经过脱脂的带钢，在带有保护性气体的炉中进行退火。退火之后的带钢表面是光亮的，所以在进一步的轧制和平整时，就不需酸洗。带钢轧至所需尺寸和精度后，通常进行最终退火，为获得平整光洁的表面及均匀的厚度尺寸和调节机械性能要经过平整。带钢经过平整之后，根据订货要求进行剪切。成张交货要横切，成卷交货必要时则纵切。

综上所述，一般用途冷轧带钢的生产工序是：酸洗、冷轧、退火、平整、剪切、检查缺陷、分类分级以及成品包装，其工艺流程如图 1-3 所示。

1.2.1.1　轧钢卷的酸洗

由于热轧卷终轧温度高达 $800 \sim 900℃$，因此其表面生成的氧化铁皮层必须在冷轧前去除。目前冷连轧机组都配有连续酸洗机组。连续式酸洗有塔式及卧式两类，指的是机组中部酸洗段是垂直还是水平布置，机组入口和出口段则基本相同。

塔式的酸洗效率高但容易断带和跑偏，并且厂房太高（$21 \sim 45m$ 以上），因此目前还是以卧式为主。

酸洗机组的设备组成如图 1-4 所示。

入口段设备（图 1-4a）包括：热轧钢卷的运送（运输链）及上卷小车（图中的 1）、开卷机（图中的 2）、夹送辊及矫直辊（图中的 3）、带夹送辊的飞剪（图中的 4）、松套夹送辊（图中的 5）、焊机（图中的 6）、S 形张力辊（图中的 7）、跑偏控制（图中的 8）、带钢夹持辊（图中的 9）、入口活套（图中的 10）。

工艺段设备（图 1-4b）包括：酸洗段（图中的 11）、清洗段（图中的 12）、带钢干燥器（图中的 13），工艺段还包括：酸液再生、废水处理及酸气抽风系统。

出口段设备（图 1-4c）包括：出口活套（图中的 14）、夹送辊（图中的 15）、锁边机

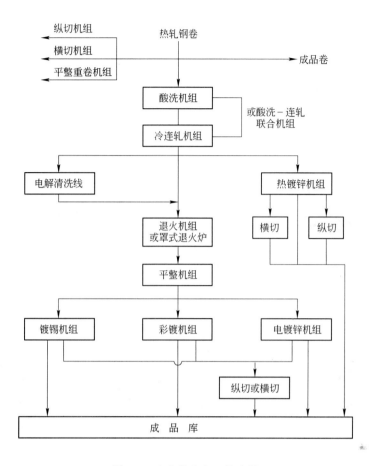

图 1-3 冷连轧生产工艺流程

（图中的16）、切边及碎边机（图中的17）、双S张力辊（图中的18）、带夹送辊飞剪（图中的19）、涂油机（图中的20）、夹送辊（图中的21）、张力卷取机（图中的22）、卸卷小车及运输链（图中的23）。

1.2.1.2 冷连轧机组

图1-5为传统的五机架冷连轧机机组，经过酸洗处理后的热轧带卷用吊车吊至上料步进梁送到钢卷小车以装到开卷机，通过开卷刮刀，夹送辊将带头送到矫直辊并准备进入轧机实现穿带过程，带钢以穿带速度逐架咬入各机架（逐架建立机架间张力），当带头进入卷取机卷筒并建立张力后机组开始同步加速至轧制速度（20～35m/s），并进入稳定轧制阶段，各自动控制系统相继投入，稳定轧制段占整个轧制过程的95%以上，在带钢即将轧完时轧机自动开始减速以使带尾能以低速（2m/s左右）离开各个机架避免损坏轧辊及带尾跳动，带尾进入卷取机后自动停车，卸卷小车上升，卷筒收缩以便卸卷小车将钢卷卸出并送往输出步进梁，最终由吊车吊至下一工序。传统冷连轧机由于存在穿带—加速以及减速—通尾的过程使产量及产品质量受到影响，特别是加减速阶段张力波动大，工艺参数不稳定，其厚差往往要比稳定轧制大一倍，因此现代冷连轧基本上采用全连续无头冷连轧（图1-6），为了实现"无头"轧制，在冷连轧机组前后增加了许多设备，包括：两套开卷

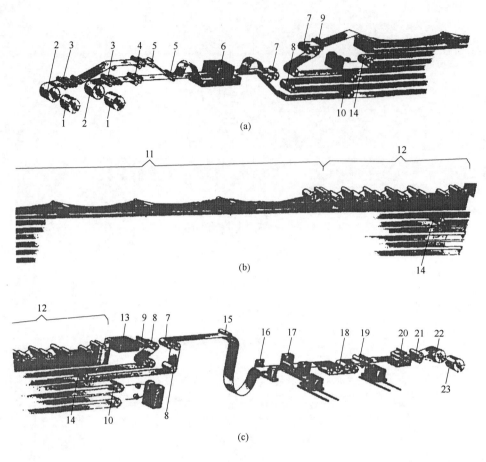

图 1-4 酸洗机组

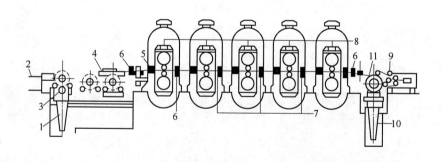

图 1-5 某 1700mm 常规带钢冷连轧机组设备布置示意图

1,10—钢卷小车；2—拆捆机；3—步进式梁；4—开卷机；5—辊式压紧器；

6,7—测厚仪；8—液压压下；9—助卷机；11—张力卷取机

机（以保证连续供料）、夹送辊、矫直辊、剪切机及焊机、张力辊、入口活套等，这与前面所述的酸洗机组入口段设备（图 1-4a）相类似。此外，为了连接入口段和冷连轧机组还需加上一些导向辊、纠偏辊、张力辊及 S 辊等。

为了实现全连续轧制还需在冷连轧机组出口段加上夹送辊、飞剪及 2 台张力卷取机

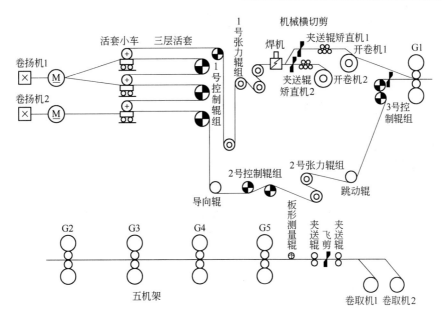

图 1-6 连续式冷连轧机

（或联合式卷取机以便于卷取机的轮换使用）。

正是由于需要增加许多入口段设备，而这些设备又和酸洗机组入口段类同，因此必然会提出将酸洗机组和冷连轧机组联机的想法，进而直接采用酸洗机组与冷连轧联机的无头轧制方式（图 1-7），无头轧制取消了穿带，加速等过程（仅在开始时需要穿带），冷连轧

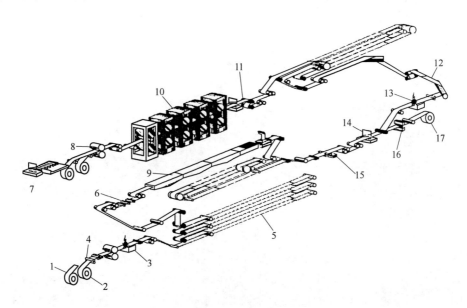

图 1-7 酸洗-冷连轧联合机组

1，2—开卷机；3，13—焊机；4—头部矫直；5—入口活套；6—张力矫直机；7—在线检查站；
8—旋转剪；9—酸洗段；10—冷连轧机；11—对中纠偏设备；12—联机段；
14—剪机；15—切边机；16—涂油机；17—张力卷取机

机组基本上一直以稳定轧制速度运行。为此在入口和出口段增加了一些设备以完成钢卷的焊接和切断，为了保证焊接时冷连轧机组仍保持高速运行，在入口处增加了大容量活套从而保证了无头轧制。

焊缝进入各机架时机组要适当减速以免焊缝磕伤轧辊。

连续式冷连轧或酸洗-轧机联合机组都需要增加动态变规格的功能以及适用于存在带钢情况下的快速换辊装置。

冷连轧采用大张力方式轧制，并对工艺润滑给予特别的注意以保证具有稳定而且较小的摩擦力（轧辊与轧件间），这可以使轧制力减小，保证足够大的压下率。

1.2.1.3　退火工序

由于冷连轧过程带钢存在加工硬化，因此根据成品的要求需增加退火工序（有些精整处理线中含有退火段，则不必通过专门的退火工序）。

退火有罩式炉退火（成卷）和连续退火线两种，前者较为灵活，设备投资少，因此用的较为广泛，但对于某些要求表面好的成品则必须采用连续退火线。

连续退火线包含了电解清洗、退火、冷却、平整及重卷多个工序。

连续退火机组从设备组成看与其他处理线相同，包括：入口段设备、工艺段设备、出口段设备。

其中入口段和出口段设备与酸洗线大同小异，工艺段则根据不同的处理要求布置不同的工艺设备，对于连续退火线，其工艺段包括清洗及退火，退火段可以是竖式的亦可以是水平式的。

近年来有一种联合趋势，即将多个操作，例如退火、平整、张力矫直、切边等合在一个机组中使需要先后处理的工序在一个机组中一次完成，避免多次重复开卷和卷取。

1.2.1.4　带钢平整

为了获得良好的板形及较高的表面光洁度，平整是一个重要的工序，平整实际上是一种1%~5%小压下率的二次冷轧，并实现恒延伸率控制，使带钢板形改善，力学性能提高。除采用四辊平整机外目前在精整处理线中所用的张力矫直机亦能明显改善板形。

1.2.1.5　精整处理线

精整处理线包括横切、纵切、平整、重卷等机组。精整处理线是进一步提高冷轧带钢附加值的重要工序，亦是为冷轧产品适用于各种用途而进行的深加工处理。

1.2.1.6　镀层处理线

包括镀锡镀锌、镀锌铝以及彩镀等，是冷轧产品进一步深加工的主要工序，由于冷轧产品镀层后的用途各异，因而亦将影响镀层机组设备的组成以及工艺段的布置。

仅镀锌而言就有GAIVanized steel镀层（以锌为主，含0.05%~0.2%铝在406~493℃温度范围操作），GAIValume（镀层55%重量铝，43.5%锌及1.5%硅，在560~610℃温度范围内进行操作），Galfan（5%铝，0.1%mushmetal，其余为锌，在406~482℃范围内进行操作）以及Aluminized steel（即100%用铝，在704℃温度操作等）。不同成分镀层产品用于不同的领域（汽车、建筑、家电等）。镀锌线除了入口段和出口段外，工艺段往往还包括了清洗、退火、镀锌、平整（平整机和张力矫直）、化学处理等工序。

其他镀锡及彩镀线亦有多种配置，以适用于各种用途，其差别亦仅仅在工艺段的布置上。

1.2.2 冷连轧设备

作为冷轧厂的主要设备，冷连轧机组的发展曾经经历过三机架，四机架，甚至采用六机架冷连轧，但目前广泛应用的典型布置还是五机架冷连轧。近年来由于薄板坯连铸连轧的应用，热轧带钢成品厚度逐步减薄，从 1.8mm→1.5mm→1.2mm→1.0mm 甚至开始试验 0.8mm 的新工艺，因此冷轧机组亦开始出现新的强力单机架及二机架可逆连轧等方案。

冷连轧机随着板形控制技术的发展，轧机在结构上有了许多变化。

板形控制实际上是设定及控制各机架的有载辊缝形状（即轧出带钢的断面形状）使带钢沿宽度方向获得均匀延伸，因此通过改变以下参数都能达到这一目的：

（1）在线改变轧辊辊型（凸度）。

（2）在线改变轧辊辊系的弯曲变形（弯辊装置）。

（3）改变轧辊辊系的横向刚度。

因此随着板形控制技术的发展，轧机设备上出现了一些新的结构。

1.2.2.1 VC 辊

这是比较早（1977 年）出现的板形控制方法，即在支撑辊内设有液压内腔通过改变内腔中的油压而使支撑辊改变其辊形（轧辊凸度），这是日本住友开发的辊型在线可变轧辊，避免了因生产不同的产品而频繁更换带有不同辊型的支撑辊，如图 1-8 所示。VC 辊的优点是：

（1）减少支撑辊换辊次数，同时避免了储存多个不同辊型的轧辊。

（2）可补偿轧辊磨损及热辊型。

（3）对现有轧机进行改造比较方便，仅需用 VC 辊代替原有支撑辊即可。

从 1977 年到 1986 年世界各国共计使用了 200 多套 VC 辊，但 VC 辊的缺点是：

（1）VC 辊制造较困难。

（2）高压旋转接头及油腔密封维护难。

（3）调节轧辊凸度的量较小。

近年来 VC 辊有所改进，称为新 VC 辊。

1.2.2.2 修形辊

即在支撑辊辊面靠两端处有一个锥形（Taper），使支撑辊和工作辊间接触长度缩短，这将有利于增强轧辊辊系的横向刚度，加大弯辊力的效果，并减少有害接触长度，对带钢边部减薄有很大的好处，其不足之处在于修正锥形曲线是固定的，因此对于不同宽度的带钢效果有所不同。

1.2.2.3 CVC 轧辊系统

CVC 即连续变化凸度轧辊系统（图 1-9）。CVC 辊是德国西马克公司于 1982 年推出的板形控制方法，其原理是在上下工作辊上磨成一定曲线，（互成 180°放置），当轧辊相对窜动时可实现辊缝形状的在线调节。

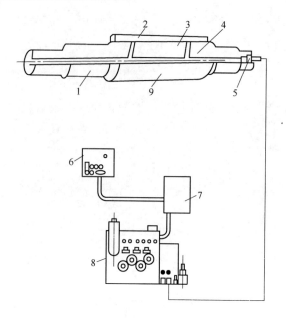

图 1-8   VC 轧辊

1—芯轴；2—套筒；3—油室；4—油路；5—旋转连接器；

6—操作盘；7—控制设备；8—泵站；9—轧辊

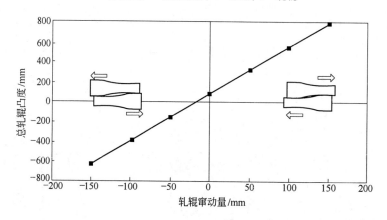

图 1-9   CVC 辊

CVC 轧辊系统的优点是：

（1）调节能力较大，一对 CVC 辊可以满足不同宽度带钢的需要。

（2）轴间窜动机构相对来说不太困难。

因此目前应用比较广泛，特别是用于冷轧时可以在轧制过程中调节而不仅是用于设定。

1.2.2.4   HC 轧机

HC 轧机（图 1-10）是日本日立公司于 20 世纪 70 年代推出的六辊轧机，其中间辊可窜动。目前已发展出多种形式：中间辊窜动的 HCM 六辊轧机；工作辊和中间辊均能窜动的 HCMW 六辊轧机；中间辊带辊型曲线的 HC-CVC 六辊轧机。

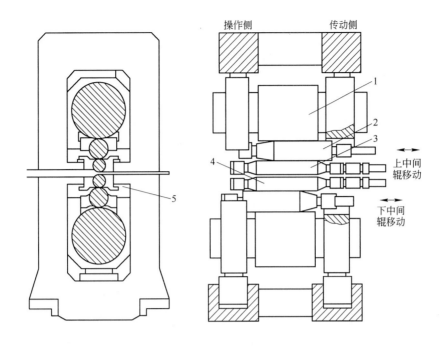

图 1-10　HC 轧机

1—支撑辊；2—中间辊；3—下工作辊；4，5—工作辊弯辊装置

HC 轧机的优点是：

（1）板形控制能力强，HC 轧机仅需不太大的弯辊力即可较好的调节带钢波形度。

（2）可消除工作辊与支撑辊边部的有害接触部分，使带钢边部减薄现象减轻，并可减少裂边。

（3）由于工作辊辊径减少（比常规四辊少 30% 左右），因此可加大压下量，实现大压下量轧制，并减少能耗。

（4）采用标准无凸度轧辊就能满足各种带宽的带材轧制，减少了轧辊备件。

20 世纪 70 年代至 1987 年，世界上已建立了 180 多架 HC 轧机。HC 轧机至今仍是一种较常用的机种。

1.2.2.5　DSR 动态板形辊

DSR 辊是法国克里西姆公司 20 世纪 90 年代推出的新的板形控制方法，目前已在我国宝钢 2030mm 冷轧机上应用。

DSR 辊（图 1-11）由固定辊轴、金属外套筒及套筒内七个液压控制压块组成，通过调整每个压块的压力，改变支撑辊与工作辊间压力分配来调节辊缝形状。这一方法目前尚未达到大量推广的阶段，但具有很多特点。

1.2.2.6　UPC 轧机

UPC 轧机是德国 MDS 研制的万能板形控制轧机，是继 HC、CVC 技术之后又一种可改善板形的轧辊横移式轧机。其原理是将普通四辊轧机的工作辊磨成雪茄形，大小头相反布置，构成一个不同凸度的辊缝。

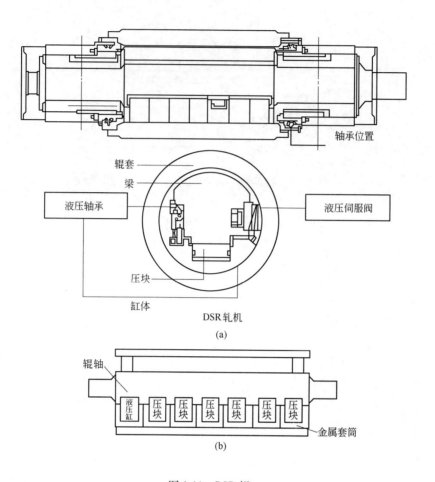

图 1-11   DSR 辊

UPC 目前投产的台数不及 HC 轧机和 CVC 轧机那么多,最早使用 UPC 技术的是德国蒂森克虏伯 1250mm 轧机和芬兰 2000mm 轧机。

1.2.2.7   PC 轧机

PC 轧机是新日铁和三菱重工业公司联合开发的,轧辊成对交叉布置,并配置有在线磨辊装置(ORG)。上工作辊和上支持辊轴线互相平行,下工作辊和下支持辊轴线互相平行,但上下工作辊的轴线交叉布置成一个角度,故 PC 轧机又称为轧辊成对交叉式轧机。当交角为 1° 时,轧辊凸度可达 1000μm。PC 轧机即使在轧制高强度薄带钢时也能实现大压下,控制板形的能力比 HC 轧机高 2~3 倍。

1.2.2.8   冷连轧机设备布置方案

由于各种机型的出现,在连轧机布置上产生了一系列方案(图 1-12),主要有以下几种:

(1)传统的五架四辊轧机(液压压下、弯辊及热辊型调节系统)。

(2)CVC 四辊轧机(加上液压窜辊),可以是部分或全部轧机采用 CVC 技术。

(3)HC 六辊轧机(加上中间辊窜辊装置),可以是部分或全部轧机采用 HC 轧机,当全部采用 HC 轧机时往往只用四个机架组成冷连轧机。

（4）混合型冷连轧机，采用 HC 轧机、CVC 轧机及传统四辊轧机的组合（图 1-13）。

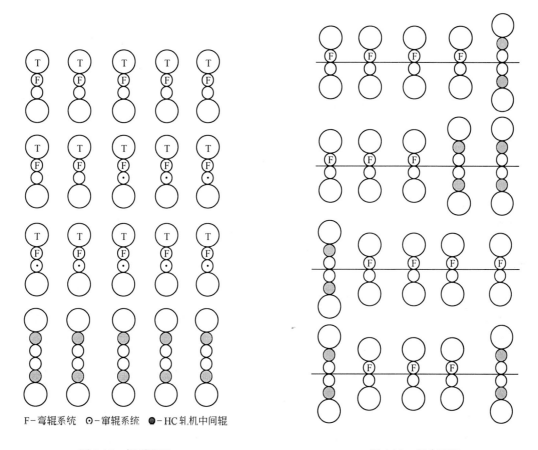

F-弯辊系统　⊙-窜辊系统　●-HC轧机中间辊

图 1-12　辊系配置　　　　　　　　图 1-13　混合配置

目前不少轧机采用了后一种做法，以充分发挥每一种机型轧机的优点。对于六辊 HC 轧机设在哪一架上亦有不同方案，一般常用的还是设在第一架（加大第一架压下量）及最后一或两架（提高板形控制能力），剩余机架可用 CVC，其他辊面曲线的辊系或普通四辊轧机（带弯辊装置）以方便各机架出口带钢凸度的控制。

第 2 章

带钢冷轧机计算机控制系统和仪表系统配置

2.1 带钢冷连轧计算机控制功能

冷连轧自动控制系统的主要任务是保证冷轧产品的质量和产量。因此，其主要功能是：跟踪，辊缝设定，速度设定，张力设定，动态变规格，弯辊、窜辊及冷却水设定，速度控制，张力控制，厚度控制，板形控制，成品表面质量监控，轧机运行控制。

2.1.1 跟踪功能

跟踪是任何轧制过程计算机控制的基本功能。只有正确的跟踪才能做到各功能程序的正确启动，为设定计算提供正确的带钢数据以及为人机界面提供数表和画面显示供操作人员及维护人员正确掌握生产状态。

冷连轧由于其生产工艺及控制的特殊性，它的跟踪功能可分为以下三类：

(1) 以钢卷跟踪为基础的物流跟踪和数据跟踪。

(2) 以带钢特征点跟踪为基础的带钢映象。

(3) 以带钢段跟踪为基础的测量值收集。

2.1.1.1 物流跟踪

物流跟踪亦可称为数据跟踪。其主要任务是启动及协调各功能程序的运行，因此需知道每一钢卷在轧机内所处的位置。为此目的需在轧机区设置一批跟踪点以及开辟一批数据区，跟踪点的设置位置及数量与功能程序的启动时序有关。表 2-1 列出了宝钢 2030mm 全连续冷连轧为物流跟踪所设置的 23 个跟踪点的位置。

表 2-1 物流跟踪点的位置

编 号	物流跟踪点位置	编 号	物流跟踪点位置
1	钢卷确认位置	10	活套出口位置
2	焊机入口位置	11	轧机入口位置
3	焊机出口位置	12	第一机架 C_1
4 ~ 9	活套内 6 个位置	13	第五机架 C_5

编　号	物流跟踪点位置	编　号	物流跟踪点位置
14	1 号卷取机	17	2 号钢卷小车
15	2 号卷取机	18～22	运输链上 5 个位置
16	1 号钢卷小车	23	钢卷检查站

物流跟踪数据区为每一个跟踪点配置了一个跟踪数据记录，其结构如表 2-2 所示，当带钢在轧机区内移动一个位置（跟踪点），跟踪数据区内的跟踪数据也随着移动，因此不同跟踪点上的跟踪数据可以反映带钢在轧机区内的实际位置，亦可供相应功能程序使用正确的带钢数据。

表 2-2　物流跟踪数据记录结构

字序号	内　　容	字序号	内　　容
1～3	钢卷号	9～10	拼卷带钢的两个分卷号
4	附加号	11	酸洗断带标志
5	带钢入口厚度	12～13	备用
6	带钢出口厚度	14	记录号
7	注解代码	15	计算记录号
8	封闭原因		

钢卷的初始数据进入后存放到钢卷数据文件中（物流跟踪区 1）。此钢卷在进入轧机区入口段时将进行钢卷确认，即由轧机入口段操作人员输入信息后由计算机确认该钢卷是否为轧制计划安排的下一卷要轧制的钢卷，确认后将此钢卷的数据文件登记到确认后的数据记录中（由钢卷确认到活套出口为跟踪区 2），当带头进入第一机架 C_1，此数据记录将转移到跟踪区 3（C_1 到卷取机），同样当钢卷小车卸卷时将转移到跟踪区 4（卸卷小车至称重处）。

物流跟踪以钢卷为基础，因此着重于钢卷的带头及带尾，直到钢卷称重完。

2.1.1.2　带钢特征点跟踪

所谓特征点是指：带头、带尾、焊缝、楔形段开始位置、缺陷头、缺陷尾、带钢段段头。随着这些特征点到达轧机区不同位置，需启动不同功能或作不同的处理。因此，应根据这些位置将轧线分为 n 段，并根据测厚仪及压力仪设置，确定 m 个测量点（表 2-3 为宝钢 2030mm 冷连轧所设置的 43 段及 11 个测量点的位置）。带钢特征点跟踪根据带钢的数据（包括焊缝位置、缺陷头尾位置等），确定各特征点到各测量点的距离（需根据每一机架的压下率、前滑等计算）。带钢特征点的行程距离可用轧机主传动码盘传感器测量或利用现代冷轧机所设置的带速激光测速仪来测量。

表 2-3　轧机区分段及测量点

段号	动作	位置	测量点	段号	动作	位置	测量点
0	调 A	C_1 前光电管		23	0	C_4 前 1350mm	
1	0	—		24	0		
2	0	—	DM_0	25	调 B_4	—	
3	0	C_1 前 2600mm		26	调 C_4	—	
4	调 B_1	C_1 前 1300mm		27	调 D_4	C_4 前 400mm	C_4
5	调 C_1	C_1 前 400mm	C_1	28	0	C_4 咬钢	
6	调 D_1	C_1 咬钢		29	0	C_4 后 400mm	
7	0	C_1 后 400mm		30	0	C_4 后 1400mm	DM_4
8	0	C_1 后 1400mm	DM_1	31	0	C_4 后 2250mm	
9	0	C_1 后 2250mm		32	0	C_5 前 1350mm	
10	调 B_2	C_2 前 1350mm		33	调 B_5	—	
11	调 C_2	C_2 前 400mm	C_2	34	调 C_5	—	
12	调 D_2	C_2 咬钢		35	调 D_5	—	C_5
13	0	C_2 后 400mm		36	0		
14	0	C_2 后 1400mm	DM_2	37	0	C_5 前 400mm	
15	0	C_2 后 2250mm		38	0	C_5 咬钢	DM_5
16	0	C_3 前 1350mm		39	调 E	C_5 后 400mm	
17	0			40	调 F	—	
18	调 B_3			41	0		
19	调 C_3	C_3 前 400mm	C_3	42	调 G	C_5 后 2100mm	
20	调 D_3	C_3 咬钢		43	调 G	C_5 后 3200mm	
21	0	C_3 后 400mm				横向剪切机	
22	0	C_3 后 1400mm	DM_3			偏转辊	
		C_3 后 2250mm				带式输送机	
						1 号卷取机	
						2 号卷取机	

注：$DM_0 \sim DM_5$ 为 6 台测厚仪，$C_1 \sim C_5$ 为 5 台冷轧机（共 11 个测量点）。调 A 为调相应程序为 C_1 作轧制准备；调 $B_1 \sim B_5$ 为机架前 400mm 时执行的功能；调 $C_1 \sim C_5$ 为带钢咬入机架时需执行的功能；调 $D_1 \sim D_5$ 为机架后 400mm 时执行的功能；调 E 为飞剪自动控制；调 F 为偏转辊控制；调 G 为卷取机控制。

A　带头/带尾跟踪

带头/带尾跟踪主要用于传统冷连轧机的穿带及甩尾过程，随着带头到达不同位置来启动程序或投入张力控制，将液压压下位置内环切换到压力内环等工作；而甩尾过程则相反，应切除功能，接通尾部辊缝修正等工作。

B　焊缝跟踪

焊缝跟踪主要用于全连续冷连轧或酸洗-轧机联合机组。焊缝需分清其不同类型，焊缝有：

（1）拼卷焊缝：这是为了加大冷轧卷卷重将两个或更多相同的热轧卷拼成一个冷轧卷，对这类焊缝除了焊缝到达轧机时需减速让焊缝通过外，不需作任何工作。

（2）酸洗焊缝：为了连续酸洗而焊接。酸洗焊缝和拼卷焊缝都称为内部焊缝，除减速过焊缝外不需作任何处理。

（3）变规格焊缝：对全连续冷连轧或酸洗-轧机联合机组都需要进行动态变规格，需变规格的前后两个钢卷间的焊缝为了动态变规格过程中张力不变动过大，对前后两个钢卷的参数差别一般有一个限制，表2-4列出了限制的范围。

表2-4 动态变规格允许前后钢卷参数的差别

序 号	参 数	允 许 差 别
1	带宽	<300mm
2	带厚	<20%带厚或0.6mm
3	材料等级	变动15kg/mm²
4	换辊后由窄向宽变	尽量少的钢卷用允许差值

变规格焊缝在入口段则是对焊缝跟踪，而进入轧机后将对楔形区起始位置进行跟踪。

C 带钢段跟踪

为了标明测量值所对应的带钢段，引入了带钢段跟踪，即为带钢定义了一些虚拟标记，称作带钢段段头，由计算机进行跟踪。

当带钢头部到达测量点3时表示新的一段（带钢段）开始，各测量点以0.2s周期采样，每当测量点3收集到8个测量值时，就可定义此时进入到测量位置0的带钢点为新带钢段的段头。由此可知带钢段的长度与带钢运行速度，测量周期及各机架延伸率等有关。

因此带钢段的长度可用下式计算

$$L_1 = 0.2 \times 8v_2 + L_1 \frac{h_1}{h_2} + L_0 \frac{H_0}{h_2}$$

式中　　v_2——C_2的带钢出口速度，m/s；

　　　　L_1——C_1和C_2间距离，mm；

　　　　L_0——测量点0（C_1前测厚度仪）到C_1的距离，mm；

H_0，h_1，h_2——C_1前、C_1后及C_2后的带钢厚度，mm。

由此可知，在穿带时v_2较小，带钢段长度较短。

2.1.2 设定计算

通过多个数学模型对冷连轧各机构进行设定值计算是冷连轧计算机控制（过程自动化级）的主要任务。

为了实现正确的设定计算，过程计算机还需设有钢卷跟踪（亦称为物流跟踪或数据的跟踪），数据的采集及处理，模型自适应及模型自学习等项功能为其服务，图2-1示意性

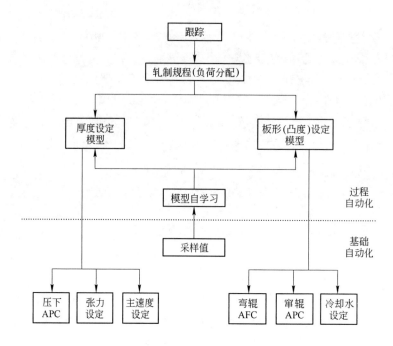

图 2-1 设定计算功能框图

给出了与设定计算有关的功能。

设定计算可分为：预设定计算、重计算（轧制力模型自适应前）、后设定计算（模型自适应后），以及为连续式冷连轧或酸洗-轧机联合机组所设的动态变规格设定计算。

冷连轧设定计算可分为两大部分。第一部分是基本部分，为厚度设定计算，它将给出以下设定值：各机架辊缝值、各机架相对速度值、主令速度值（穿带及稳态轧制）、各机架间张力设定值、其他辅助设备的设定值。第二部分模型用于板形设定计算，它将给出：各机架弯辊力设定值、各机架窜辊位置设定值、冷却剂量设定。

所有这些设定值计算结果，亦即是轧机能实现的操作量，将下送基础自动化，由基础自动化的自动位置控制、恒压力控制及速度控制、水阀控制等程序执行，使各机构达到设定计算所要求的位置，速度等以保证正常轧制及良好带钢头部质量。

2.1.3 动态变规格

动态变规格是全连续冷连轧或酸洗-轧机联合机组所不可缺少的功能。当不同热轧卷（可以是不同钢种，不同厚度或不同宽度）焊接后连续进入冷轧机组（此时速度降到 300m/min）时将其轧制成不同厚度的冷轧卷。对于过程计算机设定模型来说，分别对前后带卷进行设定计算并不困难，困难的是如何来执行，按什么时序逐架对辊缝及速度进行调节，使经过一个不太长的楔形过渡段后达到后材所需的设定厚度和设定张力并保证平稳过渡，不产生大的张力波动（更不能造成断带）。

为了过渡平稳，将前后材设定值的变化分阶段实施，放慢过渡过程对张力的控制有利，但楔形过渡段又不能太长，一旦楔形过渡段大于机架间距离使过渡段同时处于两个机架时，将使问题更加复杂，因此除了分阶段改变设定值外，关键还是需加强对厚度、速度、张力的综合控制，以加快过渡（使不合格的带材长度减小）。动态变规格要求精确跟踪焊缝，并在第一机架形成楔形过渡段后，要求后面各机架按延伸率保持楔形过渡段。关键是控制好楔形过渡段的开始点位置（与焊缝的距离）及结束位置。

在楔形过渡段通过某一机架时要对该机架以及其前后机架的速度进行调节以使张力过渡到后材所要求的设定值，以及保持前面张力为前材所要求的设定值，并且在调节过程中不使张力波动过大，这是关键的控制要求。因此动态变规格要求 L2 和 L1 协同配合并且及时切换 AGC、ATC（张力控制）等闭环反馈控制功能。

2.1.4 厚度控制

为了保证成品全长厚度达到所需精度，必须既要保证同一规格的一批带卷厚度达到目标厚度（差别符合国标或厂标），又要保证一个钢卷内带钢全长的厚度均匀（同板差），因此需要控制"一批带卷的头部厚度"及"每一卷带钢全长厚差"，这两个控制目标实际上亦是分别由两个完全不同但又相互关联的功能来完成的。头部厚度的精度主要取决于厚度设定模型。设定模型的任务是穿带前对各机架辊缝，速度以及张力等进行预设定（对于连续冷连轧及酸洗-轧机联合机组必须在带钢已在各机架中的条件下对各架辊缝、速度及张力进行"调节"以过渡到另一规格——即动态变规格）。

冷连轧与热连轧不同处在于穿带速度很低，穿带后再加速到轧制速度，因此加速段较长，为此存在一个加速段对辊缝、速度、张力的调整。最终头部厚度将取决于设定模型的精度及加速段的调整，此外由于冷连轧轧制一个带卷时间较长，因此在一个带卷轧制过程中将进行多次模型自适应，并在自适应后进行"后设定"以提高厚度精度。

带钢全长厚度的精度主要决定于稳定轧制段开始后（或动态变规格结束后）所投入的 AGC（自动厚度控制系统）功能。

冷连轧 AGC 系统分为粗调 AGC（第一、第二架）及精调 AGC（第四、第五架），包含了多项子功能。图 2-2 给出了与厚度控制有关的各功能以及它们间的关系。

冷连轧 AGC 系统需要克服的：一是带钢带来的来料厚度、来料硬度波动；二是轧机本身产生的轧辊偏心、润滑状态变化（包括轧制速度变化）造成的摩擦系数波动及张力

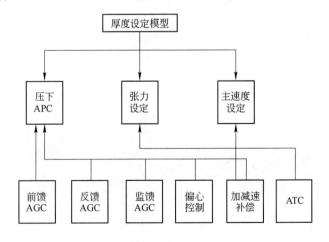

图 2-2　厚度控制有关功能

波动。

虽然与热连轧相比, 冷连轧除成品架出口处设有测厚仪外, 在多个机架后都设有测厚仪, 但如何利用这些测厚仪信号仍然需要费一番心思。直接利用测厚信号进行反馈则滞后太大, 用其进行前馈则由于是开环控制不能保证完全消除偏差, 利用弹跳方程"间接"测厚进行反馈, 滞后减小了, 但精确度太差, 正因为这些困难, 当带钢激光测速仪用于生产后各国在 20 世纪 90 年代普遍迅速发展了流量 AGC, 通过流量方程"间接"测厚使厚度精度有了明显提高。

2.1.5　板形控制

与厚度控制类同, 板形控制同样有一个"头部"和"全长"的区别。因此设有板形(或称带钢凸度)设定模型及 ASC (自动板形控制系统), 以及为执行板形设定模型所给出设定值的液压弯辊 AFC (自动压力控制), 液压窜辊的 APC 及热辊型调节系统的冷却水阀控制程序 CWC。图 2-3 给出了传统冷连轧及连续冷连轧 (或酸洗-轧机联合机组) 与板形控制有关的功能图, 冷连轧板形控制的基本思想是:

(1) 通过各机架板形(凸度)设定及控制, 以保持各机架出口相对凸度 $\left(\dfrac{CR_i}{h_i}\right)$ 等于来料相对凸度 $\left(\dfrac{\Delta}{H_0}\right)$, 以此为目标计算弯辊力及窜辊抽动量来获得需要的 CR_i 值。

(2) 当 AGC 投入后, 为了克服 AGC 引起的轧制力变动对该机架出口相对凸度的破坏, 采用前馈方式控制弯辊力以维持相对凸度不变。

(3) 通过成品出口平坦度测量仪所得的带宽方向上张应力的不匀分布反馈控制末机架弯辊, CVC 辊窜动 (或 HC 轧机中间辊窜动) 以及分段冷却消除二次及四次平坦度缺陷以保证成品质量。

上述控制措施中由于缺乏对每个机架出口凸度 (或对各机架间带钢宽度方向张应力分布) 的实测手段, 因此第一项设定控制的效果无法确定是否真正保持了各机架出口带钢相对凸度恒等。除成品侧具有平坦度测量仪外各机架后缺乏测量凸度或平坦度仪表是冷连轧板形控制的主要困难。

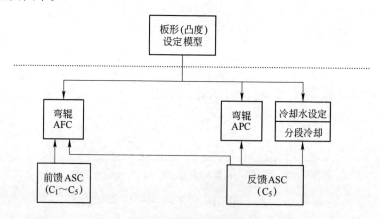

图 2-3　板形控制有关功能

当然各机架相对凸度有少许不等，可通过末机架利用平坦度实测信息进行反馈控制加以克服，但如果相对凸度差别过大就将影响冷连轧的稳定生产。这是当前冷连轧板形控制的一个不足之处，往往不得不依靠经验数据的积累，采用在轧制规范中指定各机架弯辊力和 CVC 辊窜动量的办法。

正由于缺乏各机架出口凸度的实测，很难对冷连轧 $C_1 \sim C_4$ 各机架的凸度设定模型进行自适应和自学习。

2.1.6　成品表面质量的监控

冷连轧成品带钢表面质量是一个十分重要的指标，因此目前各国都在大力开发与此有关的检测仪表及其监控系统。由于缺乏控制手段，目前还是以监控为目标，亦即计算机控制系统通过表面质量检测仪对成品带钢表面质量进行监视，一旦表面质量出现不良的倾向应自动报警，申请更换轧辊或停机检查原因。

2.1.7　轧机运行控制

为了轧机的安全高效、高速运行，设有一批顺序控制对轧机的运行进行自动操作，这包括了自动加速、减速，自动停车及包括了酸洗-轧机联合机组中对酸洗机组的控制，以及整个生产线的速度协调控制。

如果将冷连轧主要控制功能（自动位置/压力控制、主速度级联、自动厚度控制、自动板形控制）以外的其他功能总称为运行控制，则运行控制包括以下两类功能：

（1）与轧机自动运行控制有关的速度控制；

（2）与人工操作有关的速度控制。

属于第一类的有活套入口段速度控制，活套小车控制，活套出口段速度控制，过焊缝自动减速以及传统冷连轧所具有的自动加速，自动减速及自动停车控制。属于第二类的有由操作工人进行的升速、恒速、降速、穿带、甩尾、急停、过焊缝及标定各项操作，各类操作状态的切换模式如图 2-4 所示。表 2-5 列出了不同操作状态下的调速选择。

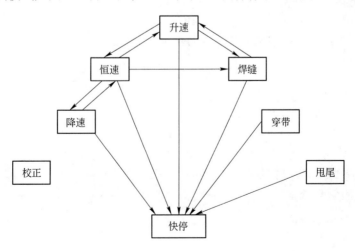

图 2-4　操作状态切换模式

表 2-5   操作状态下的调速参数选择

操作状态	主令速度调速步距	加速度调速表	调速目标	调速方向
快停	4‰	快停表	0	—
降速	2‰	降速表	0 或 v	—
升速	2‰	升速表	v_{max} 或 v	+
焊缝	2‰	降速表	v_w	—
恒速	—	—	不动	不动

注：v—操作指定的减速和升速目标，v_{max}—最大速度，v_w—焊缝通过速度。

下面以全连续冷连轧为对象叙述活套入口，出口段的速度控制。

为了保持冷连轧机组以较高的速度稳速轧制，全连续冷连轧需在连轧机入口处设置具有一定容量的活套，并在活套入口处设立焊机等设备以连续不停地供应原料带钢。为了减少活套区的长度，整个活套分为上中下三层，每一层备有活套小车，用以牵引带钢（活套小车则由钢丝绳牵引），当活套区长 120m 时，可储存带钢 720m。

2.1.7.1   活套入口段速度控制

在前后带钢焊接时入口段速度为零（停止），此时由活套放出带钢来供冷连轧机高速轧制。当焊接完成后，入口段应以比冷连轧机组所需速度更高的速度运行以能在较短时间内使活套恢复最大储存量，此时入口段速度将达到 780m/min。为此需要每 200ms 计算出活套内尚可充入的带钢长度以便入口段及时减速到正常速度避免活套过套而发生故障。

其计算公式为：

$$\Delta L = L_{MAX} - L_{REAL} - L_{SAVE}$$

$$L_{DEC} = \frac{(v_A - v_B)^2}{2\beta}$$

式中　ΔL——尚需充入活套的带钢长度，mm；

L_{MAX}——活套的容量（能容纳的最大带钢长度），mm；

L_{REAL}——活套目前已存储的实际长度，mm；

L_{SAVE}——为安全需要留出的带钢长度量（不能完全充满），mm；

L_{DEC}——由充套速度 v_A 减到正常为轧机供料的速度 v_B 的减速段所走的带钢的长度，mm；

β——减速度，m/s^2。

当 $\Delta L \leqslant L_{DEC}$ 时发出刹车命令，使入口段减速。

2.1.7.2   活套出口段速度控制

活套出口段直接与冷连轧机组入口相接，其速度需与冷连轧机速度相协调，一般情况下活套出口段速度根据冷连轧入口速度需要进行控制，但为了避免活套被拉空而损坏活套，需周期地（200ms）计算活套储存量，其计算公式为：

$$\Delta L_1 = L_{REAL} - L_{MIN} - L_{SAVE}$$

$$L'_{DEC} = \frac{v_C^2}{2\beta'}$$

式中　ΔL_1——尚可以拉出的带钢长度，mm；

　　　L_{REAL}——活套内实际尚有的带钢长度，mm；

　　　L_{MIN}——活套最小储量，mm；

　　　L_{SAVE}——保证安全需留有的安全量，mm；

　　　L'_{DEC}——由出口段目前的速度 v_C 减速至零减速段所需的行走长度，mm；

　　　β'——刹车后的减速度，m/s^2。

当 $\Delta L_1 \leqslant L'_{DEC}$ 时向冷连轧机组发出紧急停车命令，使整个轧机停车。

有关传统冷连轧自动加速、自动减速、自动停车的计算详见可逆冷连轧计算机控制。

为了实现上述各项主要功能，带钢冷连轧计算机控制系统应具有以下功能的应用软件：

（1）生产控制级：原始数据的获得（可以是与热连轧机计算机控制系统联网以获得由热连轧厂送来钢卷的数据，亦可以在冷连轧厂自己输入各原料钢卷的初始数据）、生产计划的编排、轧制计划的确定、原料库管理、成品库管理、产品质量管理、磨辊管理等。

（2）过程自动化级：跟踪（包括物流跟踪、带钢段跟踪以及焊缝跟踪等）、采样数据的获得和处理、轧制规范或负荷分配、厚度设定数学模型、板形（凸度）设定数学模型、数学模型的自适应、数学模型的长期自学习、设定值的下送、人机界面信息管理、报表打印、报警信息打印。

（3）基础自动化级：APC（自动位置控制）、AFC（自动压力控制）、ATC（自动张力控制）、AGC（自动厚度控制）、ASC（自动板形控制）、TRC（张力卷取机及开卷机的恒张力控制）、MSR（主速度给定，包括了速度级联），SQC（顺序控制，包括了 AAC（自动加速控制）、ADC（自动减速控制））、AST（自动停车）、EHL（入口上卷，包括小车及运输链的控制）、DHL（出口卸卷，包括小车及运输链的控制）和酸洗机组的速度、张力以及工艺段的各种控制功能。AGC 本身还将包括一批子功能，如 FF-AGC（前馈 AGC）、FB-AGC（反馈 AGC）、TS-AGC（张力 AGC）、RES-AGC（轧辊偏心补偿）、ACC-AGC（加速段 AGC）、DEC-AGC（减速段 AGC）等，ASC 本身还将包括一批子功能，如 FF-ASC（前馈 ASC）、FB-ASC（反馈 ASC）、CW-ASC（热辊型调节 ASC）等。

上面所述各项基础自动化级功能从实质上可分为三类：顺序控制（进行控制）；设备控制（APC 等），主要配合过程计算机设定模型，完成设定值的执行；质量控制，主要是 AGC 和 ASC。

2.2　系统配置的特点

正如第 1 章中所述，冷连轧过程的主要特点是功能间的相互耦合，由于各控制功能的对象都是这五个机架，因此任何一个控制功能的动作都将改变各机架变形区的工艺参数，因而将影响到其他功能。相互影响最大的是厚度控制（AGC）、板形控制（ASC）以及张力控制。图 2-5 给出了各功能相互影响的路径，由图可知，当 AGC 动作（例如使压下下压以减少厚度）时将使轧制压力变化（增大），因而将使辊系发生新的弯曲变形（加大轧辊挠度），使有载辊缝形状成为中间大两边小的形状因而使出口处带钢断面形状变化（中间厚度加大），即加大出口带钢的凸度 δ_i，进而破坏了原先板形设定模型所追求得到的板形良好条件：

$$\frac{\delta_i}{h_i} = \frac{\delta_n}{h_n} = \frac{\Delta_o}{H_o}$$

由于 AGC 动作使 h_i 变小而 δ_i 变大，因而破坏了本机架相对凸度 $\left(\dfrac{\delta_i}{h_i}\text{为相对凸度}\right)$ 与其他机架相对凸度的匹配，结果是使带钢厚差变小的同时使板形变坏。

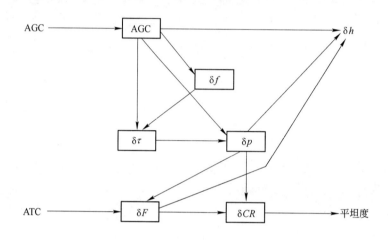

图 2-5   功能间相互影响

这种工艺上的影响（耦合）主要是通过轧制压力的变化来传递的，为此需设立 FF-ASC（前馈 ASC）功能，当 AGC 改变辊缝时应计算出其影响及时通知弯辊，加大弯辊力来补偿轧制力形成的辊系弯曲变形，防止板形变坏。

考虑到 AGC、ASC 的控制周期一般都小于 10ms，而液压 APC 的控制周期为 1～2ms，因此这一补偿信息的传递亦应极快，即在 1～2ms 内能送往板形控制器。

由此可知为什么冷连轧计算机控制系统的系统配置必须要保证满足这"两高"（高速控制和高速通信）的要求。

高速控制可以采用主流 CPU，控制器内采用多 CPU，采用多个控制器进行分散控制。

高速通信则需要在基础自动化有关控制器间设立高速数据交换通道，可以是区域控制器群，在区内设立高速网，也可以是采用超高速网在网上采用数据分流，以保证相关控制器间能在 1～2ms 以内交换数据。

图 2-6 所示系统是我们为国家高效轧制工程研究中心 400mm 二机架可逆冷连轧机所配置的计算机控制系统。系统设计的目标实际上是设计一套为宽带钢冷连轧机用的计算机控制系统，因此在硬件上留有很大的余地，留出了方便地扩展为五机架冷连轧计算机控制系统的可能，图 2-6 所示的系统包括了基础自动化、过程自动化，并为与生产控制及数字交流传动控制器网络留出了接口。

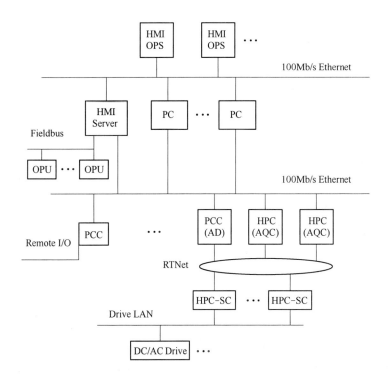

图 2-6　用于冷连轧的计算机控制系统

2.3　基础自动化级

图 2-6 是推荐用于带钢冷连轧的计算机控制系统。系统在基础自动化级采用了区域控制器群结构，即用于控制五机架冷连轧的各控制器用一个超高速光纤内存映象网 RTNet（170～1200Mb/s）连成一个控制器群，通过区域主管及质量控制器（AQC）与 L1/L2 间主网连接。轧机前后顺序控制，包括酸洗-轧机联合机组的酸洗线顺序控制及工艺过程控制用的各 PCC 亦挂在 L1/L2 间主网上。

基础自动化控制器由 PCC 及 HPC 组成，其中 HPC（高性能控制器）为基于 VME 总线的多 CPU 控制器，主要用于快速控制功能，包括质量控制 AGC、ASC、液压传动数字控制器（液压压下 APC、液压弯辊 AFC 等）。交流传动数字控制器从长远看亦应采用基于 VME 总线的多 CPU 控制器，但目前各厂家推出的系统基于不同总线，ALSTOM 的 LOGI-DYN D 系统及 SIGMA 系统，西门子推出的 SIMATIC TDC 都用 VME 控制器作为传动控制器等。但有些则基于其他开放式或不开放的总线，因此目前要解决的是这些传动控制器与我们系统控制器间的通信（通过各种现场总线）。

系统中所用的 PCC（PC based control）为基于 PCI（或 CPCI）总线的控制器，其中采用奔腾的 CPU 利用其运行速度高，通过 SOFTLOGIC 软件来实现逻辑控制，通过 Function Block 软件来实现连续控制。因此我们在系统中用 PCC 来替代传统的 PLC（可编程控制器），及用于工艺过程控制的集散系统。

PCC 将大量采用远程 I/O 以简化电缆接线。PCC 将主要用于顺序控制和速度不太高的位置控制、张力控制、速度控制以及酸洗段的工艺过程控制。区域控制器群的区域主管亦将采用 PCC，因其主要功能为顺序控制。图 2-6 中区域控制器群分为两层：上层为区域主管、质量控制（AGC，ASC）用的 HPC 控制器；而下层为数字传动，包括电气传动控制器和液压传动控制器，考虑到一台轧机中含有多个液压机构（压下、弯辊、窜辊、快速换辊等），因此下层液压控制器又称为机架控制器，其中带有多个 CPU 以分别控制本机架的各个液压系统。

质量控制器、机架控制器由于要求实现高速反馈闭环控制（控制周期达 1~10ms）因此主要由 HPC 来承担，而区域主管则主要是顺序控制，为此用 PCC 来承担，HPC 主要采用本机 I/O 而远程 I/O 则全部集中在区域主管控制器上。由此可见，区域主管面向本区（例如五机架冷连轧机组）并负责与过程计算机联系，接受设定值并对设定值进行管理（当进行动态变规格时），同时收集各 I/O 值以及中间变量进行数据处理后上送过程计算机。

区域主管顾名思义是对整个区域负责，就像过程自动化级的过程控制机对整个生产线（整个过程）负责一样。采用了区域主管后将改变基础自动化级与过程自动化级间的功能分工，主要表现在：

（1）位置跟踪将由区域主管负责，由基础自动化将位置跟踪结果上送过程自动化以进行数据跟踪（为设定模型，自适应及自学习服务）。

（2）数据采集及处理将由区域主管负责，不是将每次采样值上送由过程自动化处理，而是由区域主管对测量值处理后再上送结果。

（3）所有设定值由区域主管接受（包括人机界面送来的半自动设定值），然后根据正确时序给主传动控制器及液压传动控制器。

区域主管还负责与人机界面系统的服务器联系，向服务器送所需的动态显示数据并接收服务器送来的操作人员输入的数据（半自动数据和设备数据）和命令。

区域主管通过 RTNet 与各机架控制器及质量控制器连接，按事件或顺序向机架控制器送设定值（自动或半自动设定值，对机架控制器来说，可以不必过问是自动还是半自动设定值）并向质量控制器送控制的工件点（设定值）及有关由过程机帮助计算的系数值。

当然在动态控制时机架控制器将接收质量控制器通过 RTNet 动态下送的 AGC 控制值（辊缝调节量）和 ASC 控制值（弯辊窜辊调节量及轧辊冷却水的分段控制）。

正是由于区域主管，质量控制器与电气传动及液压传动控制器通过高速网联网，因而大大减少了区域主管及质量控制所需设置的 I/O 板。大量信息（电气传动的速度、电压、电流及液压控制器的位置等以及开关联锁信号）将通过通信网进行交换。PCC 和 HPC 具有与多种标准现场总线连接的能力。

系统采用了统一的人机界面系统（HMI），即 L1 及 L2 使用同一个 HMI 系统，为此 HMI 系统的服务器将通过主网与区域主管以及与过程计算机交换数据（定期更新服务器内的数据库），以便在任何一个客户机或操作员站上显示 L1 或 L2 的画面，人机界面系统采用 OPS + OPU + 少量开关的方式，因而大大地简化了操作台、操作箱的设计。

OPS 即操作员站，为 HMI 的客户机，采用带有大屏幕彩显的 PC 机（64MB 内存、

6GB 硬盘），操作员将通过专门设计的触摸式特殊键盘进行画面切换，数据键入，功能选择及操作命令的输入。

OPU 为带灯辅助功能键盘，一般为 16 或 32 个带灯键，每个键定义有特殊功能，当操作员按下某个键后，由计算机接受此信息并由计算机输出信号将灯点亮，操作箱上亦采用 OPU 以简化结构，OPU 将通过通信线（现场总线）与 HMI 系统服务器连接。

除了 OPS 及 OPU 外操作台上将设置尽量少的开关、按钮，主要用于紧急状态的操作。这些开关按钮除通过继电器电路直接工作外，亦由远程 I/O 通过现场总线连到 HMI 系统服务器，所有 OPS、OPU 及开关信号都将进入服务器的数据库，以便定期与区域主管及过程计算机交换。

为了便于应用软件的离线调试，在每一台控制器内与应用（控制）软件一起设有该控制软件的自检程序，自检程序主要是用来对应用软件进行逻辑上的调试以检查其时序、联锁及逻辑上的正确性。

除此之外，系统在高速网 RTNet 上挂有一个"冷连轧实时仿真"站，利用该站各 CPU 上所模拟的"虚拟冷连轧"对各反馈闭环控制软件（AGC 等）进行离线"实时"调试。这将有利于控制软件的迅速投入生产控制。实时仿真站中还设有模拟轧钢程序，对整个系统进行离线和在线模轧。

2.4 过程自动化级

过程自动化级实际上仅为两台小型机或微机加上必要的外设。这两台过程控制计算机通过 100Mb/s TCP/IP 以太网与基础自动化以及人机界面 HMI 系统的服务器连接（生产控制计算机往往亦连接在此网上）。在实际系统中过程控制计算机的连接通过 SWITCH HUB 将以太网分为多个网段。特别是对于酸洗-轧机联合机组，由于自动化设备分布在较大的范围更需要分段连接。

长期以来轧机自动化的过程自动化级一般用小型机作为过程控制计算机，常用的为 VAX 或 ALPHA 机采用 OPEN VMS 操作系统。近年来随着 PC 机技术的迅速发展，无论是硬件方面还是软件方面都希望能向 PC 技术靠拢，以降低成本，因此本系统采用 2 台 PC（512MB 内存、16GB 硬盘），一台 PC 在线运行，一台作为备件，或 3 台 PC（对于酸洗-轧机联合机组可为酸洗线单设一台）的方案。

从软件上看，采用 PC 机作过程机，无论是速度，内存容量或硬盘容量对冷连轧都不成问题，关键还是选用什么操作系统。

从可以充分利用软件资源角度看，一般建议采用 Windows NT 作操作系统，但 Windows NT 在实时控制条件下显得可靠性不很够，因此亦有不少系统采用 UNIX 操作系统或其他操作系统（VxWorks，RTS 等）。

过程控制计算机的软件由系统软件、支持软件、应用软件构成。

系统软件也称之为基本软件（Basic Software），它是计算机制造厂家提供的，是面向计算机的软件，一般与应用对象无关。系统软件一般包括下列内容：操作系统、汇编语言、高级语言、数据库、通信网络软件、工具服务软件。

系统软件的主要部分是操作系统。操作系统是控制和管理计算机硬件和软件资源、合理地组织计算机工作流程的程序的集合。

尽管操作系统因不同形式的计算机而异，但就每种操作系统所进行的工作而言是基本相同的，即主要有：进程及处理器管理、存储管理、设备管理、文件管理。

一般来说，选用什么样的操作系统，主要取决于几点：系统的规模，系统的复杂性，硬件系统需要什么样的软件开发系统和管理系统的支持。

此外还应开发系统实用程序（例如：文本编辑、连接、库管理、符号调试程序）和系统服务程序（System Service）以及运行时间库例程（Run time Library）

除操作系统外还应注意：网络软件 DECnet 和高级语言（例如 C 或 FORTRAN 语言）。

以上是基本配置，如果用户的投资规模允许，还可以选购另外一些系统管理软件和工具软件。

支持软件（Support Software）是介于系统软件和应用软件之间的软件，支持软件是一种软件开发环境，是一组软件工具集合，它支持一定的软件开发方法或者按照一定的软件开发模型组织而成的。

支持软件与应用软件不同，它独立于应用对象。目前对支持软件的结构和功能都没有统一标准。一般应包括：

（1）进程管理子系统（Process Management Subsystem，简称为 PRCMAN）；

（2）邮箱管理子系统（Mailbox Management Subsystem，简称为 MBXMAN）；

（3）报警管理子系统（Alarm Management Subsystem，简称为 ALRMAN）；

（4）显示管理子系统（Display Management Subsystem，简称为 DSPMAN）。

PRCMAN 负责创建一个应用系统的所有进程，然后周期性地检查进程的状态，并且根据不同的状态进行相应的处理。

MBXMAN 的主要功能是建立一个应用系统所需要的邮箱，并且支持应用程序来完成读邮箱、写邮箱、清洗邮箱、删除邮箱等方面的操作。

ALRMAN 把应用程序中产生的报警进行格式化，并将报警信息输出到指定的 CRT 或打印机上，然后建立报警档案文件，供收件人员查询。

DSPMAN 给应用程序提供了实时屏幕显示的标准接口，并且管理所有涉及屏幕显示与画面更新的在线操作。

过程控制级计算机的应用软件是实现生产过程的控制程序的集合，不同控制对象应用软件将不同。

过程控制计算机的应用软件是实时软件。实时软件是必须满足时间约束的软件。除了具有多道程序并行运行特性以外，还有以下特性：

（1）实时性：如果没有其他进程竞争 CPU，某个进程必须能在规定的响应时间内执行完。

（2）在线性：计算机作为整个带钢冷连轧生产过程的一部分，生产过程不停，计算机工作也不能停。

（3）高可靠性：避免因软件故障引起的生产事故或设备事故的发生。

如果把过程控制计算机所承担的功能整体看做一个实时系统的工作过程的话，这个过程可以被抽象为实时数据采集—实时处理—实时输出。

过程控制计算机应用软件结构设计的主要问题是如何把应用系统分解成若干个并行任务，如何实现任务间通信，如何实现任务间同步与互斥。

在进行应用软件结构设计时，任务划分一般遵循以下原则：

（1）受相同事件激发的功能尽量划分在同一个任务中，以便一次性统一调度。

（2）响应时间要求短（例如0.1s）的功能适当地划分为独立任务，以便进行调度的调整来满足特殊要求。

（3）信息交换频繁的功能尽量划分在同一任务中，以便降低任务之间通信带来的开销。

在实现任务间同步与互斥，任务间通信方面，充分利用操作系统提供的三种方法，即邮箱（Mailbox）、共享文件（Shared Files）和事件标志（Event Flag）。

如何定义数据结构和数据流程，如何有效地管理各种数据，在计算机控制系统的设计中是十分重要的。这是因为轧件的特性（例如：化学成分、重量尺寸、温度）、生产过程中的状态以及计算机控制的结果，都是通过数据反映出来的。

这里所说的数据，是指应用程序中使用的公共数据（COMMON DATA）或者叫全局（GLOBAL）数据，而不是指某一个应用程序中使用的局部数据。这里所说的数据区（Data Area）是指安装成共享映象的公共块（Common Blocks Installed In Shareable Image），而不是指数据文件。

过程控制级计算机中定义的数据区基本可以分成以下三类：

（1）存储依附于轧件而生存的数据。这类数据的特点是数据随着轧件沿生产线的流动而流动。

（2）存储依附于设备而生存的数据。这类数据来自于I/O或人机接口（MMI），由基础自动化级计算机"映射"到过程控制级计算机，这类数据的特点是随着设备状态的变化而变化。

在该类数据区中，主要存储以下各种数据：

1）设备的运行状态。有没有停机（Stop）或保持（Hold），是否发生故障（Fault）等。

2）运转、操作方式。有自动（Automatic）、半自动（SemiAutomatic）和手动（Manual）。

3）检测器和检测仪表的状态。接通（ON）和断开（OFF）。

4）轧机零调数据。

其中1）至3）项都是逻辑型（LOGICAL）数据，4）项为实型（REAL）数据，数据更新的周期是1s或0.1s。

（3）存储应用程序使用的共同数据。这类数据是为应用程序的开发、调试、维护等方面的需求而定义的，主要有以下几种：

1）软件定时器；

2）跟踪指示器；

3）各种软件标志（Flag）；

4）数据区图（MAP）；

5）检测器接通和断开时间；

6）系统时间。

以上三种数据区都是在计算机内存中特别指定的一块存储空间。后两种数据区不需要进行特殊的管理，应用程序可以进行读、写数据操作。

在过程控制计算机中，除了数据区以外，还要建立各种数据文件，主要有：

（1）生产工艺和轧制规程参数文件。

（2）设备参数文件。

（3）数学模型参数文件。

（4）自适应及自学习参数文件。

（5）工种记录，质量统计，生产报表文件。

（6）报警信息文件。

这些文件存储在硬盘中由操作系统的文件管理系统进行管理。

冷连轧过程自动化的应用软件功能已在本章 2.1 节冷连轧计算机控制功能中叙述。

2.5 单机架可逆冷轧机计算机控制系统功能与配置

典型的单机架可逆冷轧机计算机控制系统配置有过程计算机、人机接口工作站、电气联锁逻辑控制 PLC、运行控制和质量控制高性能控制器，如图 2-7 所示。

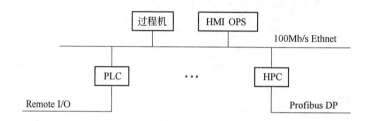

图 2-7 单机架可逆冷轧机计算机控制

单机架可逆冷轧机计算机控制系统的主要控制功能分为模型与设定、运行系统控制、辅助系统控制、质量系统控制、操作系统控制。

模型与设定功能完成轧制道次负荷分配；压下辊缝、弯辊力、速度、张力设定；模型自学习；过程参数搜集、统计与管理。

运行系统控制完成机架的速度、张力、压下 APC、弯辊、冷却、换辊子系统的运行和高速闭环控制。

辅助系统控制可分为 6 个子系统：设备润滑（齿轮箱润滑、油雾润滑）子系统；普通液压站（设备操作动作、换辊动作、轧辊平衡、弯辊控制）子系统；高压站（压下 APC 以及 AGC 控制，通常为 22MPa 左右）子系统；工艺冷却（乳化液站、主油箱、传输油箱、回收油箱）子系统；通风（主电机冷却、吹扫、空压机）子系统；油雾排放子系统。

质量系统控制完成厚度 AGC（压下方式、张力速度方式）、板形控制。

操作系统控制包括人机接口工作站的画面设计、操作台设计、操作控制过程中的电气逻辑联锁控制。

典型的单机架可逆冷轧机计算机控制系统 I/O 点可设计配置为：

开关量输入 DI：640 点；

开关量输出 DO：160 点；

继电器输出 RO：160 点；

模拟量输入 AI：16 通道；

模拟量输出 AO：16 通道；

正交脉冲输入 PI：6 通道；

主通信网络通信变量为 1024 点。

2.6　带钢冷轧机测量仪表原理与配置

带钢冷轧机测量仪表配置是十分重要的，它直接关系到过程控制系统的功能实现和控制精度的问题。无论从设备投资还是系统性能优化设计角度都需要认真考虑检测仪表的选型设计。在冷轧计算机控制系统中主要的过程检测仪表有测厚仪、板形仪、压力仪、张力仪、直线位移、测速仪等。

2.6.1　测厚系统原理

2.6.1.1　X 射线测厚系统原理

射线测厚仪根据射线源的种类分为 X 射线测厚仪和核辐射线测厚仪（有 γ 射线测厚仪和 β 射线测厚仪）。按射线与被测轧件的作用方式又分为穿透式与反射式两种。在冷轧板和有色金属板材厚度测量中选用的射线测厚仪多为穿透式 X 射线测厚仪。

X 射线测厚仪都是透射式的，用来测量各种板材的厚度。它在射线测厚仪中占有较大的比重。它的检测系统的核心是 X 射线源与 X 射线探测器，如图 2-8 所示。X 射线被板材吸收的规律符合朗伯-比耳定律，即公式：

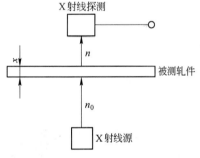

图 2-8　X 射线测厚系统示意图

$$J = J_0 e^{-\mu\rho x}$$

式中　J——出射的 X 射线或 γ 射线的辐射强度，粒子数$/(cm^2 \cdot s)$；

　　　J_0——入射的单色 X 射线或 γ 射线的辐射强度，粒子数$/(cm^2 \cdot s)$；

　　　μ——物质的质量吸收系数，cm^2/g；

　　　ρ——物质的密度，g/cm^3；

　　　χ——物质层厚度，cm。

设 X 射线探测器的接收面积 S，将上式两边分别乘以 S 得

$$JS = J_0 S e^{-\mu\rho x}$$

令

$$JS = n,\ J_0 S = n_0$$

则
$$n = n_0 e^{-\mu\rho\chi}$$

式中　n_0——无板时 X 射线探测器接收的 X 射线辐射通量，光子数/s；

　　　n——有板时 X 射线探测器接收的 X 射线辐射通量，光子数/s；

　　　χ——被测板厚度，cm；

　　　ρ——被测板密度，g/cm^3；

　　　μ——被测板的质量吸收系数，cm^2/g。

　　X 射线测厚仪的 X 射线源是 X 射线管，而 X 射线管发出的 X 射线是连续谱线，由 X 射线探测器通过闪烁计数器与电离室输出一系列电流脉冲，单位时间内探测器输出脉冲数与探测器接受的 X 射线辐射通量成正比，而脉冲的幅值与光子的能量成正比。因此，在单位时间 t 内探测器输出的脉冲数 N 为：

$$N = n\eta t$$

式中　n——探测器接受的 X 射线辐射通量，光子数/s；

　　　η——探测器的效率，常数；

　　　t——测量时间，s。

　　X 射线测厚仪主要由检测系统、电气线路以及机械装置三个组成部分。其中检测系统包括 X 射线源发射器、X 射线接收器，将钢板厚度信息转化为电信号的电路部件；电气线路的任务是对于电信号的放大、变换、整形、补偿等信息处理并输出显示，又以模拟量或开关量接口方式送计算机。现代 X 射线测厚仪与计算机之间都设有通信接口，例如 TCP/IP 网络、Profibus DP 网络接口；机械装置的任务是合理地安排检测位置和测厚仪保护，C 型架的移动等。

　　早期的 X 射线测厚仪采用单光束 X 射线，它要求射线管的电源是高压（电压达几万伏到几十万伏级）高稳定性的。近代 X 射线测厚仪采用双光束 X 射线测量方式，它放宽了 X 射线管的电压与电流的稳定性要求，从而提高了检测精度。图 2-9 给出了双光束 X 射

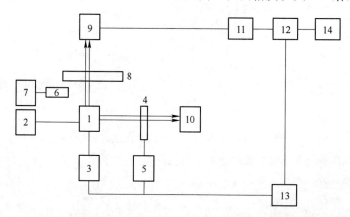

图 2-9　双光束 X 射线测厚仪的组成示意图

1—X 射线管；2—稳流电源；3—稳压电源与控制电路；4—给定楔；5—给定楔移动控制
装置及电路；6—校正板；7—校正板移动装置；8—被测量板；9—测量电离室；
10—参考电离室；11—前置放大电路；12—偏差放大、补偿电路；
13—厚度与材质补偿给定；14—显示记录仪

线测厚仪的示意图。

由于 X 射线测厚仪都采用偏差显示，因此它的测量精度主要取决于厚度给定精度。厚度给定误差主要取决于校正板、给定楔的误差。厚度给定误差一般用相对误差来表示（厚度的绝对误差相对被测板厚度的百分数表示）。噪声和温度漂移也是表征 X 射线测厚仪测量精度的重要指标。噪声来源于检测系统的统计误差，漂移取决于长时间稳定性，也就是取决于 X 射线发生器的稳定性。噪声和温度漂移一般用相对误差表示，也有用绝对误差表示。噪声和温度漂移误差一般都比给定误差小，因此通常就用给定误差来表示仪表的测量精度。

X 射线测厚仪的响应时间指标也是十分重要的，尤其是用于厚度控制系统中监控 AGC 的场合。它定义从被测钢板厚度发生阶跃变化时起到显示器显示该变化量的 63% 止的时间。响应时间主要取决于 X 射线探测器的响应时间。

2.6.1.2 接触式电感测厚仪原理

厚度的连续测量可分为接触式和非接触式测量两类。上述 X 射线测厚仪属于非接触测厚仪，已被广泛地应用于冷、热轧板带轧制和有色金属板带箔加工行业。但是对于钢铁冷轧带钢生产中，在轧制速度不大于 5m/s 情况下，可以使用接触式电感测厚仪，它的代表产品是德国 WOOLLMER 接触式测厚仪。接触式电感测厚仪的测量原理如图 2-10 所示。被测带钢在两个测量滚轮之间通过，滚轮端部镶嵌有高光洁度耐磨的红宝石。上滚轮的位移通过测微螺杆和杠杆转换为电感线圈传感器铁芯的位移。电感线圈 L_1、L_2 与后面的供电电路组成交流电桥电路。当电感线圈传感器铁芯位移时，表示带钢厚度与给定厚度存在偏差，交流电桥产生不平衡输出电压，经过整流、放大后可在直流电表上显示或通过接口电路输出到计算机。

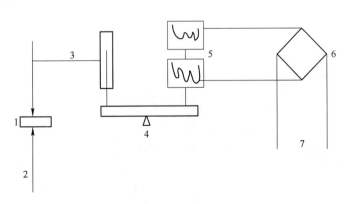

图 2-10 接触式电感测厚仪的示意图

1—被测带钢；2—测量滚轮；3—测微螺杆；4—联动杠杆；
5—电感线圈 L_1、L_2；6—供电与测量电桥；7—输出电路

2.6.2 轧制力、张力测量仪表

轧制力、张力是工业生产过程中的重要参数。在自动化过程较高的轧制中，都要求对轧制力、张力进行正确测量，以充分利用设备能力，保证产品质量，实现系统的自动化控

制。但是由于轧制生产环境恶劣，因此对仪表的可靠性和寿命提出更高的要求。电阻应变式传感器和压磁式测力传感器与其他原理的测力仪表相比，具有输出功率大、内阻低、线性度好、抗干扰过载能力强、寿命长、适应在恶劣环境中长期可靠运行等优点，因此在轧制力、张力测量中得到了广泛的应用。

电阻应变式传感器精度高，响应速度快，经常应用于小压力场合，例如张力计等。压磁式测力仪表的缺点是反应时间慢（达几十毫秒），测量精度较低（仅 1% 或更低）。依靠压磁式测力仪表实现系统的高精度控制还较困难。近年开始发展静电感应电容式轧制力测量仪表，它可使反应时间缩短到微秒级，测量精度达 0.2%，目前已用于薄铝板冷轧的轧制力测量和控制系统中。

2.6.2.1 应变式测压传感器原理

应变片是利用金属丝的电阻应变效应或半导体的压阻效应制成的一种传感元件。应变片的用途不同，其构造不完全相同，但一般的应变片都具有敏感栅、基底、覆盖层和引线等部分。金属应变片的基本结构如图 2-11 所示。测量时将应变片用黏结剂贴在试件或受力作用的弹性元件上，测出其电阻变化，即可求出其应变或受力的大小。

电阻应变效应的发现，迄今已有一百多年的历史。1856 年汤姆逊（W. Thomson）首先发现金属丝在机械应变作用下发生电阻变化的现象，1938 年西蒙斯（E. Simmons）与鲁奇（A. Ruge）创制出纸基丝绕应变片后，电阻应变片开始用于应变测量。以后陆续出现了箔式应变片，半导体应变片等。现在已有用于不同环境和条件的各种类型的电阻应变片，并大量用于制造测量各种参数的传感器。

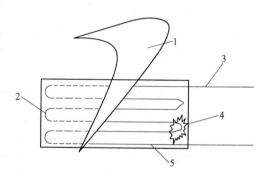

图 2-11 应变片的构造
1—覆盖层；2—基底；3—引线；
4—黏结剂；5—敏感器

按照敏感栅所用材料不同，应变片可分为金属应变片和半导体应变片两大类。在金属应变片中又分为金属丝式应变片、金属箔式应变片和金属薄膜应变片；在半导体应变片中则分为体型、扩散型和薄膜型。下面分别加以介绍。

A 金属丝电阻应变效应

实验证明，绝大部分金属丝沿其轴线方向受到拉伸（或压缩）时，电阻值会增大（或缩小）。这种电阻值随变形发生变化的现象，叫做电阻应变效应。不同金属丝材料的电阻应变效应是不一样的。有些金属丝在一定变形范围内，其电阻变化率与应变成正比关系，可用下式表示

$$\frac{\Delta R}{R} = K_0 \varepsilon$$

式中 R——长度为 L 的丝材的初始电阻值，Ω；

ΔR——丝材伸长 ΔL 后电阻值的变化，Ω；

ε——金属丝轴线方向产生的应变，等于 $\Delta L/L$，为无量纲的值，因为此值通常很

小，故常用 10^{-6} 表示，称为微变量（$\mu\varepsilon$）；

K_0——常数，其物理意义是每单位应变所造成的相对电阻变化，称为金属丝电阻变化率对应变的灵敏系数，简称灵敏系数。

从理论上讲，已知金属丝材的电阻值与尺寸及组成材料的关系式 $R = \rho \dfrac{l}{S}$ 和上式，就可得到由于电阻丝或电阻片长度或面积变化时电阻值将产生变化。实验证明，K_0 值与合金的成分、杂质含量、加工工艺以及热处理过程有关。各种材料的灵敏系数 K_0 均由实验测定。

B 半导体的压阻效应

一块半导体沿某一轴向受到应力作用而产生应变时，它的电阻率会发生变化，这种现象称为半导体的压阻效应。半导体的压阻效应由下式表示

$$\frac{\Delta\rho}{\rho} = \pi_e\sigma = \pi_e E\varepsilon$$

式中　π_e——半导体材料的压阻系数，mm^2/kg；

　　　σ——半导体受到的轴向应力，kg/mm^2；

　　　ε——半导体轴向应变系数，无量纲；

　　　E——半导体材料轴向弹性模量，kg/mm^2。

实验证明，半导体材料的压阻效应很大，因此半导体应变的灵敏系数可表示为

$$K = \frac{\Delta R}{R\varepsilon} \approx \pi_e E$$

实验又证明，半导体应变片的灵敏系数 K 取决于半导体材料、导电类型、晶轴方向、杂质浓度和温度等。杂质含量越高，灵敏系数越低。另外，实验也指出，应变方向不同时，灵敏系数也不同；且拉应变时 $\Delta R/R$ 与 ε 的线性度优于压应变的线性度。温度对灵敏系数也有影响。温度越高，灵敏系数越低，但杂质含量越高的受温度影响越小。灵敏系数也与材料的晶轴方向有关。当用锗材料时，采用 N [111]、P [111] 晶轴；用硅材料时，采用 N [100] 或 [110]、P [110] 或 [111] 晶轴。此时 K 值均大于100，比金属应变片大50倍以上。

C 电桥电路

应变片的电阻变化和应变的关系是通过灵敏系数 K 表示的。常规应变片 K 值很小（$K \approx 2$），机械应变一般常在 $10^{-3} \sim 10^{-6}$ 范围内，因而像图2-12所示的电位计式测量电路不可用，需要采用惠斯登电桥来精确测量这一微小的电阻变化，再经过信号放大后方可使用。

图2-13是一个直流电桥。直流电源 U_0 内阻很小，可认为 $U_{DC} \approx U_0$。根据戴维南定理可得电桥输出端的开路电压（即等效电动势）为 U_K。当 $R_1R_3 = R_2R_4$ 时，电桥平衡。如果电桥输出端与高输入阻抗的电子放大器相连，电桥输出端可看做开路状态（既 $R_L \approx \infty$），则得

$$U \approx U_K = \frac{R_1R_3 - R_2R_4}{(R_1 + R_2)(R_3 + R_4)}U_0$$

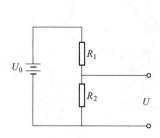

图 2-12 电位计式电路

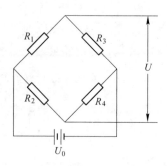

图 2-13 直流电桥

可见，电桥负载阻抗 R_L 很大时，电桥主要是电压输出。在应变测量中，测量电桥通常接成四臂电阻都相等的全等臂电桥，既 $R_1 = R_2 = R_3 = R_4 = R$，电桥的初始状态平衡，在以下讨论中，如不加以说明，均认为电桥四臂原始电阻值相等，按照应变片接入情况不同，可以分为半桥电路和全桥电路。

半桥电路电桥的两臂接电阻应变片，另两臂接固定电阻电路。如果 R_1、R_2 为相同的电阻应变片（灵敏系数都为 K），其中 R_1 为工作片，R_2 为温度补偿片，R_3、R_4 为固定电阻。先不考虑温度的影响，当工作应变片 R_1 感受应变而产生电阻变化 ΔR_1 且 $\Delta R_1 \ll R_1$ 时，利用微分可求得电桥的输出电压为

$$\Delta U \approx \frac{U_0 \Delta R_1}{4R_1} = \frac{U_0}{4}K\varepsilon_1$$

可见，单臂工作的电桥的输出电压与应变片的电阻变化率（或应变）成正比例。

如果 R_1、R_2 均为工作应变片，且感受应变片产生电阻变化 ΔR_1、ΔR_2，在 $\Delta R_1 \ll R_1$，$\Delta R_2 \ll R_2$ 时，利用全微分求得电桥的输出电压为

$$\Delta U \approx \frac{U_0}{4}\left(\frac{\Delta R_1}{R_1} - \frac{\Delta R_2}{R_2}\right) = \frac{U_0}{4}K(\varepsilon_1 - \varepsilon_2)$$

全桥电路是一种电桥的四臂全部接电阻应变片的电路。这时，四桥臂均为工作应变片，感受应变片时产生电阻变化 ΔR_i（$i = 1$，2，3，4）。在 $\Delta R_i \ll R_i$ 时，利用全微分求得电桥的输出电压为

$$\Delta U \approx \frac{U_0}{4}\left(\frac{\Delta R_1}{R_1} - \frac{\Delta R_2}{R_2} + \frac{\Delta R_3}{R_3} - \frac{\Delta R_4}{R_4}\right) = \frac{U_0}{4}K(\varepsilon_1 - \varepsilon_2 + \varepsilon_3 - \varepsilon_4)$$

由公式可以看出电桥测量的一个重要特性，即如果电桥相邻两臂的电阻变化率符号相同，或相对两臂电阻变化率符号相反，则两臂电阻变化引起的电桥输出的电压相减；如果电桥相邻两臂电阻变化率符号相反，或相对两臂电阻变化率符号相同则两臂电阻变化引起的电桥输出电压相加。利用电桥的这个特性，并根据试件各种不同的受力状态，合理布片接桥，可以提高电桥输出的灵敏度和消除不需要的应变读数。

应变式传感器是能够将感知的某种被测参数的变化转化成应变，并经应变片转换成电量输出进行测量的装置。按照被测量参数可以分为测力传感器、压强传感器、位移传感

器、加速度传感器等。它们都具有灵敏度高、精度高、测量范围广，以及能适应在恶劣环境下工作，输出信号便于传输记录等优点，已被广泛应用。应变式测力传感器是应用最为广泛的一种传感器。由于这种传感器多数应用于称重测量，故应变式测力传感器也称荷重传感器。

2.6.2.2 压磁式测压传感器原理

压磁式测力传感器，是利用铁磁材料的磁弹性效应，材料受力后其导磁性能发生变化，将被测力转换为电信号。为说明其测量原理，先介绍一点铁磁学的知识。

A 磁物质的磁化

磁化的实质是在外磁场的作用下，物质中原来方向零乱的原子磁矩按同一方向排列起来的过程。但是，铁磁物质的磁化不同于顺磁性物质。顺磁性物质需要在很强的外磁场作用下才能磁化，而铁磁性物质只需要在很弱的磁场作用下就能被磁化到饱和或接近于饱和程度。这是因为在未加外磁场时，铁磁物质内部的原子磁矩已经以某种方式排列起来，即是说已经达到一定程度的磁化。这种现象称为"自发磁化"。进一步研究得知，铁磁物质的自发磁化是划分为小区域的。在每一个小区域中，原子磁矩按同一方向平行排列并达到磁化饱和程度，形成一个联合磁矩。这些小区域叫做"磁畴"。由于铁磁物质在磁化前或经磁中性化后各个磁畴的自发磁化取向各不相同，对外效果互相抵消，因此，铁磁体对外不显磁性。在铁磁物质的磁化过程中，外加磁场的作用只是使已高度磁化的磁畴磁矩转向磁场的方向，或接近磁场的方向，因而在磁场方向有磁矩的联合量或联合分量，对外显出强磁性。因此，铁磁性物质称为强磁性物质。

通常用磁化强度矢量来描述铁磁物质的磁化状态（磁化方向和强度），它具有一定大小和方向，用 M 表示。磁化强度矢量的定义是单位体积内各个磁畴磁矩的矢量和。如果一宏观体积元 ΔV 内所有的矢量和为 $\sum M_0$，则上述磁化强度矢量 M 可以表示为

$$M = \frac{\sum M_0}{\Delta V}$$

磁化时，外磁场的作用是使物质内各磁畴磁矩转向磁场方向。M 的大小代表各磁畴磁矩在磁场方向上分量的代数和，表示磁化的强弱；M 沿磁场方向取向。当外磁场强度足够大时，可使所有磁畴磁矩全部转向磁场方向，这时再增加磁场强度，M 的大小也不再增加了。这时的磁化强度矢量称为饱和磁化强度矢量，用 M_S 表示。

自发磁化的本质来源于电子间的静电交换作用，它可使原电子磁矩按同一方向整齐排列。这一交换作用可以看作一等效磁场作用于各个原子磁矩。这个等效磁场的存在使铁磁物质内部具有的磁化强度，称自发磁化强度矢量，也用 M 表示。

从能量角度考虑，当磁化强度为 M 的磁性体处在磁场强度为 H 的磁场中时（图 2-14），由铁磁学知道，其单位体积中的静磁能 E_H 为

$$E_H = -\mu_0 MH = -\mu_0 MH\cos\theta_H$$

式中　μ_0——真空磁导率；

θ_H——磁化强度矢量与磁场强度矢量的夹角。

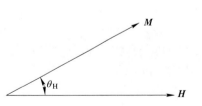

图 2-14　磁场 H 对 M 的作用

由上式可见，$\theta_H = 90°$ 的方向为能量的零点，即 $\theta_H = 90°$ 时，$E_H = 0$；θ_H 改变时 E_H 改变。θ_H 的可变动范围为 $0° \sim 180°$。当 $\theta_H = 0°$ 时，$E_H = -\mu_0 MH$，这是在 θ_H 可变动范围内能量的最低值。所以磁矩在磁场的作用下，如果没有什么阻碍，会转到磁场的方向。这是静磁能最低的方向，从物质结构来看，即是最稳定的方向。

B　磁致伸缩和磁致伸缩系数

磁性物体在磁场中磁化时，在磁场方向会伸长或缩短，即磁性物体的尺寸发生改变，这种现象称为磁致伸缩效应。磁致伸缩的程度用伸缩 $\Delta l / l$ 表示。

材料随磁场强度的增加而伸长或缩短，最后停止伸缩达到饱和。各种材料的饱和伸缩比是一定的数值，称为磁致伸缩系数，用 λ_S 表示，即

$$\lambda_S = \left(\frac{\Delta l}{l} \right)$$

一些材料（如 Fe）的物体随磁场强度的增长而伸长，其饱和伸缩比 λ_S 为正值，这种情况称之为正磁致伸缩；反之，一些材料（如 Ni）的物体随磁场强度的增加而缩短，其 λ_S 为负值，这种情况称为负磁致伸缩。通过测量知道，物体磁化时，不但在磁化方向上会伸长（或缩短），在偏离磁化方向的其他方向上同时会伸长或缩短。但是，物体在磁化方向上伸长（或缩短）最大，在偏离磁化方向的其他方向上则随着偏离角度的增大其伸长（或缩短）比逐渐减小，到了接近垂直于磁场的方向物体反而要缩短（或伸长）。

磁性材料的这种磁致伸缩，是由于自发磁化对物质的晶格结构的影响从而使原子间距离发生变化而产生的现象。

C　磁弹性效应

磁性物体被磁化时要发生伸缩。如果受到限制而不能伸缩，物体中就会产生应力。应力是物体内部各部分之间的相互作用力，例如拉伸力或压缩力。当物体磁化时要伸长却受到限制不能伸长时，物体内部就产生压缩力；如果物体磁化时要缩短却受到限制不能缩短时，物体内部就产生拉伸力（又叫张力）。物体内部的应力可以由加在它外部的拉力或压力产生。当磁化物体因磁化而产生伸缩，这时不论什么原因发生应力，则它内部有了磁弹性能。由铁磁学知道，各向同性物体磁化后，在磁化方向上的饱和伸长比（考虑正磁致伸缩的情况）为 λ_S，在偏离磁化方向 θ 角的方向上的伸长比为

$$\left(\frac{\Delta l}{l} \right)_\theta = \frac{3}{2} \lambda_S \left(\cos^2 \theta - \frac{1}{3} \right)$$

如果在这个方向有张力 σ，张力使物体在这个方向更伸长，其结果使磁化发生的形变转变方向。图 2-15 表示原来为球形体磁化后形成椭球。对正磁致伸缩材料，最大伸长在磁化方向（即椭球的长轴就是磁化方向）。现在在偏离原磁化方向 θ 角的方向有张力 σ，它的作用使这个方向更伸长。在考虑没有体积伸缩的情况下，也不考虑外磁场的作用以及其阻力，这个张力则使椭球的长轴更伸长，磁化方向也就是 σ 方向。如果

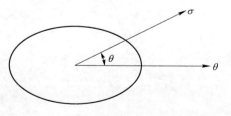

图 2-15　应力作用下的形变转向

把应力方向作为零点，则椭球长轴转到 $\theta = 0°$ 时形状不再变化，能量达到最低状态，即最稳定状态。所以，张力 σ 使物体从高能状态改变到低能状态。

σ 是单位面积上的力，$\Delta l/l$ 是单位长度的伸长值。因此，张力 σ 使椭球长轴从原方向转到 σ 方向，物体每单位体积中能量的改变为

$$E_0 = \frac{3}{2}\lambda_S\sigma\sin^2\theta$$

可见，磁弹性能是在物体磁化因而有磁致伸缩，同时又有应力存在的条件下才出现的。从上式看出，磁弹性能 E_0 与 $\lambda_S\sigma$ 成正比且与磁化方向同应力方向的夹角有关。

当 λ_S、σ 都为正值（或负值），且 $\theta = 0°$ 时 E_0 最小；$\theta = 90°$ 时，E_0 最大。如果 λ_S 或 σ 任何一个为负值，另一个为正值，$\theta = 0°$ 时，E_0 最大；$\theta = 90°$ 时，E_0 达到最小。对于正磁致伸缩材料，λ_S 为正，有张力 σ（$\sigma > 0$）作用时，$\theta = 0°$ 为其易磁化方向，此时能量最小。如果磁化方向和张力 σ 的方向不一致既 $\theta \neq 0°$ 时，则张力 σ 会使其磁化方向转向张力方向，加强张力方向的磁化，从而使张力方向的磁导率增大。反之如在压力 σ（$\sigma \leqslant 0$ 作用时，$\theta = 90°$ 为其磁化方向，压力 σ 则使磁化方向转向垂直于压力的方向，减弱压力方向的磁化，从而使压力方向的磁导率减小。这就是张力和压力对正磁致伸缩材料的磁化产生的效果。不难推得应力对负磁致伸缩材料的磁化产生的效果。

总之，被磁化的铁磁材料在应力（拉力和压力）的影响下产生磁弹性能，使磁化强度矢量重新取向，从而使在应力作用方向上磁导率改变，这种现象称为磁弹性效应。由于压力作用而产生的磁弹性效应，通常也称做磁效应。压磁式测力传感器正是利用上述铁磁材料的磁弹性效应进行测量的装置，它将压力信号转换成电信号。压磁式传感器也称做磁弹性传感器或磁致伸缩传感器。压磁式传感器采用的铁磁材料，一般为硅钢片、坡莫合金等。但因坡莫合金的性能不够稳定，因此大都采用硅钢片。

D 测量电路

压磁式测力传感器正是利用上述铁磁材料的磁弹性效应进行测量的装置，它将压力信号转换成电信号。由于压磁式测力传感器测量绕组输出电压比值比较大，因此一般不需放大，只要经过整流、滤波即可接到指示器。此外，为了供给激磁绕组的激磁电压，需要一个稳定的交流电源。图 2-16 为压磁式测力仪表的基本电路。图中，T_1 为供给激磁绕组激磁电压的降压变压器；T_2 为升压变压器，目的是为了把压磁式测力传感器输出的电压提高到可作为有效的线性整流用的高度。从变压器 T_2 输出的电压，通过低通滤波器 L_1 把高次谐波滤掉，剩下的正弦基波电压经整流二极管电桥 Z 整流，然后再经平滑滤波器 L_2 消除脉

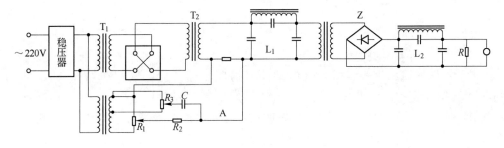

图 2-16 压磁式测力仪表的基本电路

动，最后以直流电压输出。线路 A 是一补偿电路，用来补偿零电压，其中 R_1 用来调电压幅值，R_2 用来调电压相位。

国产的 GSBZ 型压磁式测力仪表的系统方框如图 2-17 所示。经过交流稳压器稳压的电源，供给激磁回路的激磁电流。匹配滤波电路由匹配变压器和低通滤波器组成。匹配变压器有两个作用：一是使传感器的输出阻抗与测量电路的输出阻抗匹配，使输出功率为最大；二是把信号电压升高，以供给整流滤波电路所需电压。低通滤波器的作用是阻塞三次、五次谐波，设计时主要考虑去掉三次谐波。信号电压经滤波后，其基波信号电压经相敏整流变为直流信号，再经调零、平滑滤波后送入运算电路。在运算电路内将两传感器信号相加或相减，求得合压力或差压力信号，然后在指示器中显示出来。

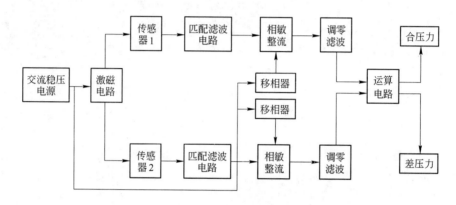

图 2-17 GSBZ 型压磁式测力仪表系统方框图

2.6.3 线速度测量仪表

线速度测量仪表对于轧制过程中进行高精度控制是十分重要的。尤其实施流量 AGC 控制功能时，就需要高精度的测厚仪和高精度的测速仪配合。精确的线速度测量可以避免不精确的前滑模型使用，使得控制系统整体精度提高。

2.6.3.1 线速度的相关测量法

线速度的相关测量，是利用求随机过程互相关函数的方法来进行的。两平稳随机过程之间的互相关函数，可用下式表示

$$R_{yx}(\tau) = \frac{1}{T}\int_0^T y(t)x(t-\tau)\,\mathrm{d}t$$

当被测物体以速度 v 运动时，被测物体的表面总会有某些可以测量到的迹象变化或标记。如果在某一固定的距离 l 两端各装一检测器 A 和 B（如光学检测器）检测这种迹象变化，并转换成电压信号输出，就得到两组物体表面变化的随机过程 $x(t)$ 和 $y(t)$，如图 2-18 所示。

在相同的条件下，如果来自被测物体的信号在不同的时间里能够很好地再现，那么 $x(t)$ 和 $y(t)$ 除了在时间上滞后 t_0 外基本上是相同的即

$$y(t) = x(t-t_0)$$

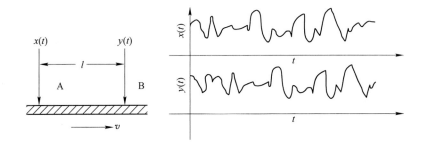

图2-18 从运动物体表面测到的随机过程函数曲线

因此，测得滞后时间 t_0 就可以求得被测物体的速度 v，即

$$v = \frac{l}{t_0}$$

由于

$$
\begin{aligned}
R_{yx}(\tau) &= \frac{1}{T}\int_0^T y(t) x(t-\tau)\,\mathrm{d}t \\
&= \frac{1}{T}\int_0^T x(t-t_0) x(t-\tau)\,\mathrm{d}t \\
&= \frac{1}{T}\int_0^T x(t) x[t-(\tau-t_0)]\,\mathrm{d}t \\
&= R_x(\tau-t_0)
\end{aligned}
$$

和 $R_x(\tau)$ 相比，$R_x(\tau-t_0)$ 则相当于把 $R_x(\tau)$ 延时 t_0 时的值，如图2-19所示。如果 $x(t)$ 为高斯噪声（这在一般工程上是可以成立的），当 $\tau = t_0$ 时，$R_x(\tau-t_0)$ 则有极大值，即互相关函数 $R_{yx}(\tau)$ 有极大值，此时的 τ 值即为所求的 t_0 值。将 $x(t)$、$y(t)$ 送到一个模拟相关分析仪中计算，改变滞后时间，可得到互相关函数随滞后时间 τ 变化的图，用 $x-y$ 记录如图2-19(b)所示。在 τ_0 处 $x-y$ 记录出现最大值，τ_0 即为所求的 t_0 值，即 $\tau_0 = t_0 = l/v$。

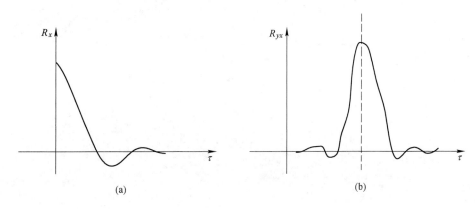

图2-19 $R_x(\tau)$ 与 $R_{yx}(\tau)$ 的波形

(a) $R_x(\tau)$ 波形；(b) $R_{yx}(\tau)$ 波形

也可以利用伪随机信号的原理测量。下面以热轧钢板线速度测量为例来说明。

从光电检测器输出放大后的随机电压信号，经高通滤波器，除去极低频的电流，然后再放大并经整形器输出随机电压脉冲信号。它具有与随机信号 $x(t)$ 或 $y(t)$ 同样的统计特性，表征钢板表面的变化。如果随机脉冲信号的状态用二进制序列表示，其中"0"元素表示一定宽度、单位振幅的正电压信号，"1"元素表示同一宽度和振幅的负电压信号，则两随机电压脉冲信号的乘积便等效于所对应的二进制序列的逐项模 2 和，即一个电压波形的普通乘法就可以用模 2 加法来实现。这样，在相关函数计算时，两随机信号的乘积用异或门即可实现。

2.6.3.2　光测速法

A　多普勒效应

当某一单色光入射到运动物体上某一点时，光波在这一点则被运动物体所散射，其散射频率和入射频率相比较，产生正比于运动物体速度的频率偏移，这种现象称为多普勒效应。这个正比于物体运动速度的频移称为多普勒频移，入射光波被散射的这一点称为散射中心。

如图 2-20 所示，P 代表以速度 v 运动的物体上的一点，它接受入射光的照射后成为散射中心；k_i 表示平行于入射光波矢量的单位；k_s 表示平行于散射光波矢量的单位矢量。光电检测器接受运动着的散射中心向它发射的散射光波。

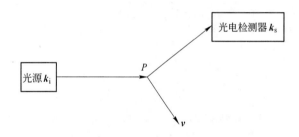

图 2-20　多普勒效应示意图

当物体处于静止时，单位时间内照射到 P 点上的波面数目 v_i 为

$$v_i = \frac{c}{\lambda_i}$$

式中　c——光速，$3.0 \times 10^5 \, \mathrm{km/s}$；

λ_i——入射光的波长，m。

如果 P 点作为运动的散射中心，是以相对速度 vk_i 远离入射外光源，则入射波相对 P 点的速度是 $(c - vk_i)$。单位时间内照射到 P 点的波面数目，即对 P 点来说入射光的视在频率 v_p 是

$$v_p = \frac{c - vk_i}{\lambda_i}$$

显然，作为散射中心的 P 点接受的是以 v_p 为频率的光的照射，当然也以这个频率向四周散射。因此入射光在 P 点的散射波长 λ_p 是

$$\lambda_p = \frac{c}{v_p}$$

将上式代入前式，可得

$$v_p = \frac{\lambda_p c}{c - vk_i}$$

对于光电检测器来说，P 点是以 vk_i 的相对速度朝 k_s 方向运动，因此散射光波相对 P 点的速度为 $(c - vk_s)$。在光电检测器处观察到的散射光的视在波长 λ_s 为

$$\lambda_s = \frac{c - vk_s}{v_p}$$

因而，散射光的频率 v_p 可得为

$$v_p = \frac{c(c - vk_i)}{\lambda_i(c - vk_s)}$$

可见，散射光和原始入射光之间产生了频率偏移，即为多普勒频移，用 v_D 表示为

$$v_D = \frac{c}{\lambda_i}\left(\frac{c - vk_i}{c - vk_s} - 1\right)$$

考虑到物体的运动速度远远小于光速，即 $v \ll c$，则

$$v_D \approx \frac{1}{\lambda_i}v(k_s - k_i)$$

式中，矢量 $(k_s - k_i)$ 的方向称为多普勒强度方向。

上式的物理意义是：多普勒频移的数值，等于散射中心的运动速度在多普勒强度方向上的分量和矢量 $(k_s - k_i)$ 的模的乘积与入射光波之比。

可见，多普勒频移不仅与入射光本身的频率有关，而且带有运动物体的速度信息。如果我们能把多普勒频移测量出来，就可以测得物体的速度。采用激光器作为光源是很理想的。一方面，激光的单色性强，其波长 λ_i 稳定；另一方面很容易在一个很小的区域上聚焦以生成很强的光。

B　差分多普勒测速法

多普勒激光测速仪按接受散射光的位置分为前向散射型和后向散射型两种；按测量方式分为参考光速法、干涉法和差分法等。这里主要介绍后向散射型的差分多普勒测速法。后向散射型多普勒测速原理，从入射光波的方向来看，后向散射型是指接受散射光的光电检测器位于被测物体的后向（即与光源在同一侧），如图 2-21 所示。激光器发出的一束光垂直入射于运动物体并在 P 点散射，散射光由光电检测器接受。根据多普勒效应求得多普勒频移为

$$v_D = \frac{1}{\lambda_i}v(k_s - k_i)$$

如果入射光和散射光的夹角为 θ，上式可以表示为

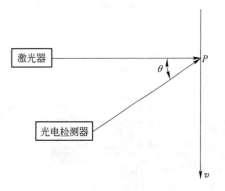

图 2-21　后向散射型多普勒测速原理

$$v_D = \frac{1}{\lambda_i} v \sin\theta$$

或者写成

$$v_D = v_i \frac{v\sin\theta}{c}$$

则被测物体的运动速度为

$$v = \frac{v_D c}{v_i \sin\theta}$$

式中　　v_D——多普勒频移；

　　　　v_i——入射光频率；

　　　　θ——入射光与散射光的夹角；

　　　　c——光速，$3.0 \times 10^5 \text{km/s}$。

　　多普勒信号的检测和处理系统通常采用光电倍增管接受散射光来检测多普勒效应的频移信号。光电倍增管是一种频率响应良好的光电转换元件，它能把包括多普勒效应频移的散射光转换成电信号，此后就是如何对此信号进行合理化处理的问题了。多普勒信号处理系统有各种方案，通常可以采用频谱分析仪处理后，再经过计数器系统处理，更常用的是频率自动跟踪系统。频率自动跟踪系统实质上是一个频率负反馈系统，它将被测多普勒信号 v_D 与电压控制振荡器的本机振荡频率 f_1 同时输入混频器，在混频器中混频后经过中频滤波器选频输出 $f = f_1 - v_D$，再送监频器。中频滤波器和监频器均调谐在相同的频率 f_0 上。当混频器输出频率为中频谐振频率 f_0 时，监频器输出电压为零；当混频器输出频率高于中频谐振频率 f_0 时，监频器输出电压为负；当混频器输出频率低于中频谐振频率 f_0 时，监频器输出电压为正，即监频器的输出电压与出入频率变化极性相反。此电压经积分电路滤波并放大后，去控制压控振荡器的输出频率作为频率反馈信号。

　　当多普勒信号 v_D 由于被测速度变化而有 Δf 变化时，混频器的输出将偏离中频谐振频率 f_0，经监频器检测输出一个误差电压 ΔU，其大小与 Δf 成比例，其极性与 Δf 相同。此电压经滤波放大后去控制压控振荡器，使它输出频率变化 Δf，即 f_1 变化 Δf，以补偿多普勒信号的频率偏移，使系统重新靠近中频谐振频率 f_0，从而再次达到稳定，此为负反馈的调节过程。适当调整电路增益可使压控振荡器输出频率 f_1 的变化仅仅跟踪输入的多普勒信号 v_D 频率的变化。误差电压 ΔU 反映了多普勒信号的瞬时变化量，作为系统的模拟量输出。从压控振荡输出的频率 f_1 减去中频谐振频率 f_0 即为多普勒频移 v_D，它可代表运动物体的平均速度。频率自动跟踪系统的原理方框图见图 2-22 所示。

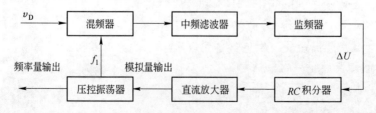

图 2-22　频率自动跟踪系统的原理方框图

激光多普勒测速法作为非接触测量的激光多普勒测速仪应用于带钢的线速度测量,是利用光学的多普勒效应测出在散射中心的散射光的多普勒频移,然后确定物体的运动速度。因此,被广泛应用于流体速度的测量和研究中。随着科学技术的发展,激光多普勒测速法已经应用于工业生产测量和控制运动物体的速度。例如铝板、钢板的轧制速度及其他物体的运动速度,以及转动机械的转速等。其测量精度高(可高达 0.1%)、线性度好、测量范围广(可从零点几毫米/秒的低速至几千米/秒的高速),是普通测速仪不可比拟的。它还可以同时测量速度和温度、速度和浓度、速度和距离(长度)等。因此激光多普勒测速仪是一种新型的测量仪表,它得到了不断地发展完善和广泛的应用。

2.6.4 直线位移传感器

直线位移传感器主要应用于直线运动距离的测量。在冷轧系统中,压下液压缸位移就是这样的运动方式。要想得到高精度的测量结果,一般采用高精度位移传感器,通常称做磁尺。磁尺根据传感器原理主要分为两种类型,一种是以日本 SONY 公司为代表的电磁感应原理的感应同步器;第二种是以美国 MTS 公司为代表的磁致伸缩原理。分别简介如下。

2.6.4.1 感应同步器原理磁尺

MP-SCALE 是一种高精度位移传感器(磁尺)。由于它具有测量精度高、受环境影响小、使用寿命长、维护简便、抗干扰能力强及成本低等优点,被广泛地应用于热轧和冷轧机的工程项目中。在带钢生产线上,MP-SCALE 常被应用在直线位置和 AGC、AWC、RAWC 等重要质量控制系统中,其本身状态直接关系到成品卷板的产品精度。

在冷轧压下系统中,MP-SCALE 是应用电磁感应原理,把液压缸位移量转换成电信号的一种传感器。它具有两个平面矩形绕组(SCALE 定尺和 SLIDER 动尺),相当于变压器的初级和次级绕组。液压缸运动时两个线圈产生相对运动,通过两个线圈间互感的变化(也是角的变化)来检测其相对运动的位移量。图 2-23 是 MP-SCALE 传感器的实际结构图,其中由 AB(余弦)和 CD(正弦)两绕组组成动尺即为激磁绕组,而另一侧的绕组即为定尺。两绕组是分别被印在两个长方形金属体上的印刷电路,定尺绕组一个节距为 2mm;动尺绕组一个波头(一匝线圈)宽度为 1mm,且 AB 和 CD 两绕组空间位置相差 π/2。定尺绕组被固定在液压缸缸体上,动尺与活塞相连,当液压缸动作时,定尺和动尺之间便产生了相对运动。

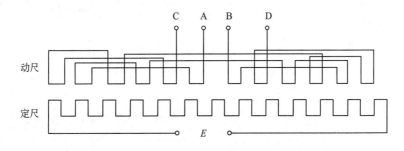

图 2-23 MP-SCALE 传感器的实际结构图

A MP-SCALE 的原理基础

根据电磁感应定律,如果有一个矩形线圈 A 靠近通电矩形线圈 B,并有相对运动产生时，在 A 线圈中将产生感应电势，当激磁线圈 B 中通以电流时。A 线圈作为感应线圈靠近线圈 B，且 A 线圈相对于 B 线圈产生相对运动时，则随两个线圈的相对位置不同，其感应电势 E 也不同。

B   MP-SCALE 的感应电势分析

若分别给动尺的正弦和余弦绕组单独供给交流激磁电压时，且两个线圈（正弦绕组与定尺绕组或余弦绕组与定尺绕组）间有相对运动时，根据电磁感应原理，将在定尺中产生感应电势 E。当在动尺 A、B 余弦绕组之间施加激磁电压，在动尺 C、D 正弦绕组之间施加激磁电压，二者同幅同频，相位差 90°，将在定尺中感应出响应的电动势 E。

$$E = kU_m\sin\omega t\cos\theta + kU_m\cos\omega t\sin\theta$$

$$= kU_m\sin(\omega t + \theta)$$

式中的 θ 角为动尺的正弦绕组相对于定尺位移的空间角度，其间接反映了动尺移动的距离，例如液压缸移动的距离。如果相位角 θ 的变化基于液压缸活塞位置一个确定的点，那么液压缸的移动距离便可以 θ 角的形式获得。在实际液压缸移动时，其移动量远远大于 2mm，MP-SCALE 在液压缸动作过的每一个 2mm 内重复着相同的电压波形及相位角的变化。因此，MP-SCALE 控制器内部对 θ 角变化了多少个周期的计数是必不可少的，也就是对液压缸移动过多少个 2mm 进行计数，然后对其进行累计便可得到液压缸的大致位置，再对当前 2mm 以内的位置通过对 θ 角的转换得到液压缸的精确位置，这样液压缸的位置便可精确获得。如果两尺的相对位移为 x，定尺节距为 y，机械位移 x 引起的电相角变化为

$$\theta = \frac{2\pi}{y}x$$

C   感应同步器位移测量系统二次仪表

θ 角的检测与转换 θ 角的检测是利用相位差转换为时间间隔的原理进行测量的。而移动距离 x 的测量是通过脉冲可逆计数器实现的。检测信号的处理方法有鉴相型、鉴幅型、相-幅型。其中鉴相型二次仪表示意图如图 2-24 所示。此类测量仪表分辨精度可达到 1μm。用于冷轧压下液压伺服系统中的应用，完全满足了计算机质量控制系统对它的要求。

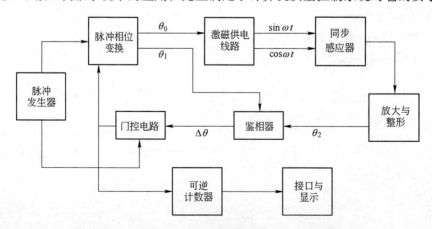

图 2-24 鉴相型测量方式数字位移测量仪表示意图

θ_0—参考信号；θ_1—命令信号；θ_2—反馈信号；$\Delta\theta$—误差信号

2.6.4.2 磁致伸缩原理的磁尺

该数字化磁尺由不导磁的不锈钢（探测杆），磁致伸缩线（波导丝）、可移动的磁环和电子测量装置等部分组成。波导丝被安装在不锈钢管内，经挤压和热处理后仍保持电磁特性，磁环在不锈钢管外侧可自由滑动。电路单元集成在传感器头部的套管内。电子测量装置中的脉冲发生器产生电流脉冲（即开始脉冲）并沿波导丝传播，产生一个环形的磁场。在探测杆外配置的活动磁环上同时产生一个磁场。当电流磁场与磁环磁场相遇时，两磁场矢量叠加，形成螺旋磁场，产生瞬时扭力，使波导线扭动并产生一个"扭曲"脉冲，或称"返回"脉冲。这个脉冲以固定的速度沿波导丝传回，在电子装置的线圈两端产生感应脉冲（即停止脉冲），通过测量起始脉冲与终止脉冲之间的时间差就可以精确地确定被测位移量。由于磁尺输出的电流脉冲信号是一个绝对位置的输出量，而不是比例放大信号，所以不存在漂移，因此，出厂前标定后不需要像其他传感器一样定期重新标定和维护。新型数字化磁尺上可以进行多磁环测量。由电子测量装置探测到多个终止脉冲信号，分别计算出它们与起始脉冲的时间差，由此计算出的位移值由接口电路(SSI接口板)提供给计算机系统，可同时在图形界面上显示和参与闭环控制。另外，数字化磁尺上还装有温度传感器，也由传感器头部的电子检测装置控制，可随时检测环境温度。其工作原理图如图 2-25 所示。

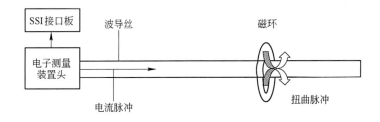

图 2-25 磁致伸缩原理的磁尺原理图

电子测量装置头是数字化硬件设计的电子电路，它与一次测量装置组成了磁致伸缩原理（磁尺）的直线位移测量系统。电子测量装置头中主要部件有高频晶振、可复位的计数器、定时器、脉冲发出与接受通道。基本原理是定时向波导丝发脉冲（500μs），同时逻辑门控电路允许计数器对于高频晶振分频整形后的内部脉冲计数，当扭曲脉冲返回时停止计数。所计脉冲数的多少与磁环的位置直接相关。位置测量的分辨率与高频晶振的频率有关，测量响应时间与定时器的时间有关。图 2-26 示意了电子测量装置头的原理。

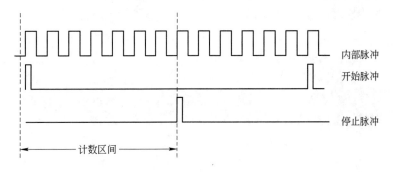

图 2-26 电子测量装置头的原理示意图

这种测量装置用途非常广泛，典型分辨率精度为 2μm，磁尺的最大量程可达 5m，此类新型的数字化磁尺其原理新颖、精度高、结构精巧、环境适应性强。因而，可以用于高精度机械位移测量与控制系统，尤其是应用于冷轧、热轧控制系统中。

2.6.5　板带材的板形测量装置

板带材的板形质量已成为厂商推销其产品的一个重要性能指标，因而板形检测仪成为非常必要的仪表。板形检测难度较大，几乎所有能反映板形质量的物理量都被尝试用于板形检测方法的研究，测距法、测张法、电磁法、位移法、振动法、光学法、声波法、温度法、放射线法、水柱法等。目前应用最多的是瑞典 ABB 公司的分段辊式与英国 DAVA 公司的空气轴承式。按板形仪与带钢的接触方式可将其分为两大类：与带钢直接接触的板形仪为接触式板形仪，不与带钢接触的为非接触式板形仪。

2.6.5.1　接触式动态板形检测仪

美国 1994 年 3 月 11 日公开 US 333625 发明专利，属分段辊式。应用电磁感应原理在每个分段辊内安置桥形线路，利用测板带的分布张力而达到测量板形的目的。每个传感器所测得的力只是板带材对分段辊压力的一部分，这样每个分段辊的测力范围就扩大了，可对高张力轧制的板带材进行测定，可应用于钢铁和有色板带轧机上。英国 1994 年 11 月 30 日公开 GB 2278306A 发明专利属空气轴承式，将分段辊外环改造为中空的，即由外环和内环组装而成，中间是中空的，材料为钛。这种结构减少了分段辊的转动惯量约 25%，中空部分又可起到隔离层的作用，减少了带材温度对板形仪内环的影响，使板形仪运行平稳，各间隙值不易变化，测量精度提高。测量原理也是利用测板带的分布张力而达到测量板形的目的。但是，由于空气轴承不宜承受过大的张力，多数应用于有色板带轧机上。日本 1998 年 9 月 2 日公开特开平 10—232127 发明专利，是为了尽快将低速咬入和抛出阶段的板形信号测取出来，对辊片之间传感器的连接方式进行了改进，使板形信号的获取周期至少缩短了 1 倍。

2.6.5.2　新型非接触式动态板形检测仪

新型几何光学检测法是日本 1996 年 11 月 29 日公开的特开平 8—313223 发明专利。它只具有一个激光光源和接收器，共同装在同一装置内，该装置能够沿板宽方向远大于板带前进速度而快速移动。这样，可用连续检测到的偏离横向的检测信号代替横向板形信号，近似得到横向连续板形分布。

新型涡流测距检测法。沿板宽方向均布置若干个根据涡流原理设计的测距仪，每个涡流测距仪测定与板带表面的距离。但测距仪的平衡位置经常需要根据基准平衡位置进行校正，即其精度与测距仪的基准位置精度有很大关系。而一般的基准位置校正器与传送辊是相连的，它必然受到传送辊振动的影响。日本 1996 年 2 月 2 日公开特开平 8—29147 发明专利。将测距仪基准位置校正器（基准盘）装在一个凸凹相间的特殊传送辊的凹陷部分，并与特殊传送辊脱离，使它不受传送辊的影响，从而提高了检测精度。该方法用来检测厚钢板的板形。

新型磁性测张检测法。日本 1997 年 5 月 2 日公开特开平 9—113209 发明专利。沿板宽方向均布置若干磁性测张检测器，为了提高检测精度，在各检测器底部安装有同样大小的滚动体，从而保证了检测器与板带之间的距离相同，提高了检测精度。同时由于滚动体不易划伤板带表面，使该检测仪兼具接触式与非接触式的优点。

新型光学式板形检测仪。在带钢一侧竖立一棒状光源，它发出的光经带钢反射后在带钢表面形成虚像，由带钢另一侧的摄像机摄取。轧制过程中，由于振动、张力等因素的影响，轧制线会发生变化，致使虚像移动。忽略这种变化的影响，势必会降低检测精度。日本1997年11月28日公开的特开平9—304033发明专利，给出了一种消除虚像移动的方法。

综上所述，虽然非接触式板形仪的检测精度低于接触式，但从上述板形检测理论发展现状来看，近年来，非接触式板形仪多于接触式。这一方面是由于其结构简单、无损于带钢表面、易于维护、价格低等优点；另一方面是由于板形理论的发展，板形的自适应控制对检测精度有所放宽；再者由于软件的开发能弥补硬件的不足。板形的非接触式检测，由于外界干扰对检测信号影响很大，实际上获得的检测信号包含板宽、板厚、张力、轧制速度、材质、温度、振动等多方面的干扰，其中振动的影响是不容忽视的。我国虽是钢铁生产大国，国产轧机却多未配置板形检测装置，已影响了国产轧机的装备水平与生产的产品市场占有率。已安装的板形仪几乎全部从国外进口，价格十分昂贵。因此，应大力开展研究与开发性能价格比高的板形检测仪。

2.7 带钢冷连轧控制系统配置举例

2.7.1 系统控制功能概述

本节内容只是作者依据最少投资的考虑而配置的，仅供读者在实际工作中参考。冷连轧机计算机控制系统的主要控制功能是针对轧机机组的，具体分为模型与设定控制、运行系统控制、辅助系统控制、质量系统控制、操作系统控制。

模型与设定功能完成机架负荷分配；压下辊缝、弯辊力、速度、张力设定；模型自学习；过程参数搜集、统计与管理。

运行系统控制完成机架的速度、张力、压下APC、弯辊、平衡等系统的运行和高速闭环控制；轧线与入口跟踪、动态变规格；出口飞剪控制。

辅助系统控制可分为6个子系统：设备润滑（齿轮箱润滑、油雾润滑）子系统；普通液压站（设备操作动作、换辊动作、轧辊平衡、弯辊控制，通常为6MPa左右）子系统；高压站（压下APC以及AGC控制，通常为22MPa左右）子系统；工艺冷却（乳化液站、主油箱、传输油箱、回收油箱）子系统；通风（主电机冷却、吹扫、空压机）与油雾排放子系统；换辊子系统。

质量系统控制完成厚度AGC（压下方式、张力速度方式）；板形控制（弯辊、窜辊、横向冷却等）。

操作系统控制包括人机接口工作站的画面设计、操作台设计、操作控制过程中的电气逻辑联锁控制。

2.7.2 系统配置与功能分配

2.7.2.1 系统典型配置方案1（SIEMENS方案）

SIEMENS方案如图2-27所示。

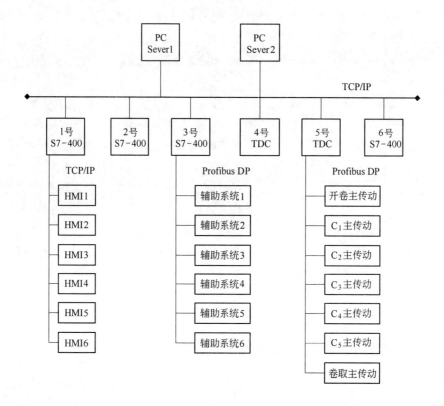

图 2-27 SIEMENS 方案

2.7.2.2 方案 1 系统功能分配

PC-Sever1 和 PC-Sever2 完成模型与设定功能。具体完成轧制道次负荷分配；压下辊缝、弯辊力、速度、张力设定；模型自学习；过程参数搜集、统计与管理。

(1) 1 号 S7-400 完成轧线跟踪，动态变规格。

(2) 2 号 S7-400 完成入口活套、顺序控制，与焊机的通信。

(3) 3 号 S7-400 完成轧机区的顺序控制，AGC、ASC 控制。

(4) 4 号 S7-SIMATIC TDC 配置 3 块 CPU 板（CPU550 或 CPU551），完成液压压下位置 APC、弯辊、平衡控制。

(5) 5 号 S7-SIMATIC TDC 配置 3 块 CPU 板（CPU550 或 CPU551），完成开卷、卷取、$C_1 \sim C_5$ 主传动系统和张力系统控制。

(6) 6 号 S7-400 完成轧机出口飞剪控制。

HMI 配置为：

(1) HMI1 主要完成过程机的操作。

(2) HMI2 主要完成压下与弯辊的操作。

(3) HMI3 主要完成质量控制的操作。

(4) HMI4 主要完成主速度张力的操作。

(5) HMI5 主要完成辅助系统的操作。

(6) HMI6 主要完成换辊系统的操作。

辅助系统配置为：

（1）S7-300 完成工艺润滑站控制。

（2）S7-300 完成设备润滑站控制。

（3）S7-300 完成普通液压站控制。

（4）S7-300 完成 AGC 高压站控制。

（5）S7-300 完成除尘、吹扫、风系统站控制。

（6）S7-300 完成换辊系统控制。

2.7.2.3 系统典型配置方案 2（GE-FANUC 方案）

GE-FANUC 方案如图 2-28 所示。

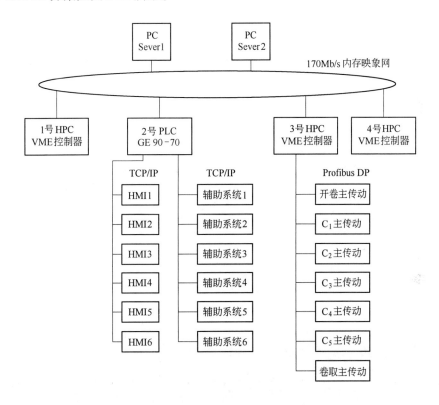

图 2-28 GE-FANUC 方案

2.7.2.4 方案 2 系统功能分配

1 号 HPC VME 高性能控制器。配置 3 块 CPU 板，完成跟踪、动态变规格控制；出口飞剪控制；AGC、ASC 控制。

2 号 PLC GE-FANUC 90-70 完成全线顺序控制；与 HMI 和辅助系统的通信。

3 号 HPC VME 高性能控制器。配置 3 块 CPU 板，完成主速度、张力控制。

4 号 HPC VME 高性能控制器。配置 3 块 CPU 板，完成压下系统、弯辊、平衡等控制。

辅助系统配置的是 GE-FANUC 90-30 系统，完成的功能与方案 1 相同。

HMI 站配置与方案 1 相同。

第 3 章

带钢冷轧基础自动化系统

冷轧基础自动化系统（简称 L1 级）是指从开卷机入口辊道开始到卷取机控制和卸卷小车运输控制为止整条轧制线上所有动作设备的控制和质量控制，以及数据读入、控制接口、控制值输出等。Ⅰ级自动化系统以标准的 PLC 为基础，一般采用基于通用工业 VME 总线的系统。本章将集中介绍冷连轧机的自动化和控制系统中的关键技术。

3.1 冷轧主传动速度控制和张力控制

3.1.1 冷轧主速度控制系统

提到冷轧机的自动化系统，不能不首先提到传动系统。因为拥有一个稳定、可靠的传动系统，是冷轧机成功的前提条件，也是先进的自动化系统的基础。直流电气传动具有调速性能好，控制精度高，线路简单，控制方便，过载能力较强，能承受频繁冲击负荷等优点，因此，很长一段时间冷连轧机主传动一直被直流调速系统所占领。由于时间原因，武钢 1700mm、宝钢 2050mm 和鞍钢一冷轧，均采用的是直流传动系统，但近年来新建轧机都采用的是交流传动系统。交交变频系统最大的优点是：成熟（已有 20 年历史），可靠，过载能力强，效率高，简单（元件少），对维护要求低，dv/dt 小（对电机要求低）。但交交变频方案也有明显的缺点：（1）交交变频只能在 20Hz 以下运行，因此采用交交变频方案的轧机，齿轮箱速比必须按满足电机转速要求进行设计。（2）交交变频可能需要动态无功功率补偿（SVC），这是因为交交变频在电网和电机之间只有一级变频（所以说简单，元件少，维护要求低），它不像交直交变频有电容器，因此功率因数低，动态无功功率大，在电网容量小的地区，需加装 SVC 系统。需要特别指出的是轧机机械本身限制了传动系统的快速性（冲击不能过大）。

随着轧制技术的不断进步，生产效率越来越高，产品质量也随之提高，主速度的响应速度和控制精度直接影响到冷连轧的生产效率和质量控制，是对带钢厚度和张力进行精细控制的不可缺少的手段。下面主要讲述与主速度有关的秒流量方程。

冷连轧由于采用大张力轧制，机架间不存在活套，因此更适合在张力作用下的秒流量恒等法则，但是在应用秒流量恒等法则时要特别小心。

秒流量恒等法则亦可用流量方程来表述，其基本形式为

$$Bh_0L_1/t = Bh_0v = 常数$$

对冷连轧来说存在以下两类流量方程：

（1）一个机架变形区入口和出口的流量方程（图3-1）

$$Bh_0v' = bh_1v$$

式中　v'——本机架的带钢入口速度；

　　　　v——本机架的带钢出口速度；

　　B，b——分别为入口及出口的带宽；

　h_0，h_1——分别为入口及出口的厚度。

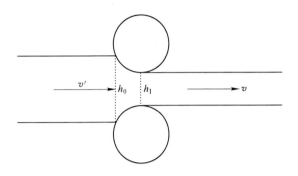

图3-1　变形区流量相等

对于冷连轧带钢来说宽展极小，可忽略不计，因此上式可写成

$$h_0v' = h_1v$$

或

$$h_0v_0(1 - \beta) = h_1v_0(1 + f)$$

式中 f 为前滑，β 为后滑，v_0 为轧辊线速度。

（2）多个机架的流量方程（图3-2）

$$b_ih_{1i}v_i = b_nh_{1n}v_n$$

或

$$h_{1i}v_i = h_{1n}v_n$$

也可写成

$$h_{1i}v_{0i}(1 + f_i) = h_{1n}v_{0n}(1 + f_n)$$

其中下标 i, n 表示是第 i 机架和第 n 机架的参数。

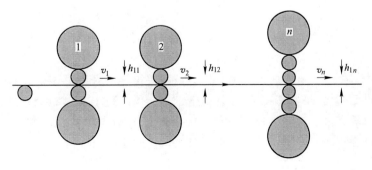

图3-2　机架间流量

一个机架的变形区流量方程（变形区入口和出口流量恒等）是完全正确的，但多个机架的流量方程，则仅在稳态条件下正确。

这可从两个方面来论证多机架流量方程的不正确性：

（1）当由于某种扰动而使 i 机架出口厚度产生一个变动（例如使这一段带钢变厚），在这一段带钢尚未进下一机架前，i 和 $i+1$ 机架间各段带钢速度虽然相等，但流量不等，而且并不影响 $i+1$ 机架出口厚度，因而此时对于这一段变厚的带钢来说，i 和 $i+1$ 机架出口流量是不相等的。

（2）当由于某种扰动使 i 机架出口速度或 $i+1$ 机架入口速度有所变动时将使机架间张力发生变化，由后面将要叙述的连轧张力方程可知，仅当 v'_{i+1} 和 v_i 不相同时才会有张力变动，因此在张力变动期间（带钢弹性拉伸有变动）i 和 $i+1$ 机架的流量是不相等的（流量不等才能产生带钢弹性拉伸的变动）。

当然张力变动不会无限加大或减小，因为当张力加大时将会使 $i+1$ 机架前滑加大，$i+1$ 机架后滑减小，因而使 v'_{i+1} 和 v_i 趋向相等，如果张力加大尚未达到断带程度，则在张力加大到一定程度时，v'_{i+1} 和 v_i 形成了一个在新张力下的平衡，而使张力停止变动。当机架处于平衡状态时多机架流量方程才是正确的。因此一般说在模型设定时可采用多机架流量方程，而在 AGC 调厚时只能使用一个机架的变形区流量方程，这一点在后面所述的流量 AGC 中特别重要。

3.1.2　机架之间的张力控制

大张力轧制是冷连轧与热连轧的根本区别，张力轧制即带钢在轧辊中轧制变形是在一定的前张力和后张力作用下进行的。冷轧中采用张力轧制既可防止带钢在轧制过程中跑偏，改善板形；又可降低金属的变形抗力和轧制压力；还可通过机架间带钢的张力将整个连轧机组联成一个整体；另外，张力也可作为带钢厚度调节的一种手段。

连轧机处于稳态时，各个参数之间保持着相对的稳定关系。但如果两个机架之间的带钢张力发生微小变化，将不仅导致本机架平衡状态的破坏，而且还会通过机架间带钢张力变化的影响，"顺流"地传给后面各机架，并同时"逆流"地传送给前面的各机架，从而使整个连轧机组的平衡状态遭到破坏。因此，维持冷连轧机的张力恒定，对保证连轧过程顺利进行与提高成品带钢厚度精度都有十分重要的意义。

3.1.2.1　连轧张力方程

张力是连轧过程的一个重要现象，各机架通过带钢张力传递影响，传递能量而互相发生联系。

张力是由于机架间速度不协调而造成的，从两个机架来看（图 3-3），如果由于某种原因（外扰量或调节量变动时）而使第 i 轧机带钢出口速度减小（可能是轧辊速度减小，也可能由于压下率等其他工艺参数变动，造成前滑量减小）或使第 $i+1$ 轧机带钢入口速度加大（原因可能是轧辊速度变大或后滑量减小），结果使这两个机架间的带钢受拉，使张力加大，反之则将使张力减小。

速度不协调将产生张力，这只是问题的一个方面，张力的变化又将反过来影响前滑和

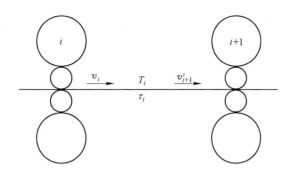

图 3-3　二机架张力公式

后滑而影响前后机架的出口和入口速度，而且其影响的方向是使速度趋向于新的协调。例如当张力加大将反过来使第 i 轧机的前滑量加大，使带钢出口速度加大，又使第 $i+1$ 轧机后滑量加大，使带钢入口速度减小，使第 i 轧机出口速度及第 $i+1$ 轧机入口速度趋向于相等，因而使张力稳定于一个新值。由此可知张力具有"自动调节"的作用，这正是有张力轧制和无张力（自由）轧制的根本区别。自由轧制时当机架间产生速度不协调时，例如第 i 轧机出口速度偏大时，机架间带钢将由于堆钢而产生活套，其套量将随时间无限增长（假如不采取人工调速来消除速度不协调现象的话），在高速轧制时套量增长的速度将是很大的，因而使操作十分困难。带张力轧制时情况就不同了，当速度有所失调时，张力将减少或增加，而这种变化又将使速度趋向新的协调，达到一个新的平衡状态，张力虽亦变为新的数值，但它不会无限变大或变小，因而带张力轧制，特别是大张力轧制操作相对来说比较容易一些。因此严格地说一定张力作用下的速度协调是连轧处于正常状态的前提。

对于张力可以从两种不同的角度来研究：

（1）研究连轧过程从一个稳态转到另一新的稳态后张力的变化量，这是稳态张力分析。

（2）研究连轧从一稳态转向另一稳态过程中张力的变化过程，即张力随时间的变化过程，这种具有时间概念的分析是动态张力分析。对于实际连轧过程来说，动态过程是绝对的，稳态过程是相对的，暂时的。因此连轧张力公式主要是从动态张力公式入手，而把稳态张力公式作为其特例。

为了简化叙述，首先分析两个机架的张力公式（图 3-3）。设在某一时刻 t 时，此两个机架处在一个稳定状态，此时机架间张力为 T_i，i 架轧机出口速度在此张力作用下为 v_i，$i+1$ 架轧机入口速度在此张力作用下为 v'_{i+1}，此时

$$v_i = v'_{i+1}$$

如设带宽断面为：
$$A = Bh$$

则带宽断面上的拉应力为

$$\tau_i = \frac{T_i}{A}$$

考虑到应力和应变的关系为

$$\varepsilon_i = \frac{\tau_i}{E}$$

式中　E——带钢杨氏弹性模量，MPa。

如机架间距离为 l，假设钢带在张力作用下的绝对变形量为 q，则

$$\varepsilon_i = \frac{q}{l - q}$$

式中　$l - q$——带钢不受拉时的原始长度。

如果由于某一外扰作用而使稳定状态遭到破坏，使 $v'_{i+1} > v_i$，则在时间 $t + \mathrm{d}t$ 时张力将变化到 T'_i。

$$T'_i = T_i + \mathrm{d}T_i$$

因此

$$\tau'_i = \tau_i + \mathrm{d}\tau_i$$

$$\varepsilon'_i = \varepsilon_i + \mathrm{d}\varepsilon_i$$

而

$$q' = q + \mathrm{d}q$$

则

$$\varepsilon'_i = \frac{q'}{l - q'} = \varepsilon_i + \mathrm{d}\varepsilon_i$$

因此

$$\mathrm{d}\varepsilon_i = \frac{q'}{l - q'} - \frac{q}{l - q} = \frac{l\mathrm{d}q}{(l - q')(l - q)}$$

由于

$$q = \frac{l\varepsilon_i}{1 + \varepsilon_i}$$

$$q' = \frac{l(\varepsilon_i + \mathrm{d}\varepsilon_i)}{1 + (\varepsilon_i + \mathrm{d}\varepsilon_i)}$$

因而得

$$\mathrm{d}\varepsilon_i = \frac{l\mathrm{d}q}{\left(l - \dfrac{l\varepsilon_i}{1 + \varepsilon_i}\right)\left[l - \dfrac{l(\varepsilon_i + \mathrm{d}\varepsilon_i)}{1 + \varepsilon_i + \mathrm{d}\varepsilon_i}\right]} = \frac{l\mathrm{d}q}{\left(\dfrac{l}{1 + \varepsilon_i}\right)\left(\dfrac{l}{1 + \varepsilon_i + \mathrm{d}\varepsilon_i}\right)}$$

$$= \frac{\mathrm{d}q}{l}(1 + \varepsilon_i)(1 + \varepsilon_i + \mathrm{d}\varepsilon_i) \approx \frac{\mathrm{d}q}{l}(1 + \varepsilon_i)^2$$

由于带钢张应力引起的弹性变形 ε_i 比 1 小很多，因此可以忽略其高次项，这样可得

$$\mathrm{d}\varepsilon_i = \frac{\mathrm{d}q}{l}$$

考虑到所增加的 $\mathrm{d}q$ 是由速度差 $v'_{i+1} - v_i$ 引起的，因此

$$v'_{i+1} - v_i = \frac{dq}{dt} = l\frac{d\varepsilon_i}{dt} = \frac{l}{E}\frac{d\tau_i}{dt}$$

即

$$\frac{d\tau_i}{dt} = \frac{E}{l}(v'_{i+1} - v_i)$$

或

$$\tau_i = \frac{E}{l}\int(v'_{i+1} - v_i)\,dt$$

此即为常用的张力公式（动态张应力）的微分方程和积分方程式。此公式应用时需将 v'_{i+1} 和 v_i 的具体公式代入，由于

$$v_i = v_{0,i}(1 + f_i)$$

$$v'_{i+1} = v_{0,i+1}(1 - \beta_{i+1})$$

为了反映张力对前后滑的影响，设

$$f = f_0(1 + \alpha_1\tau)$$

因此

$$v_i = v_{0i}(1 + f_{0,i} + f_{0,i}\alpha_1\tau_i)$$

设：

$$\beta = \beta_0(1 + \alpha_2\tau)$$

因此

$$v'_{i+1} = v_{0,i+1}(1 - \beta_{0,i+1} - \beta_{0,i+1}\alpha_2\tau_i)$$

代入张力方程后得

$$\frac{d\tau_i}{dt} = \frac{E}{l}\big[v_{0,i+1}(1 - \beta_{0,i+1} - \beta_{0,i+1}\alpha_2\tau_1) - v_{0,i}(1 + f_{0,i} + f_{0,i}\alpha_1\tau_1)\big]$$

$$= -\frac{E}{l}(v_{0,i+1}\beta_{0,i+1}\alpha_2 + v_{0,i}f_{0,i}\alpha_1)\tau_1 + \frac{E}{l}\big[v_{0,i+1}(1 - \beta_{0,i+1}) - v_{0,i}(1 + f_{0,i})\big]$$

因此张力方程可写成

$$\frac{d\tau_i}{dt} = A\tau_1 + B$$

$$A = -\frac{E}{l}(v_{0,i+1}\beta_{0,i+1}\alpha_2 + v_{0,i}f_{0,i}\alpha_1)$$

$$B = \frac{E}{l}\big[v_{0,i+1}(1 - \beta_{0,i+1}) - v_{0,i}(1 + f_{0,i})\big]$$

这一方程可用来研究张力变化的过渡过程。

当 τ 变化到一定值使 $A\tau + B = 0$ 时张力不再变化，而稳定在新的张力水平下，此时由于 $d\tau/dt = 0$，因而

$$v_i = v'_{i+1}$$

两边乘以 h_i 得

$$h_{1,i}v_i = h_{1,i}v'_{i+1} = h_{0,i+1}v'_{i+1}$$

由 $i + 1$ 机架流量方程

$$h_{0,i+1}v'_{i+1} = h_{1,i+1}v_{i+1}$$

得

$$h_{1,i}v_1 = h_{1,i+1}v_{i+1}$$

亦即在新的平衡处多机架流量方程又一次成立。

由此可见多机架流量方程描述的是平衡状态，而张力方程描述的是动态过渡状态。

对于多机架连轧来说，由于每个机架都有前张力和后张力（图 3-4）因此

$$f_i = f_{0,i}(1 + \alpha_{\mathrm{fi}}\tau_{\mathrm{fi}} - \alpha_{\mathrm{bi}}\tau_{\mathrm{bi}})$$

$$\beta_i = \beta_{0,i}(1 - \alpha'_{\mathrm{fi}}\tau_{\mathrm{fi}} + \alpha'_{\mathrm{bi}}\tau_{\mathrm{bi}})$$

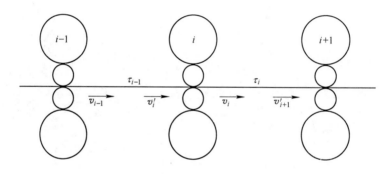

图 3-4　多机架张力公式

如设 i 机架的前张力为 τ_i，后张力为 τ_{i-1}（$i - 1$ 机架的前张力）则

$$f_i = f_{0,i}(1 + \alpha_{\mathrm{fi}}\tau_i - \alpha_{\mathrm{bi}}\tau_{i-1})$$

$$\beta_i = \beta_{0,i}(1 - \alpha'_{\mathrm{fi}}\tau_i + \alpha'_{\mathrm{bi}}\tau_{i-1})$$

代入 i 机架与 $i + 1$ 机架间的张力方程后得：

$$\frac{\mathrm{d}\tau_i}{\mathrm{d}t} = \frac{E}{l}\left[v_{0,i+1}(1 - \beta_{0,i+1} + \beta_{0,i+1}\alpha'_{\mathrm{f},i+1}\tau_{i+1} - \beta_{0,i+1}\alpha'_{\mathrm{b},i+1}\tau_i) - v_{0,i}(1 + f_{0,i} + f_{0,i}\alpha_{\mathrm{fi}}\tau_i - f_{0,i}\alpha_{\mathrm{bi}}\tau_{i-1})\right]$$

$$\frac{\mathrm{d}\tau_i}{\mathrm{d}t} = \frac{E}{l}\left[v_{0,i+1}\beta_{0,i+1}\alpha'_{\mathrm{f},i+1}\tau_{i+1} - (v_{0,i+1}\beta_{0,i+1}\alpha'_{\mathrm{b},i+1} + v_{0,i}f_{0,i}\alpha_{\mathrm{fi}})\tau_i + v_{0,i}f_{0,i}\alpha_{\mathrm{bi}}\tau_{i-1}\right] +$$

$$\frac{E}{l}\left[v_{0,i+1}(1 - \beta_{0,i+1}) - v_{0,i}(1 + f_{0,i})\right]$$

即

$$\frac{\mathrm{d}\tau_i}{\mathrm{d}t} = A_1\tau_{i+1} + A_2\tau_i + A_3\tau_{i-1} + B \quad (i = 1 \sim 5)$$

式中

$$A_1 = \frac{E}{l}v_{0,i+1}\beta_{0,i+1}\alpha'_{\mathrm{f},i+1}$$

$$A_2 = -\frac{E}{l}(v_{0,i+1}\beta_{0,i+1}\alpha'_{0,i+1} + v_{0,i}f_{0,i}\alpha_{fi})$$

$$A_3 = \frac{E}{l}v_{0,i}f_{0,i}\alpha_{bi}$$

$$B = \frac{E}{l}\left[v_{0,i+1}(1-\beta_{0,i+1}) - v_{0,i}(1+f_{0,i})\right]$$

当 $i = 1$ 时，$\tau_{i-1} = \tau_0$ 可认为是常值（开卷机恒张力控制）；当 $i = 5$ 时公式中 τ_{i+1} 不存在，并且 $\beta_{0,i+1} = 0$，$v_{0,i+1}$ 为卷取机的速度。

多机架冷连轧各机架间张力（$\tau_1 \sim \tau_5$），需由 5 个机架的张力微分方程组联立求解来求得。

3.1.2.2 机架间张力自动控制

现代带钢冷连轧机机架间张力控制方式随轧机类型及 AGC 方式的不同而异，一般有按张力偏差值调下一机架的压下量和相应机架速度两种形式。大约张力变化超过给定值 ±30% 时进行压下量的调整；如张力给定值与实际值之差在给定值 ±30% 范围内（称为张力控制误差的不灵敏区）时，可以通过速度控制来调节。调压下量的方式，主要用在厚板轧机上，特别是在前面的几个机架上；调速度的方式主要用在平整机和薄板冷轧机上；在有的厚度自动控制系统中，调压下量和调速度两种调张方式同时采用。

图 3-5 为第 1、第 2 两机架张力 T_1 控制系统（调压下）原理框图。

图 3-5 第 1、第 2 两机架张力 T_1 控制系统原理框图

在稳态时，机架间带钢张力与第 1 机架的带钢出口速度和第 2 机架的带钢入口速度之差成正比；对于动态情况，当上述两速度突变而产生速度偏差时，其带钢张力将按指数形式变化，由第 1 机架后面的测张仪所测得的张力实际值 T_1，再与计算机送来的张力给定值 T_{C1} 相比较，得到张力偏差 δT_1。若该偏差超出张力允许范围，张力调节器便输出一个给定的辊缝调节量 S_{C2} 给第 2 机架压下系统，调节第 2 机架辊缝来调节机架间的带钢张力 T_1。

当 $T_1 - T_{C1} > 0$ 时，应减小辊缝，使张力减小，直到 $T_1 - T_{C1} = 0$ 为止；当 $T_1 - T_{C1} < 0$ 时，应增大辊缝，使实际张力增加，以消除张力偏差。

图 3-6 为第 4、第 5 两机架张力 T_4 控制系统（调速度）原理框图。

图 3-6 第 4、第 5 两机架张力 T_4 控制系统原理框图

在稳态时，机架间带钢张力与第 4 机架的带钢出口速度和第 5 机架的带钢入口速度

之差成正比；对于动态情况，当上述两速度突变而产生速度偏差时，其带钢张力将按指数形式变化，由第 4 机架后面的测张仪所测得的张力实际值 T_4，再与计算机送来的张力给定值 T_{C4} 相比较，得到张力偏差 δT_4。若该偏差超出张力允许范围，张力调节器便输出一个给定的速度调节量 V_{C5} 给第 5 机架速度系统，调节第 5 机架速度来调节机架间的带钢张力 T_4。

当 $T_4 - T_{C4} > 0$ 时，应减小速度，使张力减小，直到 $T_4 - T_{C4} = 0$ 为止；当 $T_4 - T_{C4} < 0$ 时，应加大速度，使实际张力增加，以消除张力偏差。

某五机架带钢冷连轧机各机架之间均设有单辊压磁式测张仪和张力自动控制系统。该套轧机机架间的张力是通过调节下一机架的压下来使机架间的张力在允许的范围内（即张力死区）保持恒定。张力死区的数值是根据工艺要求给定的，它与给定值有关，即当给定值大时，死区也大，反之则小。张力的死区是以给定值的百分数来表示，分为大、中、小三挡可供选择，见表 3-1。

表 3-1　张力死区给定值

挡　次	机　架　号			
	1 ~ 2	2 ~ 3	3 ~ 4	4 ~ 5
大	±10%	±10%	±10%	+72%
中	±5%	±5%	±5%	
小	±2.5%	±2.5%	±2.5%	−16%

由表 3-1 可以看出，第 1 ~ 第 4 机架之间的带钢张力死区数值均相同；而第 4 ~ 第 5 机架间带钢张力死区较大。这是因为第 4 ~ 第 5 机架的精调 AGC 系统，是通过改变第 5 机架的速度来调节第 4 ~ 第 5 机架之间带钢张力的，以消除成品带钢的厚度偏差。因此，第 4 ~ 第 5 机架间的带钢张力需要有一个较大的范围来满足厚度调节的要求。

张力控制调节器的输出直接送至液压压下控制系统，调节轧辊辊缝值，改变秒流量，消除张力偏差，保持张力恒定。

带钢冷连轧机在轧制过程中，开始采用低速穿带，待所轧带钢通过各机架并由张力卷取机卷上几圈后，同步加速到轧制速度，进入稳态轧制阶段；在焊缝进入轧机之前，一般要降速到稳态速度的 40% ~ 70%，以防损伤轧辊表面和断带；焊缝过后又自动升速到稳态速度；在本卷带钢即将轧制完毕之间，应减速至甩尾速度。在加减速过程中，作为速度函数的摩擦系数要发生变化，从而引起轧制力改变，导致带钢出口厚度发生变化。因此，为使轧制力保持基本恒定，各机架间带钢的张力应随轧制速度的升高（降低），而相应的减小（增大）。

3.1.3　开卷、卷取机张力控制

带钢冷连轧机除机架之间的轧件上所承受张力之外，还有机架与开卷机或卷取机之间带钢所承受的张力。在轧制过程中，张力的波动，特别是带钢冷连轧机末机架与卷取机之间带钢张力的波动，将直接影响成品带钢的质量。因此，开卷机和卷取机的张力自动控制系统，不仅在稳态轧制过程中，而且在加、减速的动态过程中也应保持张力

恒定。

冷轧卷取张力自动控制一般可分为直接法和间接法两种类型。

3.1.3.1 间接张力控制法

卷取机张力控制的结构示意图如图 3-7 所示。因卷取电动机其旋转方向同轧机与卷取机之间带钢所承受的张力力矩方向一致，故卷取电动机轴上的力矩平衡方程为

$$M_{em} = M_T + M_J + M_0$$

式中　M_{em}——电动机输出力矩；

M_T——建立张力所需之张力力矩；

M_J——加、减速时所需之动态力矩（加速时取正号，减速时取负号）；

M_0——空载力矩（包括卷筒使带钢弯曲变形所需之力矩）。

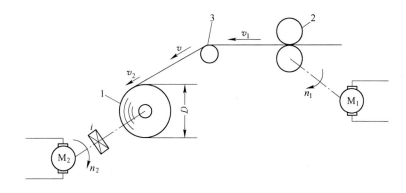

图 3-7　卷取机张力控制结构示意图
1—卷取机；2—夹送辊；3—空转辊；
M_1—夹送辊传动电机；M_2—卷取机传动电动机

在稳态时，$M_J = 0$，M_0 其值较小，可以忽略不计，则力矩平衡方程可写为

$$M_{em} = M_T = F_T \frac{D_B}{2\eta i}$$

式中　M_T——卷筒上的张力力矩；

F_T——轧机与卷取机之间带钢所承受的张力；

D_B——带卷直径；

i——卷取电动机至卷筒的减速比；

η——传动机械装置的效率，一般为 0.9 左右。

电动机的输出力矩为

$$M_{em} = C_m \Phi I_a$$

式中　C_m——电动机的转矩常数；

Φ——电动机的激励磁通；

I_a——电动机电枢电流的张力电流分量。

于是由上面两式综合可以得到

$$F_\text{T} = 2C_\text{m}i\eta\frac{\Phi}{D_\text{B}}I_\text{a} = K_\text{T}I_\text{a}\frac{\Phi}{D_\text{B}}$$

式中，$K_\text{T} = 2C_\text{m}i\eta =$ 常数。

由上面公式可知，要维持卷取张力恒定有两种方式：一是维持 I_a 和 $\dfrac{\Phi}{D_\text{B}}$ 均为常数，即电流、电势复合控制法；另一种是使 I_a 正比于 $\dfrac{\Phi}{D_\text{B}}$ 而变化，即最大力矩法。

A 电流电势复合控制法

电流电势复合控制法主要由电枢电流控制和磁场控制两部分所组成。

电枢电流控制　对于卷取机传动，既可采用直流电动机，也可采用交流电动机，这里仅以直流电动机为例加以说明。

维持电枢电流 I_a 的恒定，是通过调节卷取电动机主回路电压 U_a 来实现的。卷取机主回路电压方程式为

$$U_\text{a} = E_\text{a} + I_\text{a}R_\text{a}$$

式中　E_a——电动机的反电势，$E_\text{a} = C_e\Phi n$，V；

　　　C_e——电势常数；

　　　R_a——电枢回路电阻，Ω；

　　　I_a——电枢电流，I。

于是可得 I_a 为

$$I_\text{a} = \frac{U_\text{a} - E_\text{a}}{R_\text{a}}$$

由于 R_a 很小，故电枢电压 U_a 或电势 E_a 的微小变化会引起 I_a 很大的变化。因此，电枢电流 I_a 的恒定可通过调节电枢电压 U_a 来实现。

磁场控制部分　为了保持 $\dfrac{\Phi}{D_\text{B}} =$ 常数，必须控制磁通 Φ 随带卷直径 D_B 而变化，也就是使卷取电动机的励磁电流正比于 D_B 而变化。

而卷径 D_B 的测量一般都通过间接进行获取。在稳态轧制时，电动机的转速 n 随卷径 D_B 而变化，即

$$n = \frac{60iv}{\pi D_\text{B}}$$

从而可求得 D_B 为

$$D_\text{B} = \frac{60i}{\pi}\frac{v}{n}$$

式中　v——轧制带钢的线速度，m/s；

　　　i——卷取机的减速比；

　　　n——卷取电动机的转速，r/min；

由上式可知，只要测出轧制线速度 v 和卷取电动机的转速 n，便可计算出卷径 D_B。轧

制线速度可利用线速度测量仪得到，卷取电动机的转速则可通过编码器进行测量转速。当然，如果没有线速度测量仪，也可在空转辊上安装编码器间接测取。

电流电势复合控制法的优点是：电枢电流与张力成正比，和磁通 Φ 和卷径 D_B 成正比，控制起来比较直观。当然也有不少缺点：

（1）由于在卷取过程中必须保持 $\dfrac{\Phi}{D_B}$ 恒定，导致卷取电动机经常在弱磁下工作，只有在卷径最大时电动机才处于满磁状态，因此电动机的力矩不能充分利用。

（2）因为在卷取过程中必须保持 $\dfrac{\Phi}{D_B}$ 恒定，故电动机的弱磁倍数至少要等于卷径的变化倍数。这样在要求卷径变化倍数大、相应电动机弱磁倍数也大的场合，采用这种间接张力控制方式，将使卷取电动机的体积增大，系统惯量增大，导致价格上升。

（3）电动机经常不在全压下工作，功率因数较低。

B 最大力矩控制法

在卷取的过程中，为维持张力恒定，采用基速以下保持电动机在满磁下卷取，使 $\dfrac{I_a}{D_B}=$ 常数，即电枢电流随卷取时卷径的增大成比例地增加。在基速以上，弱磁升速，使电动机的电势 E_a 保持恒定，电枢电流与轧制速度成比例变化，这样可以得到恒定的张力值，其张力方程可以表示为

$$F_T = \frac{K_T}{K}\frac{E_a}{v}I_a$$

上述控制的核心是在电动机基速段维持磁通满磁，在高速段维持电压满压，使电动机力矩能得到最大发挥，因而称为最大力矩控制法。该控制方式有以下优点：

（1）电动机的弱磁倍数与卷径无关，因而可选用弱磁倍数小的电动机。

（2）由于基速以下电动机工作在满磁，不仅起、制动时的过渡过程加快，而且还可输出最大转矩，增加过载能力。

（3）由于电动机在基速以下可输出最大力矩，在基速以上可输出最大有效功率，因而电动机的效率大为提高。

（4）电动机在起、制动时，卷取机引起的无功冲击负荷较小。

（5）电流闭环同电机励磁闭环各自独立，系统设计灵活。

3.1.3.2 直接张力控制法

直接张力控制法的基本原理是：利用张力计测量带钢的实际张力，并将它作为反馈信号，构成闭环控制系统，使张力达到恒定。

这种张力控制方法的主要优点是：控制系统简单，避免了卷径变化、速度变化和空载转矩对张力的影响。因此，控制精度高（当张力计检测精度较高时），可采用最大力矩控制方式工作且具有许多优点。但也存在一些缺陷：

（1）控制精度受张力计检测精度的限制，国产压磁式张力计的检测精度仅为 $\pm5\%$，动态响应为 50ms，故控制精度低于 $\pm5\%$。

（2）建张过程不稳定，因为在卷取刚开始时，带钢处于松弛状态，没有张力作用。在

张力给定值的作用下，卷取电动机加速，待带钢被拉紧时则产生张力，其张力负反馈信号突然加入，迫使卷取机减速，带钢又处于松弛状态，张力反馈信号也又消失，电动机又加速，如此反复振荡。故系统需设置张力自动投入环节，待建立稳定的张力之后，再使张力闭环调节系统投入。

对于轧制较厚的带钢，特别是单向轧制的场合，宜采用张力计反馈的直接恒张力控制系统。

3.2 带钢冷连轧机的厚度自动控制

随着冷连轧机速度和质量要求的不断提高，手动调节厚度已不能满足要求，因此在冷连轧机上都要装设厚度自动控制装置（简称 AGC 系统）。厚度自动控制是通过测厚仪或传感器对带钢实际厚度连续地进行测量，并根据实测值与给定值比较得出的偏差信号，借助检测控制回路和装置或计算机功能程序，改变压下位置、张力或轧制速度，把厚度控制在允许偏差范围内的调节方法。

AGC 系统是由许多直接或间接影响轧件厚度的系统构成。为了消除各种原因造成的厚差，可采用各种不同的厚度调节方案和措施，具体有如下几种厚度控制方式：

（1）轧辊压下控制方式。调节压下是厚度控制最主要的方式，常用来消除由于轧件和工艺方面的原因影响轧制压力而造成的厚度差，调节压下方法包括反馈式、厚度计式、前馈式、秒流量法液压式等厚度自动控制系统，广泛应用于冷连轧的头几个机架。

（2）轧制张力控制方式。调节张力即利用前后张力的变化来改变轧件塑性变形线的斜率以控制厚度。这种方法在冷轧薄板时用得较多。但目前在冷轧厚度控制时不单独应用此法，往往采用调节压下与调节张力互相配合的联合方法。

（3）轧制速度控制方式。轧制速度的变化影响到张力、温度和摩擦系数等因素的变化，故可通过调速来调张力和温度，从而改变厚度。

冷连轧生产是一个复杂的多变量非线性控制过程，各种因素的干扰都会对带钢的厚度精度造成影响。造成冷轧成品厚差的原因有：

（1）由热轧钢卷（来料）带来的扰动，属于这类的有：

1）热轧卷带厚不匀，这是由于热轧设定模型及 AGC 控制不良造成（来料厚度波动）。

2）热轧卷硬度（变形阻力）不匀，这是由于热轧终轧及卷取温度控制不良造成的（来料硬度波动）。

3）来料厚差将随着冷轧厚度控制而逐架或逐道次变小，但来料硬度波动却具有重发性，即硬度较大（或较小）的该段带钢进入每一机架都将产生新的厚差。

（2）冷连轧机本身的扰动，属于这类的有：

1）不同速度和压力条件下油膜轴承的油膜厚度将不同（特别是加减速时油膜厚度的变化）。

2）轧辊椭圆度（轧辊偏心）。

3）轧辊热膨胀和轧辊磨损。

其中轧辊偏心为一高频扰动。

（3）由于工艺等其他原因造成的厚差：

1）不同轧制乳液以及不同速度条件下轧辊——轧件间轧制摩擦系数不同（包括加减速时摩擦系数的波动）。

2）全连续冷连轧或酸洗——冷轧联合机组在工艺上需要进行动态变规格，因而将产生一个楔形过渡段。

3）酸洗焊缝或轧制焊缝通过轧机时造成的厚差。

这一类厚差属于非正常状态的厚差，这不是冷连轧 AGC 所能解决的，是不可避免的。

第一类原因将造成轧制力变动，并通过轧机弹跳而影响厚度，第二类原因则主要通过改变实际辊缝值（辊缝仪信号不变）而影响厚度，因此需有不同的控制策略。由于冷连轧轧件较薄以及加工硬化，因而纠正厚差的能力有限，因此高质量的热轧来料将是生产高质量冷轧成品的重要条件。

3.2.1 冷连轧自动厚度控制基本理论

3.2.1.1 *P-H* 图

轧机出口带钢厚度是由轧机弹性曲线和带钢塑性曲线的交点来确定的，弹塑曲线是厚度自动控制的理论基础。为了定性及定量地讨论厚度控制，弹性-塑性方程图解及其解析法是两种十分有用的方法。

P-H 图以弹性方程曲线和塑性方程曲线的图形求解方法描述了轧机与轧件相互作用又相互影响的关系，通过如图 3-8 所示的以轧制力为纵坐标，以厚度（辊缝）为横坐标的 *P-H* 图可直观地讨论轧件带来扰动（塑性曲线的变动）或轧机带来的扰动（弹性曲线的变动）所产生的后果以及 AGC 消除厚差的结果。

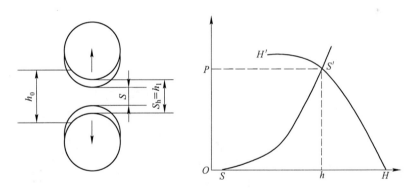

图 3-8 *P-H* 图

图中 SS' 为轧机弹性变形的弹性方程曲线，HH' 为反映轧件塑性变形的塑性方程曲线。当轧件（来料厚度 H）咬入空载辊缝为 S 的轧辊，轧辊将给轧件一个轧制力 P 使其产生塑性变形，（由 H 变形到出口厚度 h），而轧件亦将同时给轧辊一个反作用力 P（大小相等方向相反），使轧机产生弹性变形，因而有载辊缝将变为 S_h，由于轧辊和轧件最终处于一个平衡状态，因此 $S_h = h$，亦即弹性方程曲线和塑性方程曲线相交点（两个方程的联立解）的垂直坐标为轧制力 P，水平坐标将为轧出厚度 h_1。当有扰动使弹性线变动或使塑性线变动时将使 P 和 h 变动，产生厚差。

图 3-9 表示了原料厚差 δh_0 为正时，即塑性方程曲线由 HH' 变为 $\overline{H}\,\overline{H}'$ 时将使弹塑性曲线交点由 A 变为 $\overline{A}$，产生厚差 δh 造成的后果为 $\delta h = h' - h$，$\delta P = P' - P$。当移动压下 SS' 到 $\overline{S}\,\overline{S}'$，即控制压下消除厚差，结果是 $\delta h = 0$ 及 $\delta P' = P'' - P'$。图 3-10 表示了来料硬度变动（HH' 变为 $H\,\overline{H}'$）造成的后果及控制压下（移动 SS' 到 $\overline{S}\,\overline{S}'$）消除厚差的结果，图 3-11 表示了由于轧辊热膨胀、磨损或偏心造成的后果（SS' 线变为 DD'）以及控制压下（移动 DD' 到 SS'）的结果。对图 3-9（或图

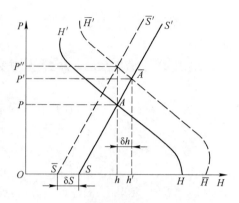

图 3-9   来料厚差影响及 AGC 控制

3-10）及图 3-11 的比较可看出，这两类原因所产生的现象及控制策略是完全不同的。

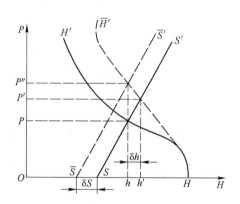

图 3-10   来料硬度变动的影响及 AGC 控制

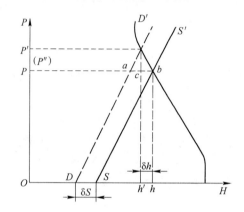

图 3-11   偏心影响及偏心控制

来料参数波动：例如某段带钢来料厚度增大或硬度变大，使 P 加大到 P'，将使出口厚度变大（δh 为正），控制结果使 $\delta h = 0$，但轧制力进一步加大到 P''（$P'' > P' > P$）。

轧机参数变动：例如，偏心使实际辊缝变大，将使出口厚度变大（δh 为正），但此时轧制力不是加大而是减小，通过控制，下压辊缝（移动 DD' 到 SS'）后可使 $\delta h = 0$，但此时 $P'' = P$（$P'' = P > P'$）。

对于前者当轧制力增大时应下压辊缝使 $\delta h = 0$，而对于后者则应当轧制力减小时才下压辊缝使 $\delta h = 0$，这种不同的控制策略在 AGC 系统设计时应特别注意。

冷轧的特点是塑性曲线较陡，因此压下变动的效率较差（特别是后几个机架，由于轧件薄又加上加工硬化，压下效率更低），因此对薄而硬的材料往往在后两架采用张力来控制厚度（张力 AGC）。张力变化后将通过影响轧制力（影响塑性曲线斜率）而影响到厚度。

3.2.1.2   解析法

为了找出 δh、δP 与 δh_0（来料厚差）、δK（硬度变动）、$\delta\tau$（张力变动）、δS（压下变动）及 δv_0（速度变动）之间的解析关系，目前普遍采用非线性方程"线性化"的方法。轧制力（塑性曲线）等公式虽为非线性函数，但考虑到 AGC 所涉及的将是各参数在工作

点（设定值）附近的小值变化，为了分析方便又不失工程所需精度，采用了非线性函数线性化的方法，即将非线性函数用泰勒级数展开后仅取其一次项。

设函数自变量为 x，因变量为 y，即

$$y = f(x)$$

如果其工作点为 x_0 和 y_0，那么函数可以在工作点（对 AGC 来说即是设定模型所确定的设定值）的附近展开成泰勒级数

$$y = f(x) = f(x_0) + \frac{df}{dx}(x - x_0) + \frac{1}{2!} \cdot \frac{d^2 f}{dx^2}(x - x_0)^2 + \cdots$$

式中，导数 df/dx，$d^2 f/dx^2$，$\cdots$ 是在 $x = x_0$ 即工作点进行计算的，如果 $x - x_0$ 很小，可以忽略 $(x - x_0)$ 的高次项，写成

$$y = f(x_0) + \frac{df}{dx}(x - x_0)$$

因为 $f(x_0) = y_0$，所以

$$(y - y_0) = \frac{df}{dx}(x - x_0) = k_1(x - x_0)$$

可写成

$$\delta y = k_1 \delta x$$

式中，$k_1 = \dfrac{df}{dx}\bigg|_{x = x_0}$，当 $y = f(x)$ 函数已定，并且工作点已知时 k_1 为一常数，当函数形式已知就可以求出。

如果是二元非线性函数

$$y = f(x_1, x_2)$$

用与上述相同的方法，可将方程在设定工作点附近展开成泰勒级数。这时方程可写成

$$y = f(x_{01}, x_{02}) + \left[\frac{\partial f}{\partial x_1}(x_1 - x_{01}) + \frac{\partial f}{\partial x_2}(x_2 - x_{02}) \right] +$$

$$\frac{1}{2!}\left[\frac{\partial^2 f}{\partial x_1^2}(x_1 - x_{01})^2 + \frac{\partial f}{\partial x_1} \cdot \frac{\partial f}{\partial x_2}(x_1 - x_{01})(x_2 - x_{02}) + \frac{\partial^2 f}{\partial x_2^2}(x_2 - x_{02})^2 \right] + \cdots$$

式中，偏导数都在工作点上进行计算，当 $(x_1 - x_{01})$ 及 $(x_2 - x_{02})$ 项都很小时，可以忽略二次项及二次以上项，于是在设定工作点附近，非线性函数 $y = f(x_1, x_2)$ 可写为

$$y - y_0 = K_1(x_1 - x_{01}) + K_2(x_2 - x_{02})$$

或写成

$$\delta y = K_1 \delta x_1 + K_2 \delta x_2$$

式中，$y_0 = f(x_{01}, x_{02})$；$K_1 = \left(\dfrac{\partial f}{\partial x_1}\right)_{x_1 = x_{01}}$；$K_2 = \left(\dfrac{\partial f}{\partial x_2}\right)_{x_2 = x_{02}}$。

多元函数的线性化方法与上述相同，可以类推写出

$$y - y_0 = K_1(x_1 - x_{01}) + K_2(x_2 - x_{02}) + K_3(x_3 - x_{03}) + \cdots + K_n(x_n - x_{0n})$$

或

$$\delta y = K_1 \delta x_1 + K_2 \delta x_2 + \cdots + K_n \delta x_n$$

$$K_m = \left(\frac{\partial f}{\partial x_m} \right)_{x_m = x_{0m}} \quad (m = 1 \sim n)$$

A　厚度方程和压力方程

根据前面所述的情况，连轧过程弹性方程和塑性方程的联解可用下列方程来描述。
弹跳方程为

$$h_1 = S_0 + \frac{P - P_0}{C_P} + S_F + O + G$$

式中　S_0——辊缝仪信号（辊缝仪在预压靠力下清零）；

　　　S_F——弯辊力造成的辊缝变化；

　　　O——油膜厚度；

　　　G——辊缝零位。

此方程主要反映轧制力对轧出厚度的影响，各种工艺参数如硬度 K，来料厚度 h_0 等的波动是通过轧制力 P 的变化而影响厚度 h_1 的。由于轧制力公式（塑性方程）为一非线性函数，因此给分析工作带来了很大的困难。考虑到需要分析的是各种参数的波动对出口厚度变化的影响，亦即在研究控制问题时只对它们的增量（变化量）感兴趣，因此可以将

$$P = f(h_0, h_1, \tau_b, \tau_f, K, \mu)$$

写成以下形式

$$\delta P = \frac{\partial P}{\partial h_0} h_0 + \frac{\partial P}{\partial h_1} h_1 + \frac{\partial P}{\partial \tau_b} \delta \tau_b + \frac{\partial P}{\partial \tau_f} \delta \tau_f + \frac{\partial P}{\partial K} \delta K + \frac{\partial P}{\partial \mu} \delta \mu$$

式中　h_0——来料厚度；

　　　h_1——轧件出口厚度；

　　　K——带钢硬度（变形阻力）；

　　　μ——摩擦系数；

　　　τ_b——后张应力；

　　　τ_f——前张应力。

偏微分系数 $\partial P/\partial h_0$，$\partial P/\partial K$，$\partial P/\partial \tau_b$ 等决定于轧制力公式的具体形式及设定点。

弹跳公式也可以写成增量形式（考虑到油膜厚度及辊缝零位变化缓慢，因此加以忽略）。

$$\delta h_1 = \delta S + \frac{\delta P}{C_P} + \delta S_F$$

根据上述各式可写出以下厚度方程和压力方程：

（1）厚度方程，将 δP 式代入增量形式弹跳方程，得

$$\delta h_1 = \delta S + \frac{1}{C_P} \left(\frac{\partial P}{\partial h_0} \delta h_0 + \frac{\partial P}{\partial h_1} \delta h_1 + \frac{\partial P}{\partial \tau_b} \delta \tau_b + \frac{\partial P}{\partial \tau_f} \delta \tau_f + \frac{\partial P}{\partial K} \delta K + \frac{\partial P}{\partial \mu} \delta \mu \right) + \delta S_F$$

$$\left(C_P - \frac{\partial P}{\partial h_1} \right) \delta h_1 = C_P \delta S + \frac{\partial P}{\partial h_0} \delta h_0 + \frac{\partial P}{\partial \tau_b} \delta \tau_b + \frac{\partial P}{\partial \tau_f} \delta \tau_f + \frac{\partial P}{\partial K} \delta K + \frac{\partial P}{\partial \mu} \delta \mu + C_P \delta S_F$$

所以 $\delta h_1 = \dfrac{\dfrac{\partial P}{\partial h_0}\delta h_0 + \dfrac{\partial P}{\partial \tau_b}\delta \tau_b + \dfrac{\partial P}{\partial \tau_f}\delta \tau_f + \dfrac{\partial P}{\partial K}\delta K + \dfrac{\partial P}{\partial \mu}\delta \mu + C_P \delta S + C_P \delta S_F}{C_P - \dfrac{\partial P}{\partial h_1}}$

为了简洁及将扰动量和控制量分开，厚度方程可写成

$$\delta h_1 = (a_H \delta h_0 + a_K \delta K + a_\mu \delta \mu) + (a_S \delta S + a_{S_F}\delta S_F) + (a_{\tau_b}\delta \tau_b + a_{\tau_f}\delta \tau_f)$$

式中

$$a_H = \dfrac{\dfrac{\partial P}{\partial h_0}}{C_P - \dfrac{\partial P}{\partial h_1}}$$

a_K、a_μ、$a_{\tau b}$、$a_{\tau f}$ 与此类似，仅需将分子 $\dfrac{\partial P}{\partial h_0}$ 换成 $\dfrac{\partial P}{\partial K}$、$\dfrac{\partial P}{\partial \mu}$ 等。

$$a_S = \dfrac{C_P}{C_P - \dfrac{\partial P}{\partial h_1}}$$

a_{SF} 与此相同。

上式比较直观地表明了控制量 δS，δS_F，扰动量 δh_0，δK，$\delta \mu$ 等因素对目标量 δh_1 的影响。当 h_0，K，μ，τ_b，τ_f，S_F 不变化时，则上式变成

$$\delta h_1 = \dfrac{C_P}{C_P - \dfrac{\partial P}{\partial h_1}}\delta S$$

考虑到 $\partial P / \partial h_1 = -Q$（$Q$ 可称为轧件塑性刚度，即使轧件塑性变形 1mm 所需的轧制力），因此可写成

$$\delta h_1 = \dfrac{C_P}{C_P + Q}\delta S$$

式中，$C_P/(C_P + Q)$ 亦可称为压下效率系数。

（2）轧制力方程，将厚度方程代入增量形式的弹跳方程，得

$$\dfrac{1}{C_P - \dfrac{\partial P}{\partial h_1}}\left(\dfrac{\partial P}{\partial h_0}\delta h_0 + \dfrac{\partial P}{\partial \tau_b}\delta \tau_b + \dfrac{\partial P}{\partial \tau_f}\delta \tau_f + \dfrac{\partial P}{\partial K}\delta K + \dfrac{\partial P}{\partial \mu}\delta \mu + C_P \delta S + C_P \delta S_F \right)$$

$$= \delta S + \dfrac{1}{C_P}\delta P + \delta S_F$$

所以 $\delta P = \dfrac{C_P}{C_P - \dfrac{\partial P}{\partial h_1}}\left(\dfrac{\partial P}{\partial h_0}\delta h_0 + \dfrac{\partial P}{\partial \tau_b}\delta \tau_b + \dfrac{\partial P}{\partial \tau_f}\delta \tau_f + \dfrac{\partial P}{\partial K}\delta K + \dfrac{\partial P}{\partial \mu}\delta \mu + \dfrac{\partial P}{\partial h_1}\delta S + \dfrac{\partial P}{\partial h_1}\delta S_F \right)$

轧制力方程可写成

$$\delta P = (b_H \delta h_0 + b_K \delta K + b_\mu \delta \mu) + (b_S \delta S + b_{SF}\delta S_F) + (b_{\tau_b}\delta \tau_b + b_{\tau_f}\delta \tau_f)$$

式中

$$b_{\mathrm{H}} = \frac{C_{\mathrm{P}} \dfrac{\partial P}{\partial h_0}}{C_{\mathrm{P}} - \dfrac{\partial P}{\partial h_1}}$$

b_{K}、b_{μ}、$b_{\tau_{\mathrm{b}}}$、$b_{\tau_{\mathrm{f}}}$ 与此类似，仅需将分子中 $\dfrac{\partial P}{\partial h_0}$ 换成 $\dfrac{\partial P}{\partial K}$、$\dfrac{\partial P}{\partial \mu}$ 等。

$$b_{\mathrm{S}} = b_{\mathrm{SF}} = \frac{C_{\mathrm{P}} \dfrac{\partial P}{\partial h_1}}{C_{\mathrm{P}} - \dfrac{\partial P}{\partial h_1}}$$

压力方程直观地表明了控制量 δS 等，扰动量 δh_0 等对轧制力变动 δP 的影响。

B　张力方程

当考虑前滑后，轧件出口速度可写成

$$v = v_0(1 + f)$$

其增量形式为

$$\delta v = v_0 \delta f + (1 + f)\delta v_0$$

式中　f——前滑值。

轧件入口速度 v' 为

$$v' = v_0(1 - \beta)$$

其增量形式为

$$\delta v' = -v_0 \delta \beta + (1 - \beta)\delta v_0$$

式中　β——后滑值。

由于

$$f = f(h_0, h_1, \tau_{\mathrm{b}}, \tau_{\mathrm{f}}, \mu)$$

$$\beta = f(h_0, h_1, \tau_{\mathrm{b}}, \tau_{\mathrm{f}}, \mu)$$

线性化后，得

$$\delta f = \frac{\partial f}{\partial h_0}\delta h_0 + \frac{\partial f}{\partial h_1}\delta h_1 + \frac{\partial f}{\partial \tau_{\mathrm{b}}}\delta \tau_{\mathrm{b}} + \frac{\partial f}{\partial \tau_{\mathrm{f}}}\delta \tau_{\mathrm{f}} + \frac{\partial f}{\partial \mu}\delta \mu$$

$$\delta \beta = \frac{\partial \beta}{\partial h_0}\delta h_0 + \frac{\partial \beta}{\partial h_1}\delta h_1 + \frac{\partial \beta}{\partial \tau_{\mathrm{b}}}\delta \tau_{\mathrm{b}} + \frac{\partial \beta}{\partial \tau_{\mathrm{f}}}\delta \tau_{\mathrm{f}} + \frac{\partial \beta}{\partial \mu}\delta \mu$$

将厚度方程代入可得前滑方程及后滑方程

$$\delta f = \frac{\partial f}{\partial h_0}\delta h_0 + \frac{\partial f}{\partial \tau_{\mathrm{b}}}\delta \tau_{\mathrm{b}} + \frac{\partial f}{\partial \tau_{\mathrm{f}}}\delta \tau_{\mathrm{f}} + \frac{\partial f}{\partial \mu}\delta \mu + \frac{\partial f}{\partial h_1} \cdot \frac{1}{C_{\mathrm{P}} + Q} \cdot$$

$$\left(\frac{\partial P}{\partial h_0}\delta h_0 + \frac{\partial P}{\partial \tau_{\mathrm{b}}}\delta \tau_{\mathrm{b}} + \frac{\partial P}{\partial \tau_{\mathrm{f}}}\delta \tau_{\mathrm{f}} + \frac{\partial P}{\partial K}\delta K + \frac{\partial P}{\partial \mu}\delta \mu + C_{\mathrm{P}}\delta S + C_{\mathrm{P}}\delta S_{\mathrm{F}} \right)$$

整理后，得

$$\delta f = \left(\frac{\partial f}{\partial h_0} + \frac{Q}{C_{\mathrm{P}} + Q} \cdot \frac{\partial f}{\partial h_1} \right)\delta h_0 + \left(\frac{\partial f}{\partial \tau_{\mathrm{b}}} + \frac{\dfrac{\partial P}{\partial \tau_{\mathrm{b}}}}{C_{\mathrm{P}} + Q} \cdot \frac{\partial f}{\partial h_1} \right)\delta \tau_{\mathrm{b}} +$$

$$\left(\frac{\partial f}{\partial \tau_{\mathrm{f}}} + \frac{\frac{\partial P}{\partial \tau_{\mathrm{f}}}}{C_{\mathrm{P}} + Q} \cdot \frac{\partial f}{\partial h_1}\right)\delta \tau_{\mathrm{f}} + \left(\frac{\partial f}{\partial \mu} + \frac{\frac{\partial P}{\partial \mu}}{C_{\mathrm{P}} + Q} \cdot \frac{\partial f}{\partial h_1}\right)\delta \mu + \frac{\frac{\partial P}{\partial k}}{C_{\mathrm{P}} + Q} \cdot \frac{\partial f}{\partial h_1} \cdot \delta K +$$

$$\frac{C_{\mathrm{P}}}{C_{\mathrm{P}} + Q} \cdot \frac{\partial f}{\partial h_1}\delta S + \frac{C_{\mathrm{P}}}{C_{\mathrm{P}} + Q} \cdot \frac{\partial f}{\partial h_1} \cdot \delta S_{\mathrm{F}}$$

为了简洁，前滑增量方程可写成

$$\delta f = d_{\mathrm{H}}\delta h_0 + d_{\tau_{\mathrm{b}}}\delta \tau_{\mathrm{b}} + d_{\tau_{\mathrm{f}}}\delta \tau_{\mathrm{f}} + d_{\mu}\delta \mu + d_{\mathrm{K}}\delta K + d_{\mathrm{S}}\delta S + d_{\mathrm{SF}}\delta S_{\mathrm{F}}$$

将厚度方程代入后滑方程可得类似公式（将前滑方程中 ∂f 改为 $\partial \beta$），因此后滑增量方程可写成

$$\delta \beta = e_{\mathrm{H}}\delta h_0 + e_{\tau_{\mathrm{b}}}\delta \tau_{\mathrm{b}} + e_{\tau_{\mathrm{f}}}\delta \tau_{\mathrm{f}} + e_{\mu}\delta \mu + e_{\mathrm{K}}\delta K + e_{\mathrm{S}}\delta S + e_{\mathrm{SF}}\delta S_{\mathrm{F}}$$

因此将 δf 及 $\delta \beta$ 式代入入口速度和出口速度的增量方程

$$\delta v = v_0 \delta f + (1 + f)\delta v_0$$

$$\delta v' = -v_0 \delta \beta + (1 - \beta)\delta v_0$$

并由此可得张力方程

$$\delta \tau_i = \frac{E}{l}\int(\delta v'_{i+1} - \delta v_i)\,\mathrm{d}t$$

设 i 机架前张应力为 τ_i，后张应力为 τ_{i-1}。

代入 δv 及 $\delta v'$ 公式后可得

$$\delta \tau_i = \frac{E}{l}\int\{[-v_{0_{i+1}}(e_{\mathrm{H}_{i+1}}\delta h_{0_{i+1}} + e_{\tau_{\mathrm{b}(i+1)}}\delta \tau_i + e_{\tau_{\mathrm{f}(i+1)}}\delta \tau_{i+1} + e_{\mu_{i+1}}\delta \mu_{i+1} + e_{\mathrm{K}_{i+1}}\delta K_{i+1} + e_{S_{i+1}}\delta S_{i+1} +$$

$$e_{S_{\mathrm{F}(i+1)}}\delta S_{\mathrm{F}i+1}) + (1 - \beta_{i+1})\delta v_{0_{i+1}}] - [v_{0_i}(d_{\mathrm{H}_i}\delta h_{0_i} + d_{\tau_{\mathrm{b}i}}\delta \tau_{i-1} + d_{\tau_{\mathrm{f}i}}\delta \tau_i + d_{\mu_i}\delta \mu_i + d_{\mathrm{K}_i}\delta K_i +$$

$$d_{S_i}\delta S_i + d_{S_{\mathrm{F}i}}\delta S_{\mathrm{F}i}) + (1 + f_i)\delta v_{0_i}]\}\,\mathrm{d}t$$

将张力项，控制量及扰动量分开后可得

$$\frac{\mathrm{d}\delta \tau_i}{\mathrm{d}t} = \frac{E}{l}[-(v_{0_{i+1}}e_{\tau_{\mathrm{b}(i+1)}} + v_{0_i}d_{\tau_{\mathrm{f}i}})\delta \tau_i - v_{0_{i+1}}e_{\tau_{\mathrm{f}(i+1)}}\delta \tau_{i+1} - v_{0i}d_{\tau_{\mathrm{b}i}}\delta \tau_{i-1}] +$$

$$\frac{E}{l}[-(v_{0_{i+1}}e_{\mathrm{H}_{i+1}}\delta h_{0i+1} + v_{0i}d_{\mathrm{H}_i}\delta h_{0i}) - (v_{0i+1}e_{\mu_{i+1}}\delta \mu_{i+1} + v_{0i}d_{\mu_i}\delta \mu_i) -$$

$$(v_{0i+1}e_{K_{i+1}}\delta K_{i+1} + v_{0i}d_{K_i}\delta k_i)] + \frac{E}{l}[-(v_{0i+1}e_{S_{i+1}}\delta S_{i+1} + v_{0i}d_{S_i}\delta S_i) -$$

$$(v_{0i+1}e_{S_{\mathrm{F}(i+1)}}\delta S_{\mathrm{F}(i+1)} + v_{0i}d_{S_{\mathrm{F}i}}\delta S_{\mathrm{F}i}) - (1 - \beta_{i+1})\delta v_{0i+1} - (1 + f_i)\delta v_{0i}]$$

式中，e、d 等各项系数由偏微分系数及相应变量组成。

此式表述了 i 机架和 $i+1$ 机架的扰动量，控制量变动后对机架间张力的变化率的影响。但由于式子中包含了 $\delta \tau_{i-1}$ 及 $\delta \tau_{i+1}$，因此需用五个机架的动态张力增量方程联解后才能获得结果。

式中各 $\frac{\partial P}{\partial h}$、$\frac{\partial P}{\partial \tau_{\mathrm{b}}}$、$\frac{\partial P}{\partial \tau_{\mathrm{f}}}$、$\frac{\partial P}{\partial K}$ 以及 $\frac{\partial f}{\partial h}$、$\frac{\partial f}{\partial \tau_{\mathrm{b}}}$ 等偏微分系数，只要已知 P、f 及 β 的具体公式，在确定工作点（设定值）后可以采用求偏微分的方法求得，但这一方法比较复杂，为

了简单（在工程允许的精度范围）可以采用以下办法：

$$\frac{\partial P}{\partial h} = \frac{P - P'}{h_1 - h_1'}$$

即先按设定的出口厚度 h_1 用轧制力公式计算出 P 后设 $h_1' = h_1 + \Delta$，其中 Δ 为一小量（不同轧机 Δ 不同，例如对于 C_1 可取 0.05，而对于 C_5 可能要取 0.005），然后以 h_1' 用同样轧制力公式计算出 P' 即可。

这实际上是用割线代替切线（图3-12）。当 h_1' 向 h_1 靠拢时误差将越来越小。$\frac{\partial P}{\partial K}$ 等亦可采用此法计算。

同样对于 $\frac{\partial f}{\partial h}$、$\frac{\partial f}{\partial \tau_1}$ 等偏微分系数，只要前滑公式具体化后亦可用与上述方法相同的方法算得。

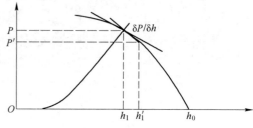

图 3-12　割线代替切线

因此上述解析法要用于实际分析，必须首先：

（1）确定具体的 P，f 等公式；

（2）求出所有的偏微分系数；

（3）完成设定计算，因增量公式中所有的 δh_0，δS 等都是以设定值为基准的增量值，而各偏微分系数的定量亦需代入设定值（工作点）才能获得。

3.2.2　位置内环和压力内环

AGC 系统可以采用厚度外环，位置内环方式（图 3-13）亦可以采用厚度外环，压力内环方式（图 3-14）。由图 3-11 可知恒压力环可以消除偏心但将使带钢带来的扰动放大，因此纯恒压力环的使用要十分小心（一般仅在平整方式时用于 C_5），在恒压力环外加上厚度环来着重消除带钢带来的扰动可以纠正恒力环的不足。

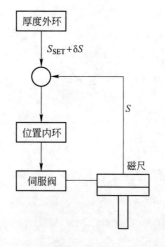

图 3-13　位置内环

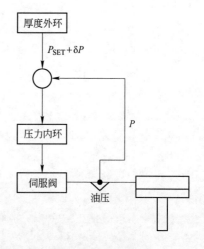

图 3-14　压力内环

两种方式下控制量不同，厚度外环位置内环方式需算出 δh 与 δS 的关系，将 δS 加到辊缝设定值上作为位置内环给定来消除厚差 δh。

$$S_{REF} = \delta S + S_{SET}$$

厚度外环压力内环方式需计算出 δh 与 δP 的关系，将 δP 加到压力设定值上作为压力环的给定值来消除厚差。

$$P_{REF} = \delta P + P_{SET}$$

下面分别介绍两种方案下反馈控制及前馈控制的算法。

3.2.2.1 反馈控制的算法

对于常规的位置内环，厚度外环方式，由于内环本身是位置环，因此厚度环只需给出位置给定 S_{REF} 即可。

设各机架间张力通过张力控制而恒定，并设稳速轧制时 $\delta\mu = 0$ 以及忽略 δS_F 影响。

由厚度方程可知

$$\delta h = \frac{1}{C_P + Q}\left(\frac{\partial P}{\partial h_0}\delta h_0 + \frac{\partial P}{\partial K}\delta K + C_P\delta S\right)$$

即当原料具有 δh_0 及（或）δK 扰动时将产生厚差 $\delta h_h + \delta h_k$

$$\delta h_h = \frac{\dfrac{\partial P}{\partial h_0}}{C_P + Q}\delta h_0$$

$$\delta h_k = \frac{\dfrac{\partial P}{\partial K}}{C_P + Q}\delta K$$

为了消除此误差，应调节压下

$$\delta S = -\frac{C_P + Q}{C_P}(\delta h_h + \delta h_k) = -\frac{C_P + Q}{C_P}\delta h_\Sigma$$

式中，δh_Σ 为由各种扰动产生的总的厚差，由此可得 $S_{REF} = S_{SET} + \delta S$，用于位置内环的控制，即可消除外扰造成的厚差。

对于轧制力内环，厚度外环方式，计算较为复杂一些，由于内环为轧制力环，因此厚度环的输出是 P_{REF}。

δP 的确定需分析各种外扰情况及其控制量的变动。

（1）偏心外扰。为了消除偏心需采用恒轧制力控制，即当偏心使轧制力变化时，应自动调节压下，使轧制力回到设定值，即可消除偏心产生的厚差，因此对偏心外扰来说，不需要在 P_{REF} 后加 δP 项即：$P_{REF} = P_{SET}$。

（2）来料厚差 δh_0 外扰。δh_0 将产生两个结果：

一是产生出口厚差 δh

$$\delta h = \frac{Q}{C_P + Q}\delta h_0$$

二是产生轧制力变动 δP_H。

$$\delta P_{\mathrm{H}} = \frac{C_{\mathrm{P}} \dfrac{\delta P}{\delta h_0}}{C_{\mathrm{P}} + Q} \delta h_0$$

各公式的推导可参见相关的厚度方程及压力方程。

δP_{H} 也可以写成

$$\delta P_{\mathrm{H}} = \frac{C_{\mathrm{P}} Q}{C_{\mathrm{P}} + Q} \delta h_0 = \frac{C_{\mathrm{P}} Q}{C_{\mathrm{P}} + Q} \cdot \frac{C_{\mathrm{P}} + Q}{Q} \delta h = C_{\mathrm{P}} \delta h$$

（3）来料硬度外扰 δK。它同样产生两个结果

$$\delta h = \frac{\dfrac{\partial P}{\partial K}}{C + Q} \delta K$$

$$\delta P_{\mathrm{K}} = \frac{C_{\mathrm{P}} \dfrac{\partial P}{\partial K}}{C + Q} \delta K = \frac{C_{\mathrm{P}} \dfrac{\partial P}{\partial K}}{C + Q} \cdot \frac{C + Q}{\dfrac{\partial P}{\partial K}} \delta h = C_{\mathrm{P}} \delta h$$

即由 δh_0 或 δK 外扰产生的 δP 都等于 $C_{\mathrm{P}} \delta h$。

为了消除所产生的厚差 δh 应移动压下。

$$\delta S = -\frac{C_{\mathrm{P}} + Q}{C_{\mathrm{P}}} \delta h$$

移动此 δS 将引起压力变化 δP_{S}。

$$\delta P_{\mathrm{S}} = -\frac{C_{\mathrm{P}} Q}{C_{\mathrm{P}} + Q} \delta S = \frac{C_{\mathrm{P}} Q}{C_{\mathrm{P}} + Q} \cdot \frac{C_{\mathrm{P}} + Q}{C_{\mathrm{P}}} \delta h = Q \delta h$$

因此 P_{REF} 应为

$$P_{\mathrm{REF}} = P_{\mathrm{SET}} + \delta P_{\mathrm{S}} + \delta P_{\mathrm{H}}$$

或是

$$P_{\mathrm{REF}} = P_{\mathrm{SET}} + \delta P_{\mathrm{S}} + \delta P_{\mathrm{K}}$$

$\delta P_{\mathrm{S}} + \delta P_{\mathrm{H}}$ 或 $\delta P_{\mathrm{S}} + \delta P_{\mathrm{K}}$ 都是 δP。

设

$$\delta P = \delta P_{\mathrm{S}} + \delta P_{\mathrm{H}}$$

或

$$\delta P = \delta P_{\mathrm{S}} + \delta P_{\mathrm{K}}$$

两种情况下 δP 都等于

$$\delta P = (C_{\mathrm{P}} + Q) \delta h$$

式中 C_{P}——轧机的弹性刚度系数，它在轧制过程中基本上为一常数，只同板宽和支撑辊直径有关；

   Q——轧件塑性刚度系数，它决定于轧件的厚度，轧件材料和其加工硬化；

   δh——出口厚差可由弹跳方程或流量方程（利用激光测速）来求得。

3.2.2.2　前馈控制的算法

"预控"和"反馈"是两个相对立的控制观点，预控不是根据过程进行完后的结果，而是根据来料情况，提前调整，以达到预期的目标。这只能应用相应的数学模型才能实现，其优点是可以克服时间上的滞后，缺点是预控属于开环控制。因此，对于一些突变性厚差用预控调整比较有效。图 3-15 说明了根据实测来料 δh_0，并将 δh_0 延时后，控制将要进入的机架的辊缝，以保证更好的调节效果。

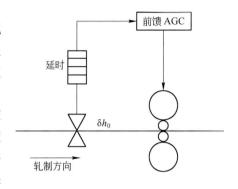

图 3-15　前馈控制

当采用位置内环，厚度外环时，由厚度方程可知

$$\delta h = \frac{1}{C_P + Q}\left(\frac{\partial P}{\partial h_0}\delta h_0 + C_P \delta S\right)$$

由于前馈控制无法实测 δK，因此上式中已设 $\delta K = 0$，$\delta \tau_b = \delta \tau_f = 0$ 以及 $\delta S_F = 0$。

通过前馈控制，在存在 δh_0 情况下提前调节压下 δS 使 $\delta h = 0$，因此

$$0 = \frac{\partial P}{\partial h_0}\delta h_0 + C_P \delta S$$

$$\delta S = -\frac{Q}{C_P}\delta h_0$$

利用机架前测厚仪实测 δh_0 后延时到具有此 δh_0 的该段带钢将进入变形区时再进行上式所算得的 δS 的控制，即给位置内环加上给定

$$S_{REF} = S_{SET} + \delta S$$

当采用轧制力内环，厚度外环时，δP 的计算需考虑两个分量。

当轧件进入轧机后，来料厚差 δh_0 产生的 δP_H 需在轧制力给定加以补偿。

$$\delta P_H = \frac{C_P Q}{C_P + Q}\delta h_0$$

轧件进入轧机后产生的厚差

$$\delta h = \frac{Q}{C_P + Q}\delta h_0$$

为使此 $\delta h \to 0$，需提前压下

$$\delta S = -\frac{C_P + Q}{C_P}\delta h = -\frac{C_P + Q}{C_P} \cdot \frac{Q}{C_P + Q}\delta h_0 = -\frac{Q}{C_P}\delta h_0$$

此 δS 压下将引起轧制力变化

$$\delta P_S = -\frac{C_P Q}{C_P + Q}\delta S = \frac{C_P Q}{C_P + Q} \cdot \frac{Q}{C_P}\delta h_0 = \frac{Q^2}{C_P + Q}\delta h_0$$

所以厚度外环应给轧制力内环的总的轧制力给定为

$$P_{REF} = P_{SET} + \delta P$$

$$\delta P = \delta P_S + \delta P_H = \frac{Q^2}{C_P + Q}\delta h_0 + \frac{C_P Q}{C_P + Q}\delta h_0 = \frac{Q(Q + C_P)}{C_P + Q}\delta h_0 = Q\delta h_0$$

式中，δh_0 由机架前测厚仪实测，此实测 δh_0 应存储到 FIFO 表中，表中数据随带钢运动而前移（或指针移动）。当具有此 δh_0 的该段带钢将进入变形区时提前取出 FIFO 表中的 δh_0 通过上式求得 δP，并与 P_{SET} 相加作为压力内环给定进行厚度控制。

提前一定时间取出的目的是为了克服液压缸动作所需时间造成的滞后。

3.2.3　冷连轧厚度自动控制系统

3.2.3.1　冷连轧 AGC 概述

冷连轧厚度控制与热连轧相比不利之处在于带钢较薄以及由于加工硬化使材料硬度加大，压下效率较低，因而增加了调节厚度的困难。加上由于机架间不存在活套，各机架的动作（压下控制或速度控制）都将会通过机架间张力影响到其他机架的参数使控制更为复杂。但冷连轧 AGC 系统在以下方面却比热连轧有利：

（1）机架间不存在活套并采用大张力轧制，因此考虑张力影响的流量方程比较符合实际。

（2）仪表设置齐全，不仅设有测量成品厚度的测量仪，并且在机架间以及第一机架前设有测厚仪为精确获得各机架出口厚度创造了良好的条件。

（3）带速激光测速仪的应用使得可利用变形区内流量相等准则精确获得变形区瞬时出口厚度偏差。

以五机架冷连轧机组为例，冷轧 AGC 系统将分为第一、第二机架的粗调 AGC 和第四、第五机架的精调 AGC，第三机架一般作为基准机架（图 3-16）。

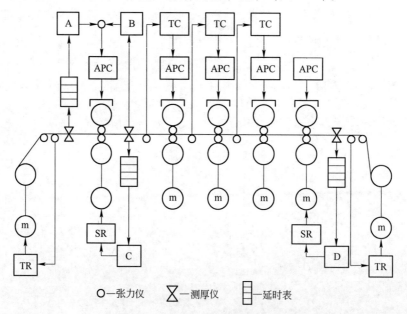

○—张力仪　　✕—测厚仪　　▤—延时表

图 3-16　AGC 框图

粗调 AGC 的主要目的是基本上消除来料厚度波动，减少偏心造成的厚度周期波动，而精调 AGC 则根据成品测厚信息进行成品精度的最终控制。

由于冷连轧机架间采用张力轧制，在稳定状态下能较好地满足含有张力影响下的流量恒等法则，因此冷连轧 AGC 普遍采用了以下原则：

（1）恒速度比控制，在轧制品种规格确定的条件下（厚度分配已确定后）严格控制各机架速度并使其保持恒定比例，由此来保证各机架出口厚度。认为速度比固定的情况下，一旦厚度有变动时将会使张力波动。

为此应极力提高各机架主传动的静、动态品质。特别是静态精度并使其具有较硬的特性。

（2）通过调节辊缝来保持张力恒定（图 3-17）。这与热轧不同，张力控制不是调节速度而是调节下一机架的辊缝，理由是认为破坏秒流量或张力恒定的原因主要来自厚度变动。

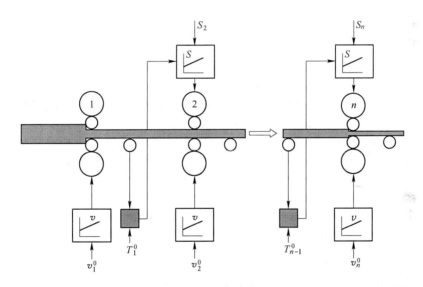

图 3-17　张力控制回路

冷连轧 AGC 可有多种方案，这主要决定于仪表的配置。

（1）一般都在第一机架前和后以及五机架后设置测厚仪，但也有些轧机在第二机架后以及第四、五机架间设置测厚仪，甚至在每个机架的前后都设置测厚仪，因此可用于更多机架的前馈、监控控制。

（2）每个机架都设有测压仪，在传统 AGC 系统中第一机架往往采用压力 AGC（有载辊缝反馈控制），压力仪亦将用于各机架的压力内环闭环控制。

（3）液压缸位置传感器（磁尺或其他）用于位置控制，冷连轧一般都同时设有位置内环和压力内环，供操作人员选用。位置内环还将用于穿带前或变规格时的辊缝调节（液压 APC）以及轧机压靠和轧辊调平等功能。穿带后在 AGC 系统投入前再决定是否切换到压力内环。

（4）各机架前后都设有测张力装置。其控制路径如图 3-17 所示。

（5）带速激光测速仪是近年来推出的新的仪表，随着激光测速仪的采用（与测厚仪配套设置），冷连轧 AGC 系统普遍采用了流量 AGC 方案（包括扩展型流量 AGC）。

（6）第一机架设有轧辊角度测量，一般采用单脉冲或每转 60～120 脉冲的编码器，以对轧辊角度定位，这主要用于偏心控制（确定偏心信号的初相角）。

应该指出的是，AGC 系统仅从厚度偏差出发来控制厚度是不完善的，应更多地从硬度变动出发来控制厚度，应该说造成成品厚差的主要原因是硬度波动，而不是来料厚度波动。

另外，在设计冷连轧 AGC 系统时应该注意到它与其他质量控制的关系，特别是和板形控制的相互影响，由于厚度控制，板形控制以及张力控制，轧辊分段冷却等控制手段都将集中作用于五个机架，因此必将通过变形区的工艺参数以及机架间张力而相互影响，图3-18 示意性地描述了相互影响的路径，正因如此，引入多变量控制，解耦控制以及智能控制将是下一步改进冷连轧 AGC 系统的主要方向。

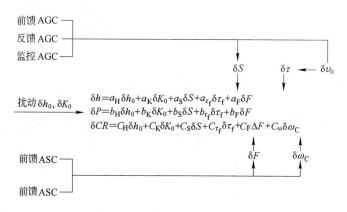

图 3-18   参数相互影响的路径

3.2.3.2   冷连轧 AGC 系统的组成

根据带钢厚度偏差的测量方法和调节方式的不同，各种方案的冷连轧自动厚度控制（AGC）系统基本上由前馈或预控 AGC、直接测厚反馈 AGC、测厚仪反馈 AGC、张力 AGC、监控 AGC、轧辊偏心补偿、加减速补偿、近年来迅速发展的流量 AGC 等组成。

A   前馈或预控厚度自动控制系统（FF-AGC 系统）

考虑到来料厚差 δh_0 是冷轧带钢产生厚差的重要原因之一，因此冷连轧一般在 C_1 前设有测厚仪，可直接测量来料厚差用于前馈控制，加上机架间亦设有测厚仪可用于下一机架的前馈控制。

顾名思义，前馈为根据来料扰动 δh_0 计算出需要控制的 δS 量来消除 δh_0 的影响，减少由其产生的 δh_1。

前馈的优点是可提前控制，可完全去掉信号检测及机构动作所产生的滞后，必要时还可提前 $\Delta \tau$ 进行控制，使阶跃性 δh_0 得到更好的控制（图 3-19）。

但前馈的缺点是精度完全依靠计算的正确性，因前馈属于开环控制，不能保证轧出厚度精度，因此前馈控制应和反馈以及监控 AGC 相结合。

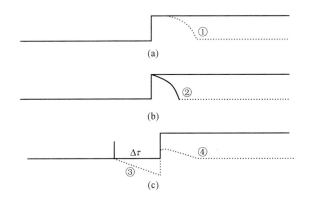

图 3-19　前馈控制

（a）阶跃厚差时反馈控制；（b）阶跃厚差时前馈控制；（c）具有提前量 $\Delta\tau$ 前馈控制；

①，②，③，④—压下过程

目前大部分冷连轧的 AGC 系统仅对入口厚差进行前馈，但实际上 δh_0 随着各机架压下控制必将逐渐减少。对成品精度更具有威胁的是原料硬度波动（δK），因为 δK 具有重发性，具有 δK 的该段带钢进入每一机架时将产生新的厚差。

$$\delta h = \frac{\frac{\partial P}{\partial K}}{C_{\mathrm{P}} + Q}\delta K$$

因此利用 C_3（C_3 一般不进行任何控制）的实测轧制力来求出带钢各段 δK 对 C_4，C_5 进行前馈不失为一种解决成品精度的控制方法。

对各段带钢实测轧制力 P_3^* 后，可用以下公式求出各段带钢的 δK_3。

首先求出实际的 h_3^*

$$h_3^* = S_3^* + \frac{P_3^* - P_{03}}{C_{\mathrm{P}}} + O_3 + G_3$$

其次再利用实测轧制力求出压扁后轧辊半径 R'

$$R' = R\left(1 + 2.2 \times 10^{-5}\frac{P^*}{B(h_2^* - h_3^*)}\right)$$

设

$$\delta K_3 = K_3 - K_3^*$$

其中 K_3 为设定计算所得变形阻力（材料强度）

$$K_3^* = \frac{P^*}{Bl_{\mathrm{c}}' Q_{\mathrm{P}} K_{\mathrm{T}}}$$

式中，l_{c}'、Q_{P} 都是需应用实测的 h_{03}^*（h_2 延时后）及实测轧制力所算出 h_3^*，以及 R' 进行重计算。

K_{T} 则用实测前后张力算得。

利用

$$K_i = K_0 + K_E \frac{H_0 - h_i}{H_0}$$

来算出 K_0^*，并由 K_0^* 再算出 K_4 及 K_5。

这样可以根据 δK_4 及 δK_5 来求得前馈控制 δS 值

$$\delta S = -\frac{\frac{\partial P}{\partial K}}{C_P} \delta K$$

延时后在各段带钢将进入 C_4 和 C_5 时输出与此对应的 δS 控制量，以避免这段带钢进入 C_4 及 C_5 时产生新的厚差。

　　B　反馈 AGC

这种用测厚仪直接测量带钢厚度的反馈式 AGC 系统，是一种最原始的厚度控制方式。它是在轧机的出口侧装设精度比较高的测厚仪（如 X 射线测厚仪或同位素测厚仪），直接测出带钢实际轧出厚度并与设定的目标厚度值进行比较。当两者数值相等时，厚度偏差的比较环节输出为零；若两者不等而有一厚度偏差输出时，则将该厚度偏差反馈给厚度自动控制装置，经放大并变换为辊缝调节量的控制信号输出给压下控制结构。反馈属于闭环控制（图 3-20），它将使厚差越来越小，但由于存在滞后，因此效果将受影响。

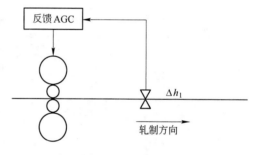

图 3-20　反馈控制

如何减小滞后是反馈控制成败的关键。

如果用机架后测厚仪进行反馈，则滞后十分大，特别是低速轧制时从变形区出口运行到测厚仪往往要几百毫秒。

大滞后的反馈容易使系统不稳定，因此目前普遍采用的为利用弹跳方程对变形区出口厚度进行检测，然后进行反馈控制。这将大大减少滞后，但由于弹跳方程精度不高，虽然加上了油膜厚度补偿等措施仍不能保证精度，这正是当前推出流量 AGC 的原因。当安装了激光带速测量仪后可精确实测前滑，因而流量方程精度大为提高，用变形区入口及变形区出口流量相等法则根据入口测厚仪及机架前后激光测速仪信号可精确确定变形区出口处实际厚度，因而提高了反馈控制的精度。

有一些轧机的 AGC 系统，为了克服测厚仪信号的大滞后引入了预测思想，用此预测结果进行反馈控制亦可提高控制精度。

　　C　压力 AGC 系统

为了克服直接测厚反馈式 AGC 系统传递时间的问题，因此采用压力 AGC 系统。压力 AGC 有三种形式，这里仅对厚度计式 AGC（GM-AGC）系统加以介绍。

GM-AGC 是一种无滞后时间的间接测厚 AGC 系统，这种方式的 AGC 系统的带钢厚度是利用弹跳方程 $h = S + \frac{\Delta P}{C}$ 计算出来。在确定的轧机上其刚度系数 C 可用测试的方法求得，是已知数（目前带钢轧机 C 值一般为 $49 \times 10^5 \sim 58.8 \times 10^5$ N/mm）。辊缝值 S 及轧制压

力 P 可分别用辊缝仪、测压仪测得。因此，利用弹跳方程式可求得任何时刻带钢的实际轧出厚度 h。因此，相当于把整个轧机作为测量带钢厚度的"厚度计"，为与利用测厚仪直接测量带钢厚度的方法相区别，而将这种利用弹跳方程测量带钢厚度的方法称为厚度计方式（简称 GM 方式）。用这种方式求得带钢厚度 h 与厚度 δh 信号来进行厚度自动控制的系统，则称为 GM-AGC 或 P-AGC 系统。

GM-AGC 系统的基本原理是：利用弹跳方程，根据测压仪和辊缝仪分别测得轧制压力 P、辊缝 S 并与其相应的给定值进行比较，得到其偏差信号 δP、δS，再经过计算可得 $\delta h(\delta h = \delta S + \delta P/C)$。最后，根据系统的要求转换成相应的调节压下装置的调节信号（压下调速系统或液压系统）。通过调节压下系统，调节辊缝来消除此时的带钢厚度偏差 δh。

由于 GM-AGC 系统是根据轧制压力 P 的变化来进行厚度控制的，因此，又称为压力 AGC（即 P-AGC）。

D　张力 AGC（T-AGC）系统

为了进一步提高成品带钢的厚度精度，在带钢冷连轧机的最后几个机架上设有 T-AGC 系统。

图 3-21 为五机架冷连轧机第五机架张力厚度自动控制系统原理示意框图。由测厚仪 CH 检测所得的带钢实际厚度 h_5 与由人工或计算机设定输出的给定厚度 h_C 进行比较，所得到的偏差信号 δh_5 被送到 AGC 回路。

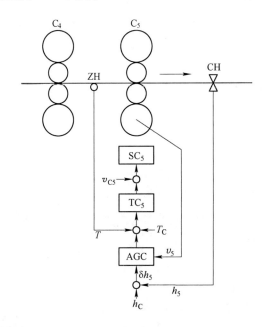

图 3-21　冷连轧机末机架 T-AGC 系统原理示意框图

ZH—测张仪；CH—测厚仪；AGC—厚度自动控制回路；TC$_5$—张力调节器；SC$_5$—速度调节器；

T_C—张力基准值；T—实测张力；v_5—速度反馈；h_C—带钢成品厚度给定值；

h_5—带钢成品厚度实测值

由与第五机架主传动电动机同轴旋转的测速发电机或脉冲发生器所测得的同轧制速度

成比例的信号 v_5，也送到 AGC 回路。AGC 回路的输出信号与张力基准信号相加后与实测张力信号比较，将偏差信号送到张力调节器输入端，通过该调节器改变本机架的速度达到控制带钢厚度的目的。

如因某种原因使带钢厚度增加，则厚度自动控制回路有一厚度偏差信号输入，经过适当转换与原张力设定值进行叠加，则张力调节器的输出也相应增加，从而使末机架速度上升，摩擦系数减小，即使轧制力相应减小，从而使带钢成品厚度减小。

E　监控 AGC

机架后测厚仪虽存在大滞后但其根本的优点是高精度地测出成品厚度，因此一般用其作为监控。监控是通过对测厚仪信号的积分，以实测带钢厚度与设定值比较求得厚差总的趋势（偏厚还是偏薄）。

对于有正有负的偶然性厚差通过积分（或累加）将相互抵消而得不到反映。

如总的趋势偏厚则应对机架液压压下给出一个监控值，对其"系统厚差"进行纠正，使带钢出口厚度的平均值更接近设定值。

为了克服大滞后，一般采用调整控制回路的增益以免系统不稳定，或者放慢系统的过渡过程时间使之远远大于纯滞后时间，为此在积分环节的增益中引入出口速度。其后果是控制效果减弱，厚度控精度降低。

克服大滞后的另一办法是加大监控控制周期，并使控制周期等于纯滞后时间，亦即每次控制后，等到被控的该段带钢来到测厚仪下测出上一次控制效果后再对剩余厚差继续监控，以免控制过头。但这样做的后果亦将减弱监控的效果。

为此有些系统设计了"预测器"，通过模型预测出每一次监控的效果，继续监控时首先减去"预测"到的效果，使监控系统控制周期可以加快，并且不必为了担心控制过头而减少控制增益。

F　偏心补偿

由于冷连轧厚度精度要求很高，轧辊偏心的影响不容忽略，因此偏心控制补偿一直是冷连轧 AGC 系统的一个重要组成部分。采用厚度外环压力内环的目的亦是为了抑制偏心的影响，为了进一步消除偏心往往在第一机架或第一、第二机架加上偏心控制（或偏心补偿）。由于压下效率随着带钢厚度减薄，硬度变硬而急剧变小，因此后面机架一般不加偏心补偿。

轧辊偏心将明显反映在轧制压力信号和测厚仪信号中，图 3-22 中的轧制力信号实际是由轧制力（其中包括了来料厚度和来料硬度变动的影响）和偏心信号综合组成，考虑到这两部分信号在厚度控制策略上是相反的，因此过去在未投入偏心补偿时必须通过信号处理去掉轧制力中的偏心成分，然后才能将此轧制力信号用于 AGC。在投入偏心补偿时则需通过信号处理（FFT 技术）将轧制力信号分解成两部分（从轧制力信号中提取出偏心信息 REC），所提取的信号可用下式表示

$$REC = A\sin(\omega t + \varphi)$$

式中　A——幅值；

　　　ω——频率；

　　　φ——初相角。

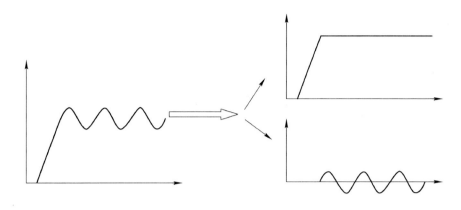

图 3-22　偏心信息

频率 ω 和轧辊转速有关，幅值 A 决定于偏心大小，而初相角 φ 则决定于信号的初始坐标点，为此需在轧辊上设有单脉冲编码器（多脉冲等于将轧辊转角分成多个等份，并以其中一个作为初始坐标点）。从正弦波特性可知，只有两个幅值相等但反相，频率相等并且初相角相同的两个信号相加才能完全互相抵消，否则：

（1）频率不同的正弦信号无法相加。但由于频率与轧辊转速有关，因此容易找准。

（2）幅值不同则无法完全消除，但能大幅度减小偏心影响。

（3）初相角对不准则无法抵消，如果差 180° 还可能加剧而不是抵消。

因此将偏心提取出后加以反相再反回去控制时必须特别注意初相角。

考虑到液压压下及其控制系统本身有一定的惯性（动特性），因此在确定反馈信号初相角时应计算液压压下特性对初相角的影响，图 3-23 给出了偏心补偿的框图。

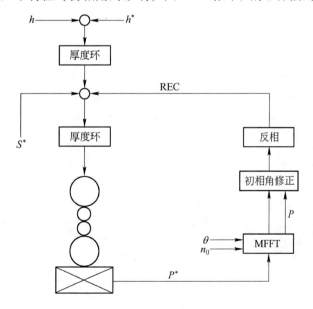

图 3-23　偏心控制

G　加减速补偿

从穿带速度加速到稳速轧制速度以及尾部减速至抛钢速度由于速度变化较大，引起了工艺参数的波动。

随着速度的提高，工艺润滑条件得到改善，使轧制摩擦系数随速度升高而降低，因而使轧制力变小，带钢变薄。

随着速度的提高，油膜轴承的油膜厚度加大而使辊缝变小，使带钢变薄。

加减速过程机架间张力控制精度降低，动态张力波动大，使轧制力波动而增大厚差。

因此在加减速过程需补偿性抬高辊缝或加大张力，以减小这一动态阶段的厚差。

3.2.4　传统的冷连轧 AGC 系统

无论是早期的还是现代的冷连轧 AGC 系统都采用了以下基本思想：

（1）由于冷连轧采用张力方式轧制，在稳态情况下各机架流量基本相等，因此广泛采用速度比控制，即严格保持各机架速度的比值来保证厚度分配比值。对传动系统的特性有严格要求特别是静态精度和特性的硬度。

（2）张力信号一般用来控制下一机架的压下，认为张力变化是由于厚度偏差造成的，在速度比不变情况下调整压下，使张力回到设定值即能保证厚度精度。

（3）C_1、C_2 为粗调 AGC，其主要任务是消除 95% 的来料厚差。

（4）C_3 为基准架，一般不进行厚控。

（5）C_4、C_5 为精调 AGC，根据实测成品厚差，进行精调。

（6）由于冷轧产品用途不同以及厚薄硬度不同，因此往往在精调 AGC 中采用多种控制方式（包括用张力进行调厚的方式）。

（7）根据仪表，特别是测厚仪的配置，各冷连轧机的 AGC 系统会有一些差别。

下面以某厂的 1700mm 冷连轧机（20 世纪 70 年代末），另一厂的 2030mm 冷连轧机（20 世纪 80 年代）的 AGC 系统作为实例进行介绍。

3.2.4.1　某 1700mm 冷连轧 AGC 系统

图 3-24 为某 1700mm 冷连轧 AGC 系统仪表配置及 AGC 的功能框图。

该轧机配置了三台测厚仪，即 C_1 前后以及 C_5 后面，因此粗调 AGC 由 C_1 的前馈 AGC，监控 AGC 及 C_2 的前馈控制组成，而精调 AGC 由反馈 AGC（张力 AGC）组成。

A　粗调 AGC

第一机架的前馈 AGC　当 C_1 入口测厚仪测得来料厚差 δh_0 后，进行延迟 t_L 秒后控制 C_1 压下

$$\delta S_{\text{FF1}} = \alpha \frac{Q}{C_P} \delta H_0$$

延迟时间

$$t_L = \frac{L_0}{v_1'}$$

式中　α——可调节的系数；

L_0——入口测厚仪到 C_1 中的距离（2.65m）；

v_1'——C_1 的带钢入口速度。

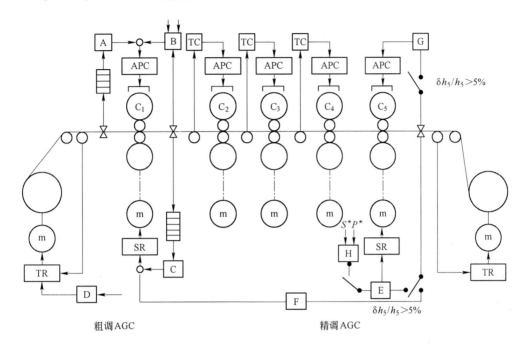

图 3-24 某 1700mm 冷连轧 AGC 系统

例如由 2mm 热轧卷轧制 0.5mm 成品，成品速度如果为 1600m/min，则 C_1 的入口速度将为 400m/min，即 6.7m/s 左右。因此 t_L 大致为 400ms，如再考虑测厚仪及液压压下所耽搁的 50ms，即可确定需延迟的时间。

由于前馈为开环控制，精度受 Q 值正确性的影响，因此必须和反馈或监控 AGC 相结合互相取长补短提高精度。

第一机架的监控 AGC　当带钢段由第一机架出来运行到 C_1 出口侧测厚仪处可实测到 δh_1，减去死区后用于监控，由于从 C_1 中心运行到出口测厚仪的时间与 C_1 的速度有关，滞后太大将使系统稳定裕度减小，为此在控制算法中引入了速度。当速度低时减小监控增益以使系统在不同轧制速度时有相同的稳定裕度。经过这一处理后，对监控值可用反馈控制算法算得

$$\delta S_{MN1} = \beta \frac{C_P + Q}{C_P} \delta h_1 v_{01}$$

式中，β 为可调节的系数。

从上面公式看，这一控制亦可称为考虑带速的测厚仪反馈 AGC。

δS_{FF1} 和 δS_{MN1} 相加后需进行综合，使控制量不超过 100%。

第二机架的前馈　为了进一步消除第一机架出口尚剩余的厚差，使进入第二机架的秒流量恒等以发挥后面各机架速度比控制效果，对 C_1 后测厚仪实测到的 δh_1 同样按照此段带钢由 C_1 后测厚仪运行到 C_2 所需时间进行延迟，并当这段带钢将进入 C_2 时对 C_1 的速度

进行调节以保持进入 C_2 变形区的秒流量不变。

即使

$$(v_2' \pm \delta v_2')(h_{02} \pm \delta h_{02}) = MF$$

式中　$v_2', \delta v_2'$——第二机架的入口速度及其变化量；

　　　　MF——轧机流量。

而 C_2 入口厚度 h_{02} 可认为是

$$h_{02} = h_1, \quad \delta h_{02} = \delta h_1$$

为了使

$$(v_2' \pm \delta v_2')(h_{02} \pm \delta h_{02}) = v_2' h_{02}$$

因此应该使

$$\delta v_2' h_{02} + v_2' \delta h_{02} = 0$$

所以

$$\delta v_2' = -\frac{\delta h_{02}}{h_{02}} v_2' = -\frac{\delta h_1}{h_1} v_2'$$

考虑到第三机架为基准架，因此对第二架调速不如调第一机架速度为好，由于 C_1 和 C_2 间张力对 C_2 压下控制将能保持张力稳定，因此可认为（稳定状态下）

$$v_2' = v_1$$
$$\delta v_2' = \delta v_1$$

由此得

$$\delta v_2' = -\frac{\delta h_1}{h_1} v_1$$

开卷机张力补偿　当第一机架压下动作时使第一机架带钢入口速度变化（通过后滑的变化），为了防止开卷机与 C_1 间带钢张力变化，系统安排了以下的补偿。

根据 C_1 入口及出口秒流量相等原则，可得

$$v_1' h_{01} = v_1 h_1$$

当压下动作后 h_1 发生 δh_1 的变化，因此需调节 $\delta v_1'$ 使流量相等。

$$(v_1' \pm \delta v_1') h_{01} = v_1(h_1 \pm \delta h_1)$$

$$h_{01} \delta v_1' = v_1 \delta h_1 = v_1 \delta S_1 \frac{C_P}{C_P + Q}$$

$$\delta v_1' = v_1 \delta S_1 \frac{1}{h_{01}\left(\dfrac{Q}{C_P} + 1\right)}$$

两边微分后得

$$\frac{\mathrm{d}v_1'}{\mathrm{d}t} = \frac{\mathrm{d}S_1}{\mathrm{d}t} \cdot \frac{1}{\dfrac{Q}{C_P} + 1} \cdot \frac{v_1}{h_{01}}$$

算出的 $\delta v_1'$ 即为送开卷机的速度补偿信号；$\dfrac{\mathrm{d}v_1'}{\mathrm{d}t}$ 为送开卷机的加速度控制信号。

B　精调 AGC

当 C_5 后测厚仪测得 δh_5 后，为了最终保证厚度精度需利用此偏差信号进行调节。

对第一机架速度的反馈控制　当 $\delta h_5 / h_5 > 5\%$ 时，由于偏差过大，只能通过改变整个机组的秒流量来校正，为此通过 δv_{FB1} 来改变第一机架出口秒流量

$$\delta v_{FB1} = \varphi \frac{\delta h_5}{h_5} \cdot v_1$$

式中，φ 为可调节的系数。

第五机架的反馈 AGC　成品测厚仪所测得的厚差将反馈控制 C_5 速度来改变 C_4、C_5 间张力进行调厚，此时不再保持 C_4、C_5 间恒张力。考虑到测厚仪离 C_5 有一定距离，属于大滞后控制，为了保持稳定裕度，采用了对 $\frac{\delta h_5}{h_5}$ 积分，并引入第五机架速度，得

$$\delta v_5 = v_5 \int \frac{\mathrm{d} h_5}{h_5} \mathrm{d} t$$

但张力调厚有一定的限度，张力太大将造成断带，因此当 $\delta v_5 / v_5 > 5\%$ 后应控制压下以使张力回到允许范围内。与此同时系统还设计了利用第五机架压力信号来检测 C_5 变形区出口处厚度的反馈控制回路，可与成品测厚仪反馈回路相互切换，用压力测厚可得到变形区出口处的厚度，大幅度地减小了滞后，但其计算精度却远不如测厚仪。

3.2.4.2　某 2030mm 冷连轧 AGC 系统

轧机配置了六台测厚仪，因此其粗调 AGC（图 3-25）由 C_1 的预控（前馈 AGC），C_1 的负载辊缝 AGC（弹跳方程测厚），C_1 的监控 AGC 及 C_2 的前馈 AGC 组成。精调 AGC（图 3-25）设计了三种方式（A、B、C 方式），因此将涉及到 C_5 的预控，C_5 的监控，C_4

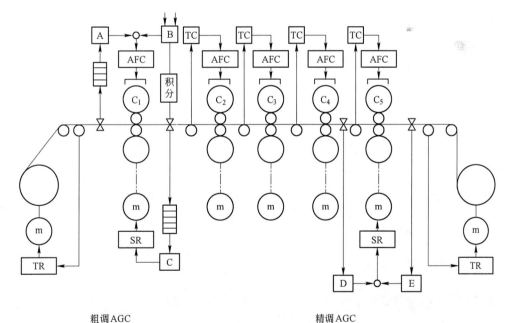

图 3-25　某 2030mm 冷连轧 AGC

A—C_1 前馈；B—C_1 轧制力；C—C_2 前馈控制；D—A 方式时 C_5 前馈 AGC；

E—A 方式时 C_5 监控 AGC；AFC—自动压力控制（恒压力内环）

的预控，C_4 的监控以及 C 方式监控等环节。

　　2030mm 冷连轧 AGC 系统中一个重要的特点是不像一般轧机 AGC 采用位置内环，厚度外环（即 AGC 输出 δS 控制位置内环），而是采用了压力内环厚度外环（AGC 输出 δP 控制压力内环来控制液压压下）。恒压力环本身具有消除偏心等轧机方面的扰动的作用，但单纯的恒压力环使轧件带来的扰动放大，因此很少采用。2030mm 冷连轧在压力环外加上厚度环（AGC）兼顾了两个方面来的扰动。

3.3　冷连轧板形控制

3.3.1　板形控制的基本概念

　　随着科学技术的不断发展，用户对冷轧板、带钢的质量指标，即带钢的纵、横向厚度精度和板形要求愈来愈严。

　　轧制带材的"板形"一词意义颇为含混，它可以指带材的横断面几何外形尺寸，亦可指带材在水平表面上贴服的程度。前者通常称作"横向鼓凸度"，一般在表示带材中部与边缘的厚度差时常使用；后者则指轧件在无约束状态下是否使其几何外形产生外扭的缺陷。板带材基本上不存在这种扭曲时称为板形良好。这里重点阐述的乃是后一种更具有普遍性的板形。

　　板形控制与厚度控制是冷连轧质量控制的两个主要方面。与厚度控制相同，板形控制亦包括了过程自动化级的设定模型及基础自动化级的自动控制系统（自动板形控制系统）。图 3-26 示意性地列出了与板形控制有关的各项功能。

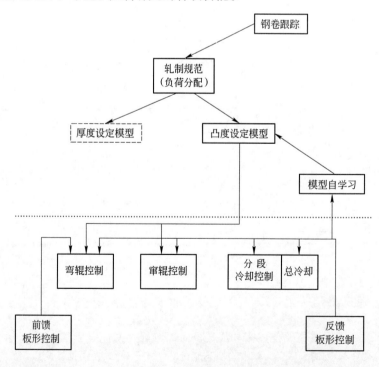

图 3-26　板形控制功能

板形实际上包含带钢横截面几何形状和在自然状态下带材的平坦度两个方面，因此要定量描述"板形"就将涉及到这两个方面的多项指标，包括：凸度、楔形、边部减薄、局部高点和平坦度。

3.3.1.1 带钢断面形状表示方法

A 凸度

凸度（CR，图3-27）是描述带材横截面形状的一项主要指标，凸度定义为在宽度中点处厚度与两侧边部标志点平均厚度之差。

$$CR = h_c - \frac{1}{2}(h_{er} + h_{el})$$

式中　h_{er}，h_{el}——右部及左部的标志点厚度（所谓标志点是指不包括边部减薄部分的边部点，一般取离实际边部40mm左右处的点），下标 r 及 l 分别表示右边及左边；

h_c——带材宽度方向中心点的厚度。

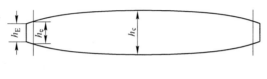

图3-27　凸度

B 楔型

楔型（CT，图3-28）即左右标志点厚度之差：

$$CT = h_{er} - h_{el}$$

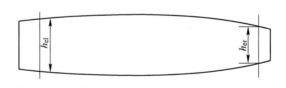

图3-28　楔形

C 边部减薄

边部减薄（E，图3-27）即带钢与轧辊接触处的轧辊压扁在板边由于过渡区而造成的带钢边部减薄。

$$E_r = h_{er} - h_{Er}$$

$$E_l = h_{el} - h_{El}$$

式中，h_{Er} 及 h_{El} 为带材实际右边部和左边部的厚度（上面各式中右部一般指传动侧，左部为操作侧）。

D 局部高点

局部高点（图3-29）是指横截面上局部范围内的厚度凸起。

对于宽冷轧带钢，严格说，凸度可分为二次凸度 CR_2 和四次凸度 CR_4（甚至还包括更

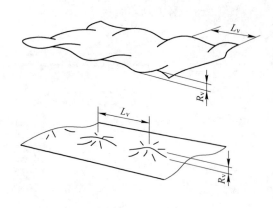

图 3-29　局部高点

高次的)。从带宽中心点到两侧标志点范围内如测取多个点的厚度值，并用这些点的厚度值拟合出一条曲线，往往是如下形式：

$$h(x) = b_0 + b_1 x + b_2 x^2 + b_4 x^4 + \cdots$$

式中，$b_0 \sim b_4$ 为系数。

由此可定义

$$CR_1 = 2b_1$$

$$CR_2 = b_2 + b_4$$

$$CR_4 = \frac{b_4}{4}$$

其中 CR_1 实际上表现了带钢的楔形，CR_2 为二次凸度，亦即为前面所说的凸度，CR_4 为四次凸度。

E　平坦度

平坦度是指轧制后在不存在张力的状态下（自然状态）带材的平坦性，由于对冷轧成品使用着多种测量方法，因此平坦度可有多种表示方法。

平坦度不良的主要表现为带钢（在自然状态下）的翘曲，翘曲是由于带宽方向上各处延伸不均所造成的内部残余应力分布。

冷轧带钢由于在轧制时前后将施于较大张力，因此轧制时从表面上一般不易看出翘曲、起浪等现象，但当取一定长度的成品带钢，自然地放在平台上（无张力），常可看到带钢的翘曲（起浪、皱纹或局部凹凸）。

冷轧带钢的翘曲比热轧带钢复杂（图 3-30）。不仅有侧弯、边浪、中浪，而且存在 1/4 处的波浪以及复合浪，这是由于内应力的不同分布所造成。

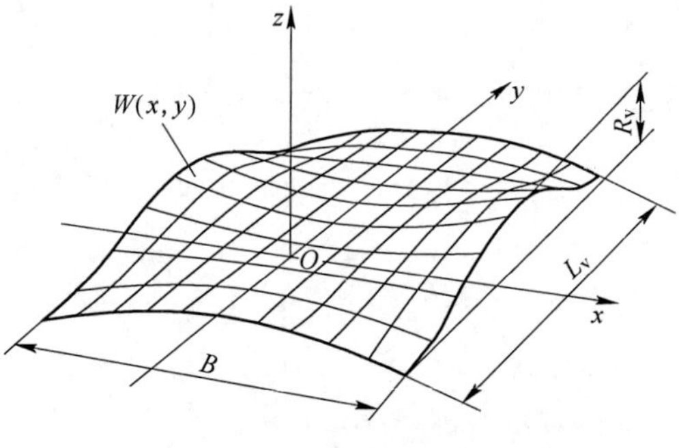

图 3-30　翘曲
R_v—波高；L_v—波长

3.3.1.2　平坦度表示方法

A　相对长度差表示法

轧后带钢翘曲是由于边部或中部较大的延伸而产生严重边波或中浪。一个比较简单的方法就是取宽度方向上不同点的相对长度差 $\Delta L/L$ 来表示平坦度。其中 L 是所取基准点的轧后长度，ΔL 是其他点相对基准点的轧后长度差，相对长度差也称为板形指数 ρ_v。

$$\rho_v = \Delta L/L$$

其单位称为 I，一个 I 单位相当于相对长度差为 10^{-5}。一般定义 I 为负时是边浪，I 为正时是中浪。

B　波形表示法

在翘曲的钢板上测量相对长度来求出长度差很不方便，所以人们采用了更为直观的方法，即以翘曲波形来表示平坦度，称之为波浪度 d_v。将带材切取一段置于平台之上，如将其最短纵条视为一直线，最长纵条视为一正弦波，则如图 3-31 所示，可将带钢的波浪度表示为：

$$d_v = \frac{R_v}{L_v} \times 100\%$$

式中 d_v——波浪度，也称陡度；

　　　 R_v——波高；

　　　 L_v——波长。

这种方法直观、易于测量，所以现场多采用这种方法。

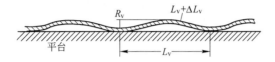

图 3-31　波形表示法

设在图 3-31 中与长为 L_v 的直线部分相对应的曲线部分长为 $L_v + \Delta L_v$，并认为曲线按正弦规律变化，则可利用线积分求出曲线部分与直线部分的相对长度差。

因设波形曲线为正弦波，可得其方程为

$$H_v = \frac{R_v}{2}\sin\left(\frac{2\pi y}{L_v}\right)$$

故与 L_v 对应的曲线长度为

$$L_v + \Delta L_v = \int_0^{L_v} \sqrt{1 + \left(\frac{dH_v}{dy}\right)^2}\,dy$$

$$= \frac{L_v}{2\pi}\int_0^{2\pi} \sqrt{1 + \left(\frac{\pi R_v}{L_v}\right)^2 \cos^2\theta}\,d\theta \approx L_v\left[1 + \left(\frac{\pi R_v}{2L_v}\right)^2\right]$$

因此，曲线部分和直线部分的相对长度差为

$$\rho_v = \frac{\Delta L_v}{L_v} = \left(\frac{\pi R_v}{2L_v}\right)^2 = \frac{\pi^2}{4}d_v^2 \times 10^{-5}$$

因此波浪度可以作为相对长度差的代替量。只要测出带钢波浪度，就可以求出相对长度差。

C　残余应力表示法

前已述及，带钢平坦度不良实质上是由带钢内部残余应力沿横向的分布所造成的，所以在理论研究和板形控制中用带钢内部的残余应力表示板形更能反映问题的实质。一般将带钢内部残余应力表示为带钢横向相对位置的函数，x 是所研究点距带钢中心的距离，B 是板宽。经验表明，要精确表示残余应力分布，需要用四次函数，在凸度设定及前馈控制时一般为了简化，只用二次函数，即

$$\sigma(x) = \sigma_T \left(\frac{2x}{B}\right)^2 + C$$

式中　$\sigma(x)$——距带钢中心距离为 x 的点处发生的残余应力；

　　　　C——常数；

　　　　σ_T——平坦度参数，它可以由理论分析确定。

理论研究表明，σ_T 与下列参数有关

$$\sigma_T = f(\tau_b, \tau_f, h_0, h, v, C_\omega, C_b, F)$$

式中　τ_b，τ_f——分别为前、后张应力；

　　h_0，h——分别为轧前、轧后厚度；

　C_ω，C_b——分别为工作辊、支撑辊的凸度；

　　　　v——轧制速度；

　　　　F——液压弯辊力。

　　D　张应力差表示法

当使用剖分式张力辊式平坦度测量仪时获得的是实测的带钢宽度方向张应力分布（其积分值为总张力），张应力不均匀分布是由于存在内应力，由于内应力与张应力合成而造成张应力不均匀分布。

因此张应力不均匀分布形态，实质上反映了内应力的分布形态。设实测张应力为 $\tau_f(x)$，而 $\Delta\tau(x)$ 为

$$\Delta\tau(x) = \tau_f(x) - \tau_{fm}$$

则

$$\Delta\tau(x) = E\rho_W(x) \times 10^5$$

式中　τ_{fm}——宽度方向上的平均张应力。

$\Delta\tau(x)$ 在带宽上的总和应为零，$\Delta\tau(x)$ 的分布曲线可用四次多项式来描述，即

$$\Delta\tau(x) = a_0 + a_1x + a_2x^2 + a_4x^4$$

式中，a_0、a_1、a_2、a_4 为多项式系数，可由实测数据拟合得到。

3.3.1.3　凸度与平坦度间的关系

板形的各项指标中，以凸度和平坦度为主要指标，这两个指标在控制中往往存在矛盾，但它们之间又存在紧密关系，凸度决定于轧辊有载辊缝形状，因此凡是对轧辊有载辊缝形状有影响的，例如轧制力、弯辊力、热辊型、轧辊磨损辊型以及轧辊凸度（冷辊型及在线可调辊凸度）都将对出口带钢的断面形状有影响。而平坦度则决定于带宽方向各假想小条的均匀延伸，因此将和入口带钢相对凸度及出口带钢相对凸度是否匹配有关。所谓匹配，从板形方程可知，即为入口和出口相对凸度（亦可称为比例凸度）应相等，即

$$\frac{\Delta}{h_0} = \frac{\delta}{h_i}$$

或对于连轧机组则

$$\frac{\delta_i}{h_i} = \frac{\delta_n}{h_n} = \frac{\Delta_0}{H_0}$$

式中　Δ——入口带钢凸度，mm；

　　　$Δ_0$——热轧原料带钢凸度，mm；

　h_0，h_i——分别为入口和出口带钢厚度，mm；

　　　H_0——热轧原料带钢厚度，mm；

　$δ_i$，$δ_n$——分别为 i 机架及 n 机架出口带钢凸度，mm；

　h_i，h_n——分别为第 i 机架及第 n 机架出口带钢厚度，mm。

当入口和出口带钢相对凸度不相互匹配，将使带钢上带宽方向各小条受到不均匀压缩，因而产生不均匀延伸，但实际上带钢为一整体，因此这种带宽方向各点的不均匀延伸，将使带钢内部产生内应力，轧制结束后转为残余内应力，当残余内应力超过带钢产生翘曲的极限应力时，带钢将发生翘曲。

翘曲的极限应力 $σ_{CR}$ 可用下式求得

$$σ_{CR} = K_{CR} \frac{π^2 E}{12(1+ν)} \left(\frac{h}{B}\right)^2$$

式中　K_{CR}——临界应力系数，需由试验获得；

　　　E——带钢材料的弹性模量；

　　　$ν$——带钢材料的泊松比；

　h，B——分别为带钢的厚度和宽度。

因此带钢越薄越宽将越容易产生翘曲。当带钢轧制具有前后张力时，带钢内部张应力将由于存在内部应力而分布不均，只要张应力与内应力合成后尚大于零时，带钢表面上将不会产生翘曲，但一旦当张力释放后（取一段带钢放平台上）带钢将产生翘曲。正因如此轧制时冷轧带钢的平坦度可以用剖分式张力测量辊或其他能测量带宽方向张应力分布的装置来进行在线测量。

3.3.1.4　带钢的板形分类

常见的带钢板形分类如下：

（1）理想板形。理想板形应该是平坦的，内应力沿带钢宽度方向上均匀分布。当去除带钢所受外应力和纵切带钢时，带钢板形仍然保持平直。

（2）潜在板形。潜在板形产生的条件是内部应力沿带钢宽度方向上不均匀分布，但是带钢的内部应力足以抵制带钢平直度的改变。当去除带钢所受外力时，带钢板形仍然保持平直。然而当纵切带钢时，潜在的应力会使带钢板形发生不规则的改变。

（3）表观板形。表观板形产生的条件是内部应力沿带钢宽度方向上不均匀分布。同时，带钢内部应力不足以抵制带钢平直度的改变。结果局部区域产生了弹性翘曲变形。去除带钢所受外力和纵切带钢都会加剧带钢的表观板形。

（4）混合板形。混合板形指的是带钢的各个部分板形形式不同。例如，带钢的一部分呈现潜在板形，其他的部分呈现表观板形。

（5）张力影响的板形。如果张力产生的内应力足够大，以至于可以将整体的（内部或外部的）压应力减小到将表观板形转变为潜在板形的水平，则张力影响的板形可能是平的。

通常情况下，带钢的表观板形有以下几种类型（图 3-32）：

（1）侧弯。带钢侧弯也称镰刀弯，是由于带钢伸长率在带钢宽度上从一侧向另一侧逐渐变大而形成的。

（2）中浪。中浪也称为中波、松心等，是由于带钢伸长率在带钢宽度上从中心向两侧逐渐减小而形成的。

（3）边浪。边浪也称为松边，是由于带钢在带钢宽度上从中心向两侧逐渐变大而形成的。单侧边浪又称为单边浪。

（4）二肋浪。二肋浪是带钢伸长率沿着距带钢边侧的四分之一处直线局部增大的结果。

（5）小边浪。小边浪是由于带钢伸长率沿带钢边缘局部增大而造成的。

（6）小中浪。小中浪是由于带钢伸长率沿带钢中心线局部增大而造成的。

（7）小偏浪。小偏浪是由于带钢伸长率沿着非常接近带钢边缘的直线局部增大而造成的。

（8）斜浪。斜浪是由于带钢伸长率沿着宽度方向非常复杂的不匹配而造成的，这种浪看上去与带钢中心线呈45°角。

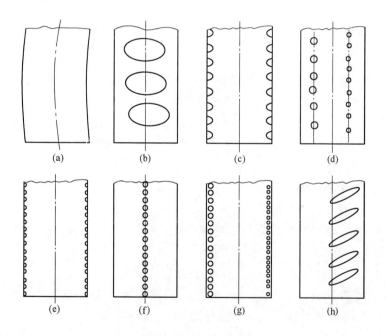

图 3-32　表观板形的种类

（a）侧弯；（b）中浪；（c）边浪；（d）二肋浪；（e）小边浪；

（f）小中浪；（g）小偏浪；（h）斜浪

3.3.2　板形的控制方式

在冷轧时由于轧辊的弹性变形、辊温的变化以及轧辊的磨损，导致工作辊辊缝的改变，从而影响板、带钢轧出的形状和凸度（横向厚差）。为了控制带钢的形状和凸度，提出了各种板形控制方式。不过现有的方法都是通过调整辊形，减小板、带钢的横向厚差来实现的。以前控制板形的方法大致可分为两大类型：一是"目测"和人工调节来控制板形；另一类是通过改变工艺和设备的条件控制板形。但是随着板形检测技术的提高和计算机控制系统的不断完善，目前大部分冷轧机都配置了板形自动控制系统。

3.3.2.1 "目测"和人工调节来控制板形

在尚无可靠的板形检测装置以前，便采用这类控制方式。在采用大张力轧制的带钢冷连轧机上，操作人员除用眼睛观测板形外，还借助于木棍打击低速轧制的带钢，根据木棍打击带钢的声音和回弹检测带钢张应力的大小来掌握带钢板形情况。有时用手压按机架间绷紧的带钢，根据各部分的松紧程度来判别板形的好坏。

目测判断板形的精度很低，只能发现大的"波浪"，对于要求描述板、带钢平直度的波状系数$(\delta/l)\% < 1\%$（δ 为带钢波浪的高度，l 为波浪间距）的冷轧带钢产品，目测是很困难的。但在缺乏有效板形检测手段的情况下，只能靠"目测"和人工调节来控制板形。人工调节控制板形的方法主要有：

（1）改变压下规程。通过改变某道次的压下率以改变该道次的轧制力，便可改变轧辊的实际挠度。例如，当带钢产生对称边浪时，通过减少压下率以减少轧辊本身的实际挠度，便可得到改善。这种控制方法虽然及时，但改变压下率会影响带钢的轧出厚度，可能使轧制道次增加，降低生产率，显然是不合理的。

（2）按经验合理分配各道次（各机架）的压下率。根据工人操作经验统计得到的现场资料，直接分配各道次（各机架）的压下率。对于冷轧机来说，一般的规律是：第一道次压下率不宜过大，主要是考虑第一道次后张力太小，且使热轧送来的冷轧原料板、带钢得到很好的均整。中间各道次（各机架）的压下率，基本上可以从充分利用轧机能力出发来考虑。为了保证良好板形，最后几道一般采用较小的压下率。

（3）合理安排产品规格的轧制规程，即采用中宽—宽—窄的轧制顺序。这种轧制顺序显然要限制一些产品的产量。

（4）通过操作台上的操作开关，控制冷却液的流量或改变弯辊力的设定值来控制带钢的板形。

3.3.2.2 改变工艺和设备条件控制板形

通过改变工艺参数和设备条件亦可达到控制板形的目的，其方法主要有原始辊形凸度法、冷却液控制法、偏摆控制法、液压弯辊法和新型轧辊控制法等。

A 原始辊形凸度法

原始辊形是指轧辊通过车削或磨削加工使辊身所具有的外形，通常用辊身的凸度 C 来表示，即 C 为正值则为凸辊形，反之则为凹辊形；C 值为零则为平辊形。为了获得良好的板形，一般四辊式带钢轧机多采用正的辊形凸度，即应使轧辊具有一定凸度的原始辊形，以补偿各种因素平均影响的作用。

理论和实践证明，如能正确地选择好辊形和合理地分配各道次（各机架）的压下量，并在轧制中予以补偿，就能使轧制中的辊缝形状满足所轧带钢横向厚差精度的要求。

工作辊原始辊形凸度不能过大，也不能过小。如果轧辊原始凸度选得太大，不仅会造成中浪，而且还会引起轧件的横窜以及易发生断带事故；反之，不但会造成边浪，还有可能限制轧机能力的充分发挥。因为凸度过小，实际操作时压下稍给大一点（实际轧制压力还远未达到允许值），带材就会出现边浪而报废。

工作辊原始辊形凸度 C_{w0} 值可近似地按下式求得

$$C_{w0} = f_W + f'_W - (C_T + C_m)$$

式中 C_{w0}——工作辊原始辊形凸度；

f_W——工作辊弯曲挠度，可通过公式计算求得；

f'_W——轧辊间弹性压扁值，可通过公式计算求得；

C_T、C_m——分别为工作辊的热凸度、磨损凸度。

轧辊的热凸度 C_T 可近似地按下式计算

$$C_T = K_t \alpha \Delta t D_W$$

式中 D_W——工作辊的直径，mm；

Δt——辊身中部与边部的温度差，℃；

α——轧辊材料的线膨胀系数，钢轧辊取 $\alpha = 11.9 \times 10^{-6}$,℃$^{-1}$；铸铁轧辊取 $\alpha = 12.8 \times 10^{-5}$,℃$^{-1}$；

K_t——约束系数，当轧辊横断面上的温度分布均匀时，$K_t = 1$；当温度分布不均匀且表面温度等于芯部温度时，$K_t = 0.9$。

工作辊原始辊形的选定并不完全依靠计算，而主要依靠经验估算与对比。通常在轧制力相同的情况下，所轧板、带钢越宽，则需凸度越小。

在有弯辊装置的冷轧机上，除合理选择工作辊凸度外，还应选择合理的支撑辊辊形。目前大多采用双锥度支撑辊，其辊身中部是平的，两端带有微小的锥度，平辊部分的长度应稍小于最小板宽。另外还有阶梯形支撑辊。

B 冷却液控制法

冷却液控制法是通过对轧辊热凸度的控制来改善板形的一种传统的控制方法。

将冷却系统沿工作辊轴向分成若干区段（一般分为 5 段或 7 段，在板形自动控制时分得更细），每个区段安装有若干冷却液喷嘴。控制各区段冷却液系统喷嘴打开或关闭的数量（在精细冷却过程中也采用占空比方法控制各区段喷嘴打开或关闭），调节沿辊身长度冷却液流量的分布来改变轧辊温度的分布，从而调节热凸度的大小，达到控制板形的目的。例如，当出现中间波浪时，加大中间段（或减小两侧）冷却液的流量，以减小轧辊的热凸度；当带钢两边出现波浪时，减小中间段（或加大两侧）冷却液的流量，以加大轧辊的热凸度，使板形得到改善。

当冷轧机配备板形测量辊时，冷却系统区段的划分一般与测量辊测量区段划分相对应，将每一个测量区段的检测信号用来控制相应区段的喷嘴。

采用冷却液控制法来调节热凸度可补偿一小部分轧辊的磨损量，但存在调节范围小、响应速度慢的缺点，因此只适用于板形的精细调节，可作为板形控制的补充和提高。

C 偏摆（轧辊倾斜）控制法

偏摆控制方法是借助于轧机两侧压下机构差动地进行轧辊位置控制，使一个工作辊与另一个工作辊相对倾斜，以增加带钢一侧的张力，而同时减小另一侧张力。这样，带钢在轧制过程中出现的"镰刀弯"的断面形状将得到校正。

D　液压弯辊法

液压弯辊法是 20 世纪 60 年代发展起来的一种控制带钢板形的有效方法。它是通过液压弯辊系统对工作辊或支撑辊端部附加一可变的弯曲力，使轧辊弯曲来控制凸度以校正带钢的板形。

液压弯辊法可使轧辊瞬时凸度量在一定范围内迅速地变化，且能连续完成调整动作，有利于实现板形调整的自动化，因此在现代带钢冷连轧机上被广泛采用。无论是新建的或改建的轧机，只要条件允许，都设置液压弯辊装置。

目前液压弯辊装置主要有正弯工作辊、负弯工作辊和正弯支撑辊三种形式。正弯工作辊的弯辊装置安装在工作辊轴承座之间，产生的弯辊力与轧制力同向，使工作辊产生的挠曲与由轧制力引起的挠曲方向相反，如在轧制过程中带钢出现对称波浪时，则采用该形式的弯辊装置。负弯工作辊的弯辊装置安装在工作辊轴承座和支撑辊轴承座之间，对工作辊轴承座附加一个与轧制力方向相反的作用力，使工作辊产生的挠曲与由轧制力引起工作辊的挠曲方向相同。如带钢横断面出现中间波浪时，则采用负弯辊装置来校正板形。正弯支撑辊是把支撑辊两端加长，在支撑辊的外伸辊端之间设置液压弯辊装置，弯辊力的作用方向与轧制力方向相同，使支撑辊产生的挠曲与由轧制力引起的挠曲方向相反，以减小支撑辊的挠度来减小工作辊的挠度。

采用液压弯辊装置作为一种无滞后的板形控制手段，具有许多优点，在板、带钢的板形控制中被广泛应用，在板形自动控制系统中，是板形调节的有效手段，是板形控制的基础。

E　新型轧机控制法

一些新型轧机（如 HC 轧机、CVC 轧机、VC 轧辊系统、FFC 轧机等）属于挠曲补偿型的板形控制技术，具有良好的板形控制能力。它们的出现是板形控制的一个突破，可使液压弯辊系统的可控范围大为扩大，实现在最大弯辊力的允许范围内满足工作辊缝更大幅度变化的要求。

3.3.3　冷连轧板形自动控制系统

板形控制与厚度控制相同之处是二者都通过对辊缝的控制来实现，不同之处是厚度控制只控制测厚仪所测点对应处的辊缝开度，而板形控制则需对带宽范围内辊缝形状进行控制。

对辊缝形状的控制手段可分为三大类，一类称为力学因素，即通过轧制力（单位宽度上的轧制力分布）、弯辊力使辊系发生变形来改变辊缝形状；第二类称为准力学因素，它是通过改变辊系抗变形能力来改变轧制力、弯辊力的影响，属于这一类的有 HC 轧机（抽动工作辊来改变辊系变形，以及改变支撑辊和中间辊的接触压力分布），支撑辊端头修形减少支撑辊和工作辊的接触长度等；第三类称为几何因素，即通过改变轧辊辊型来影响辊缝形状，其中包括 CVC 技术、分段冷却轧辊以改变其热辊型等。

除此之外还存在一些扰动量会影响出口凸度，属于这一方面的有轧辊的磨损，来料的凸度及平坦度以及轧件宽度的改变等。

如果忽略轧件的弹性恢复，可以认为轧出的带钢横截面形状 $h(x)$ 与有载状态下辊缝

形状 $GAP(x)$ 完全相同。

即
$$GAP(x) = h(x)$$
$$GAP(x) = f(B, p(x), F, K_F, \omega_C, \omega_H, \omega_W, \omega_0)$$

x 是在带钢宽度范围内的坐标变量。对辊缝形状 $GAP(x)$ 完整地描述方程比较复杂，在工程上可以用一个四次多项式来描述，式中包括了：弯辊力 F、单位宽度轧制力的分布 $p(x)$、可调轧辊凸度 ω_C（CVC、VC 辊，PC 轧机等）、影响 K_F 值（HC 轧机）、分段冷却轧辊来改变 ω_H、磨损辊型 ω_W 及初始辊型 ω_0。

其中控制量为：弯辊力 F、可调轧辊凸度 ω_C、末机架分段冷却控制 ω_H。

属于扰动量的有：轧制力的变动（由 AGC 或其他原因造成）、轧辊磨损 ω_W、来料凸度和平坦度、轧辊热辊型（各机架 ω_H）。

冷轧宽带钢由于厚度薄，其平坦度缺陷比热轧宽带钢要复杂。

板形控制的最终目的在于解决板形质量问题，为此需配备完善的板形自动控制环节，要实现对板形的自动控制必须具备以下几个方面的条件：

（1）完整有效的板形控制数学模型。这将涉及到对板形基本理论的各个领域的研究，（图 3-33），即通过对板形生成全过程的研究，揭示板形生成机理，确定所有对板形有影响的因素（包括干扰量和控制量），及其影响作用的大小，建立板形生成过程的定量模型，并且要研究板形检测方法及计算机控制所需的信号处理方法、控制规律和控制算法。最终建立一套能够根据实测板形信号及相关轧制工艺参数分析得出合理的调控方案及正确的各种板形调节机构的设定值的板形自动控制系统的算法。

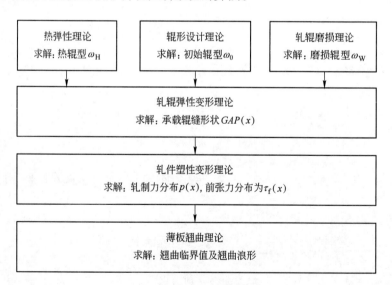

图 3-33　板形控制涉及的理论

（2）板形检测技术。板形检测包括横截面几何形状检测和平坦度检测。横截面几何形状检测装置与测厚仪的原理是相同的，有时被称为凸度仪，可分为采用单个测点横向可移动的扫描仪和采用多个测点固定位置同时测量的同步瞬态式。凸度仪在热轧上应用较多，冷轧上才刚刚开始使用。

平坦度检测装置（又称板形仪），在冷轧上应用已经过了相当长时间的发展，形成了特点各异的多种形式（见表3-2）。

表 3-2　板形平坦度检测仪

板形仪	工作原理	检测内容	特点
ABB	接触式，压磁传感器	张力分布	冷轧使用最多
VIDIMON	接触式，空气动压轴承		箔材，有色领域
PLANICIM	接触式，差动变压器位置传感器		传感器少，结构简单
BFI	接触式，压电石英晶体传感器		使用少
VOLLMER	接触钻石探头位移传感器	波高（波浪度）	
NKK	非接触涡流测距式		任何小张力生产线
BLD－91	非接触激光测距		
激光式（募尔波形法）	非接触激光测距，扫描式工作	波高（延伸度）	热轧或冷轧精整用
激光式（三角式）	非接触激光测距，多点同步式工作	波高（纤维长度）	热轧或冷轧精整用

对于检测内容不同的板形平坦度仪，板形自动控制系统需要采用不同的数学模型。就我国钢铁行业的情况，在冷带钢轧机上使用的都是分段接触检测张应力式。

（3）板形控制手段，板形控制手段已有多种多样，其中工艺手段、压下倾斜、弯辊和工作辊热辊形调节都属于传统手段，而其余各项均为新的调控手段。

从实现控制板形的原理来看，目前的各种板形控制技术都基本遵循两种技术思路：一种是增大有载辊缝凸度可调控范围；二是增大有载辊缝的横向刚度，减少轧制力变化对辊缝凸度的影响。就目前应用最广泛的 HC（含 UC）、CVC 和 PC 技术而言，HC 技术通过轧辊轴向移位消除辊间有害接触区，提高了辊缝横向刚度，属于刚性辊缝型。CVC 和 PC 分别以轧辊轴向移位和轧辊成对交叉提供变化的轧辊辊型，使有载辊缝的凸度在一定范围内可调，属于柔性辊缝型。拥有几种不同板形控制技术的板带轧机的板形控制性能可用有载辊缝凸度调节域和横向刚度特性来界定。调节域是指轧机各种板形控制技术共同作用所能提供的有载辊缝二次凸度 CR_2 和四次凸度 CR_4 的最大变化范围 $\Omega(CR_2、CR_4)$。横向刚度特性是指平均单位板宽轧制力 P 发生波动时的变化量和相应引起的有载辊缝凸度变化量（一般仅指二次凸度变化量）的比值。有载辊缝的调节域表明了辊缝的调节柔性，而横向刚度特性表明了辊缝在轧制力变动时的稳定性。

3.3.3.1　板形前馈控制

板形控制一般采用以下凸度方程

$$CR = \frac{P}{K_P} + \frac{F}{K_F} + E_\omega(\omega_W + \omega_0) + E_H\omega_H + E_C\omega_C + K_{CR}CR_0$$

从凸度方程可知，轧制力对带钢出口凸度具有很大影响，因此当 AGC 工作时所造成的轧制力变动或由于其他原因（来料硬度波动）造成轧制力变动时将破坏预设定极力想保持的各机架出口相对凸度恒等的原则，为此需动用弯辊力进行补偿，使有载辊缝形状恢复为设定值。

设轧制时轧制力变动 δP，由此将产生 δh

$$\delta h = \delta S + \delta P / C_{\mathrm{P}}$$

δS 为此刻辊缝的变动量。

为了保持相对凸度恒等，应使

$$\frac{CR + \delta CR}{h + \delta h} = \frac{CR}{h}$$

为此需设法获得 δCR 为

$$\delta CR = \frac{h + \delta h}{h} \cdot CR - CR = \frac{\delta h}{h} CR$$

将凸度方程增量化后得

$$\delta CR = \frac{\delta P}{K_{\mathrm{P}}} + \frac{\delta F}{K_{\mathrm{F}}}$$

$$\delta F = K_{\mathrm{F}} \Big(\delta CR - \frac{\delta P}{K_{\mathrm{P}}} \Big) = K_{\mathrm{F}} \Big(\frac{CR}{h} \delta h - \frac{\delta P}{K_{\mathrm{P}}} \Big) = K_{\mathrm{F}} \Big[\frac{CR}{h} (\delta S + \delta P / C_{\mathrm{P}}) - \frac{\delta P}{K_{\mathrm{P}}} \Big]$$

因此
$$\delta F = K_{\mathrm{F}} \frac{CR}{h} \delta S + K_{\mathrm{F}} \Big(\frac{1}{C_{\mathrm{P}}} \cdot \frac{CR}{h} - \frac{1}{K_{\mathrm{P}}} \Big) \delta P$$

式中，CR/h 为目标相对凸度。

由此可得，当 δP 及 δS 动作后应给予 δF 补偿来维持相对凸度不变。

前馈板形控制精度决定于 K_{P}、K_{F} 及 C_{P} 刚度系数。

3.3.3.2   CVC 轧机板形反馈控制系统

A   CVC 轧机板形反馈控制系统构成和功能

有些冷连轧机组各个机架都设置了 CVC 系统，通过 CVC 辊的在线可调轧辊辊型来提高轧机出口带钢凸度的可控性（利用弯辊和 CVC 辊），但冷连轧的主要板形控制手段是板形反馈控制，即在末架配置了独立的板形自动闭环控制系统，共有板形测量辊、信号处理电路、带钢应力分布显示监视器、板形控制计算机、转换和控制电路、液压控制系统和冷却控制系统（见图 3-34）7 个组成部分。

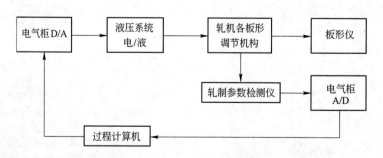

图 3-34   板形反馈控制系统

板形测量辊   剖分式板形测量张力辊在 C_5 与卷取机间。这是一种特殊的转换辊，它由 36 个圆环组成，每个圆环宽度为 52mm，称为一个测量段（亦有由 54 个圆环组成，中部 18 个环宽 52mm，两侧各 18 个环，每一个宽 26mm）。这样，整个测量辊共分成 36 个测量段，在测量段的每个圆环中都装有四个互相错位 90°的压磁式压力传感器，在轧制过程中，由于带钢是张紧的，因而在测量辊上产生径向压应力。当测量辊转动，压力传感器与带钢接触时，产生相应的电压信号，该电压信号的大小反映了带钢应力的大小。上述测得的电信号经过相应的线路传送给信号处理电路。

信号处理电路　在信号处理电路中，把测量辊环每转一圈所产生的四个信号，即四次测量辊环的径向力值累加后除以 4，便求得其平均径向力值作为测量辊每转一圈测得的每个测量段上与实际张应力成正比的径向力值。利用该实测径向力值和平均带钢应力，可以计算出每一测量段上带钢的应力及与平均张应力偏差，带钢平均张应力 τ_m 可根据带钢张力 T、宽度和厚度的不同用下式求得

$$\tau_m = \frac{T}{Bh_5}$$

对调节起重要作用的为张应力差值（第 j 测量段）$\Delta\tau_{Rj}$

$$\Delta\tau_{Rj} = \tau_j - \tau_m$$

式中，τ_j 为第 j 测量段上的张应力。

上述带钢张应力偏差将被传给板形监视器和板形控制系统。

带钢张应力分布监视器　在电气室和操作台上方都安装有带钢张应力分布监视器。它显示出每个单独的测量段上的带钢张应力偏差，这样操作人员可以随时知道正在轧制带钢的实际板形（平坦度）情况。

板形计算机控制系统　板形控制计算机系统是对板形进行控制的最关键部分。在板形控制系统中，首先计算出对应的板形设定值，然后根据带钢张应力沿宽度方向的分布，并按一定的数学模型和数学方法，计算出各个调节回路的调节值，包括轧辊倾斜调节值；工作辊弯辊调节值；CVC 轧辊位置设定值；轧辊分段冷却设定值。

这些调节设定值经过极限值检查后通过数据接口传送到各控制回路。同时，通过显示终端（安装在主控室）把带钢张应力分布实际值和目标值以及各调节值及分段冷却调节量的直方图在 HMI 上显示。

这里需说明的是有两个张应力偏差值：第一个是上面所说的 $\Delta\tau_{Rj}$，它是 j 测量段实测张应力与平均张应力之差；第二个是 $\Delta\tau_j$，它是 j 测量段实测张应力与目标张应力分布所规定的对应于 j 测量段的目标值之差。

由于根据冷轧成品带钢的方向对平坦度有不同的要求（即不同的目标张应力分布），因此一般说应采用第二个张应力偏差 $\Delta\tau_j$ 作为调节用偏差值。

该调节偏差值通过一定的数学模型和数学方法回归成一个四次多项式，分解成对应于不同次方的平坦度缺陷，此偏差值用多项式表示即为：

$$y = a_0 + a_1 x + a_2 x^2 + a_3 x^3 + a_4 x^4$$

式中　$a_1 x$——对应于一次平坦度缺陷的调节偏差分量；

$a_2 x^2$——对应于二次平坦度缺陷的调节偏差分量；

$a_3 x^3$，$a_4 x^4$——分别为对应于三次、四次平坦度缺陷的调节偏差分量。

　　这样，每个测量段上存在的带钢张应力调节偏差又被转换成对应于不同平坦度缺陷的调节偏差分量。这些不同的板形缺陷可以通过下列不同的调节方式和调节回路来加以消除，见图3-35。

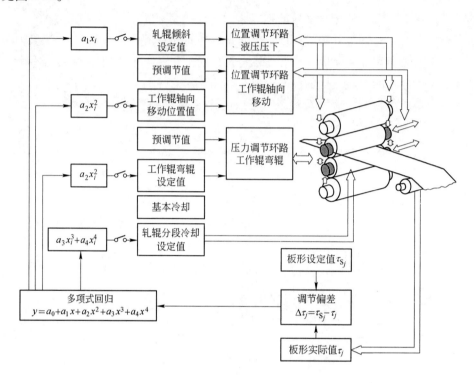

图 3-35　不同板形缺陷的控制

B　带钢板形缺陷的多项式回归分析及数学模型

　　从板形控制的基本原理可知，如何从板形辊的36个测量段上的张应力差值转换成各个控制系统的调节分量是板形控制的关键，一般是通过多项式回归来解决。

　　测量辊上的36个测量段，编号从左到右是连续编的。若把测量辊看成一数轴，且以测量辊的中心为原点，则每一测量段在数轴上的位置是已知的（见表3-3）。这里要说明的是辊子最中间的两个测量段，即18，19两个测量段的长度仅为其测量长度的一半，为26mm，以保证轴中心两边测量段位置的对称性。

表3-3　测量辊的数据安排

段编号 i	1	2	⋯	17	18	19	20	⋯	35	36
离中心距离 x_i	−910	−858	⋯	−78	−26	+26	+78	⋯	858	910
测量值 y_i	y_1	y_2	⋯	y_{17}	y_{18}	y_{19}	y_{20}	⋯	y_{35}	y_{36}

　　在表中，y_i 是在第 i 段上由测量值求得的张应力差值 $\Delta\sigma_i$。这样问题就归结为寻找变量 x_i 和 y_i 之间的函数关系，即有 $y_i = f(x_i)$，其回归流程图如图3-36所示。假设函数 $f(x)$ 为四次多项式，则有

$$y_i = f(x_i) = a_0 + a_1 x + a_2 x_i^2 + a_3 x_i^3 + a_4 x_i^4$$

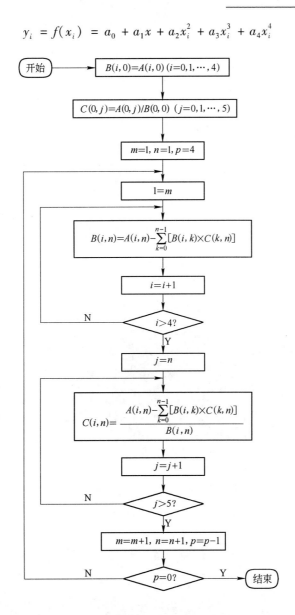

图 3-36 冷轧带钢板形缺陷的多项式回归流程图

根据表 3-3 提供的一组（x_i，y_i）数据，利用最小二乘法可求出系数 a_0，a_1，a_2，a_3，a_4，其表达式为

$$
\begin{cases}
\sum x_i^0 a_0 + \sum x_i^1 a_1 + \sum x_i^2 a_2 + \sum x_i^3 a_3 + \sum x_i^4 a_4 = \sum x_i^0 y_i \\
\sum x_i^1 a_0 + \sum x_i^2 a_1 + \sum x_i^3 a_2 + \sum x_i^4 a_3 + \sum x_i^5 a_4 = \sum x_i^1 y_i \\
\sum x_i^2 a_0 + \sum x_i^3 a_1 + \sum x_i^4 a_2 + \sum x_i^5 a_3 + \sum x_i^6 a_4 = \sum x_i^2 y_i \\
\sum x_i^3 a_0 + \sum x_i^4 a_1 + \sum x_i^5 a_2 + \sum x_i^6 a_3 + \sum x_i^7 a_4 = \sum x_i^3 y_i \\
\sum x_i^4 a_0 + \sum x_i^5 a_1 + \sum x_i^6 a_2 + \sum x_i^7 a_3 + \sum x_i^8 a_4 = \sum x_i^4 y_i
\end{cases}
$$

写成矩阵形式，即为

$$\begin{bmatrix} \sum x_i^0 & \sum x_i^1 & \sum x_i^2 & \sum x_i^3 & \sum x_i^4 \\ \sum x_i^1 & \sum x_i^2 & \sum x_i^3 & \sum x_i^4 & \sum x_i^5 \\ \sum x_i^2 & \sum x_i^3 & \sum x_i^4 & \sum x_i^5 & \sum x_i^6 \\ \sum x_i^3 & \sum x_i^4 & \sum x_i^5 & \sum x_i^6 & \sum x_i^7 \\ \sum x_i^4 & \sum x_i^5 & \sum x_i^6 & \sum x_i^7 & \sum x_i^8 \end{bmatrix} \cdot \begin{bmatrix} a_0 \\ a_1 \\ a_2 \\ a_3 \\ a_4 \end{bmatrix} = \begin{bmatrix} \sum x_i^0 y_i \\ \sum x_i^1 y_i \\ \sum x_i^2 y_i \\ \sum x_i^3 y_i \\ \sum x_i^4 y_i \end{bmatrix}$$

这里将 $\sum\limits_{i=1}^{36}$ 简写成 Σ，后面类同。

在计算机上利用高斯消元法来解线性方程组，具体算法如下：

（1）构造四个矩阵：

$A(5 \times 6)$，用来存放线性方程组的系数项和常数项；

$B(5 \times 5)$，中间矩阵，存放运算的中间结果；

$C(5 \times 6)$，矩阵 A 经消元以后所得的三角矩阵；

$D(5 \times 1)$，存放线性方程组的解 a_0，a_1，a_2，a_3，a_4。

（2）建立初始矩阵 A，该增广矩阵为

$$A = \begin{bmatrix} \Sigma x_i^0 & \Sigma x_i^1 & \Sigma x_i^2 & \Sigma x_i^3 & \Sigma x_i^4 & \Sigma x_i^0 y_i \\ \Sigma x_i^1 & \Sigma x_i^2 & \Sigma x_i^3 & \Sigma x_i^4 & \Sigma x_i^5 & \Sigma x_i^1 y_i \\ \Sigma x_i^2 & \Sigma x_i^3 & \Sigma x_i^4 & \Sigma x_i^5 & \Sigma x_i^6 & \Sigma x_i^2 y_i \\ \Sigma x_i^3 & \Sigma x_i^4 & \Sigma x_i^5 & \Sigma x_i^6 & \Sigma x_i^7 & \Sigma x_i^3 y_i \\ \Sigma x_i^4 & \Sigma x_i^5 & \Sigma x_i^6 & \Sigma x_i^7 & \Sigma x_i^8 & \Sigma x_i^4 y_i \end{bmatrix}$$

（3）对矩阵 A 消元，变成等价的三角矩阵 C，并且 C 具有如下格式：

$$C = \begin{bmatrix} 1 & c_{01} & c_{02} & c_{03} & c_{04} & c_{05} \\ 0 & 1 & c_{12} & c_{13} & c_{14} & c_{15} \\ 0 & 0 & 1 & c_{23} & c_{24} & c_{25} \\ 0 & 0 & 0 & 1 & c_{34} & c_{35} \\ 0 & 0 & 0 & 0 & 1 & c_{45} \end{bmatrix}$$

实现矩阵 A 向矩阵 C 的转换同样采用高斯消元法，不同点阵矩阵 A 逐步消元的同时使主元素值为 1，最后得到等价三角矩阵 C。具体步骤如下：

第一步，建立中间矩阵 B，赋初值 $B = 0$；

第二步，建立矩阵 B 的第一列和矩阵 C 的第一行，即：

$$B(i,0) = A(i,0)$$

$$C(0,j) = \frac{A(0,j)}{B(0,0)}$$

其中 $0 \leqslant i \leqslant 4$，$0 \leqslant j \leqslant 5$；

第三步，建立矩阵 B 的第一列和矩阵 C 的第二行，再建立矩阵 B 的第三列和矩阵 C 的第三行，这样一直建立矩阵 B 的第五列和矩阵 C 的第五行，其具体算法如下

$$B(i,j) = A(i,j) - \sum_{k=0}^{j-1} \left[B(i,k) \times C(k,j) \right]$$

$$i \geqslant j \geqslant 0$$

$$C(i,j) = \frac{1}{B(i,j)} \left\{ A(i,j) - \sum_{k=0}^{j-1} \left[B(i,k) \times C(k,j) \right] \right\}$$

$$0 < i < j$$

可以看到矩阵 C 的每一行被确定出来以后，主元素值为 1。矩阵 B 起两个作用：一是放上一步消元过程中矩阵 A 变化后的值；二是作为矩阵 A 向矩阵 C 下一步消元的乘积因子。

（4）矩阵 D 的值。对矩阵 C 回代求解结果放在矩阵 D 中：

$$D = \begin{bmatrix} a_0 & a_1 & a_2 & a_3 & a_4 \end{bmatrix}^{\mathrm{T}}$$

回代算法为

$$D(i_{\max}) = C(i_{\max}, j_{\max})$$

式中，$i_{\max} = 4$，$j_{\max} = 5$。

$$D(i) = C(i, j_{\max}) - \sum_{k=i+1}^{i_{\max}} \left[C(i,k) \times D(k) \right]$$

式中，$0 \leqslant i \leqslant 4$。

在求得系数 a_0，a_1，a_2，a_3，a_4 以后，就完成了把每个测量段上的调节偏差转换成各个控制系统的调节分量的准备工作。

C   板形控制设定计算数学模型

板形控制设定计算有以下两种方法：

（1）根据操作工选择的板形曲线及给出振幅值计算板形设定值，即

$$\sigma_{\mathrm{si}} = FCS(i) \times h_{\mathrm{amp}} \times E_{\mathrm{m}}$$

式中 $FCS(i)$ ——存储在计算机中的板形曲线基准值；

       h_{amp} ——振幅值，$\mu\mathrm{m/m}$；

       E_{m} ——带钢的弹性模数，$\mathrm{N/mm}^2$。

（2）如果操作工没有预选的板形曲线，计算机则根据带钢宽度，按照基本抛物线形状求出板形曲线，即：

$$\sigma_{\mathrm{si}} = \frac{x_i^2 h_{\mathrm{amp}} E_{\mathrm{m}}}{B^2}$$

式中 x_i ——第 i 个测量段上的坐标值；

h_{amp}——振幅值，$\mu m/m$；

D　轧辊倾斜调节

轧辊倾斜调节用于消除非对称性的带钢断面形状（如楔形、单边浪）的平坦度缺陷，即回归多项式中的 $a_1 x$ 分量。该调节系统根据带钢左、右两边的不对称张应力分布，根据数学模型计算出轧辊倾斜的调节量，并与原轧辊倾斜设定值迭加，作为新的轧辊倾斜值输出给倾斜控制回路对轧辊的左右压下位置进行修正。

E　工作辊弯辊和 CVC 位置调节

工作辊弯辊和 CVC 位置调节是用于消除对称带钢断面形状缺陷（如中间浪、两边浪等），即抛物线形状的平坦度缺陷，亦即回归多项式中的 $a_2 x^2$ 分量。

这个调节系统根据带钢两边的对称张应力分布，再根据数学模型计算出实际需要的轧辊弯辊力调节值。由于带钢的断面形状各种各样，并且弯辊力对轧辊辊型的改变受到轴承强度的限制，其变化量是有限的，因而需要配置不同辊型不同凸度的 CVC 辊来适应多变的轧制参数。通过轴向移动轧辊就可获得各种不同的轧辊凸度。

带钢断面形状的二次缺陷（中间浪、两边浪）首先由工作辊弯辊装置来消除。但此时凸度调节范围有限，所以通过弯辊控制系统常常不能完全消除板形缺陷，为此亦需要轴向移动轧辊来改变轧辊凸度，即由弯辊和 CVC 轴向移动系统来共同消除板形二次缺陷。通过工作辊弯辊和 CVC 轴向移动系统组成的闭环回路可扩大对轧辊辊缝形状进行调节的范围。

通常，当板形的二次缺陷在弯辊控制系统调节范围的 60%（该值是可调节的）以内时，仅通过弯辊控制系统来调节，因为弯辊动作快，调节简单；当超过调节范围的 60% 时，则需要投入 CVC 调节系统，以增加或减小轧辊凸度。这时工作辊弯辊和 CVC 位置轴向移动控制系统共同对二次板形缺陷进行调节。

F　轧辊分段冷却控制

分段冷却主要用于消除其他带钢断面形状（如二肋浪等）的平坦度缺陷，即多项式中的分量 $a_3 x^3$ 和 $a_4 x^4$。由于三次、四次板形缺陷在整个板形缺陷中所占的比例较小，因而可以采用轧辊分段冷却来控制。

如前所述，轧辊辊身方向共有 36 个控制段，对这些段喷射不同剂量润滑及冷却剂即可控制每个测量段所对应的轧辊段的热膨胀量，从而得到不同的轧辊凸度。为此在 5 号机架工作辊上方横梁上安装了 9 个冷却区，每个控制阀对应 4 个轧辊段。这样，36 个测量段通过 9 个冷却阀组成了 9 个冷却区，并通过它来控制每个冷却区的冷却量。每个冷却区的控制都可以单独进行。

在轧辊分段冷却控制系统中，根据与每个测量段上带钢张应力相对应的轧辊分段冷却分量按数学模型计算出每个冷却区的冷却设定值，同时要保证在轧制过程中轧辊在任何时候都有一个基本冷却量，该基本冷却量约为最大冷却量的三分之一。这两个冷却量迭加后作为每个冷却区实际的冷却量输出给下级控制装置，并由控制装置打开和关闭相应的控制阀，达到对板形控制的目的。

3.3.3.3　HC 轧机板形反馈控制系统

HC 轧机是 20 世纪 70 年代发展起来的比常规四辊轧机具有更好板形控制效果的新型

轧机，HC 轧机的重要的手段为横向抽动中间辊。中间辊的位置用钢板边部与中间辊辊身端部的相对位置 δ 来表示。调节 δ 可以明显地改变板形（平坦度）。

HC 轧机通过中间辊的横移消除了四辊轧机中工作辊和支撑辊在板宽范围以外的有害接触，工作辊弯曲不再受到这部分的阻碍，因而液压弯辊本身的板形控制能力明显增强。

对一般四辊轧机来说，当轧制压力变化时，带钢板形也随之变化，因此必须相应地调整弯辊力（前馈板形控制）。中间辊的位置抽动可以使 HC 轧机板形稳定，减少轧制压力波动对板形的影响。这对板形控制来说是十分可贵的。

此外 HC 轧机具有控制边部减薄的能力。在带钢边部，由于工作辊的挠曲和轧辊压扁，边部产生减薄现象。六辊 HC 轧机通过中间辊横移可以减小工作辊的挠曲变形和压扁变形，同时 HC 可以使用较小的工作辊径，这些都显著地减弱了边部减薄现象。

当 C_5 为 HC 辊系的六辊轧机时，板形反馈控制实际上与 CVC 轧机类似，通过剖分式平坦度检测张力辊获得平坦度缺陷信息后，经信息处理得到平坦度缺陷的多项式后分别控制以下机构（图 3-37）：

（1）左右液压压下（调楔形及单侧浪）；

（2）弯辊力（调二次凸度及部分四次凸度）；

（3）中间辊轴向窜动（横移）（调二次凸度及部分四次凸度）；

（4）轧辊分段冷却（调三次项及剩余的四次项）。

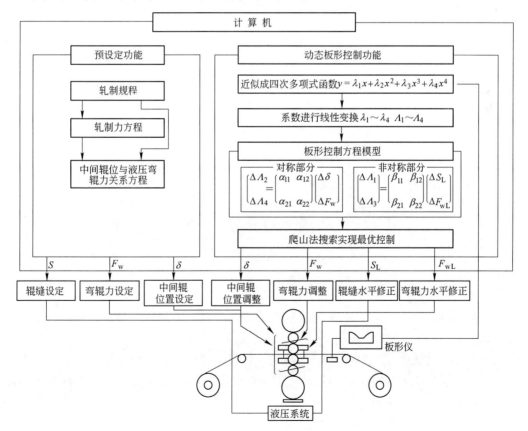

图 3-37 HC 轧机的板形控制

为此需进行以下运算：

板形检测装置的输出信号是板宽方向上各点的张应力，即板形检测装置实测了 25 个点的张应力，并以此代表横向张应力分布。这种分布应当以一定的函数形式近似表示。对近似函数的要求：尽可能少的状态变量；不丢失必要的信息；不由于噪声而引起识别错误。

根据上述要求，采用多项式近似来逼近实际的分布。首先将横向各点位置正规化，即板中心 $x = 0$，板边 $x = 1$，当由板中心过渡到板边时，x 由 0 变到 1。逼近分布的多项式可以是二次、四次和六次的。经过与实测值对比，认为四次函数的精度已经足够了，所以将横向位置为 x 的点的张应力 y 表示为

$$y = \lambda_0 + \lambda_1 x + \lambda_2 x^2 + \lambda_3 x^3 + \lambda_4 x^4$$

其中，$\lambda_0 \sim \lambda_4$ 参数，可依据 25 个通道的数据用最小二乘求得，λ_0 与横向分布的信息无关，故舍去。所以总共可用四个参数 $\lambda_1 \sim \lambda_4$ 表征板形，其中 λ_1、λ_3 表示非对称分量，λ_2、λ_4 表示对称分量。

当 λ_1、λ_2、λ_3、λ_4 这四个参数表征板形时，物理意义不太明确，为了明显表示它们的物理意义以进行直观的判断，进行下述的线性变换。

当 $x = 1$ 时，偶次分量应为

$$y \big|_{x=1}^{e} = \lambda_2 + \lambda_4$$

上标 e 表示偶次分量。当 $x = 1/\sqrt{2}$ 时，偶次分量为

$$y \big|_{x=1/\sqrt{2}}^{e} = \frac{1}{2}\lambda_2 + \frac{1}{4}\lambda_4$$

所以，$x = 1$，$x = 1/\sqrt{2}$ 的点与 $x = 0$ 的点的偶次分量分别为

$$\Lambda_2 = \lambda_2 + \lambda_4$$

$$\Lambda_4 = \frac{1}{2}\lambda_2 + \frac{1}{4}\lambda_4$$

同理，当 $x = 1$ 和 $x = 1/\sqrt{3}$ 时，由 λ_1、λ_2 决定的奇数张应力差分别为 Λ_1、Λ_3，它们的值为

$$\Lambda_1 = \lambda_1 + \lambda_3$$

$$\Lambda_2 = \frac{1}{\sqrt{3}}\lambda_1 + \frac{1}{3\sqrt{3}}\lambda_3$$

$\Lambda_1 \sim \Lambda_4$ 取值不同时，表示不同的张应力分布，即表示不同的波形。用这四个量，充分而直观地表征了张应力分布的特征。

板形评价。如果原封不动地用 Λ_1，Λ_2 等评价板形很不方便，必须采用一个标量作为板形的指标，因此引入了板形评价函数。非对称分量用评价函数 J_{ODD} 评价，对称分量用评价函数 J_{EVEN} 评价，它们的定义是

$$J_{\text{EVEN}} = \delta\Lambda_2^2 + \delta\Lambda_4^2 + \omega(\Lambda_4 - \Lambda_2)$$

$$J_{\text{ODD}} = \delta\Lambda_1^2 + \delta\Lambda_3^2$$

$$\delta \Lambda_i = \overline{\Lambda_i} - \Lambda_i \quad (i = 1 \sim 4)$$

式中　Λ_i——板形参数的即时值；

　　　$\overline{\Lambda_i}$——板形参数的目标值；

　　　ω——常数，由经验确定。

确定控制方法。与板宽对称的板形缺陷通过调整中间辊的位置及弯辊力控制，而非对称分量则用调整压下水平度及分段冷却来控制。由于这两种分量执行机构不同，评价函数也不同，故采用单独处理的方法，将 Λ_1、Λ_3 分为另一组，Λ_2、Λ_4 分为一组，每组为用两个变量的控制系统进行控制，下面以对称分量为例说明确定执行机构操作量的计算方法。

在轧辊材质、尺寸及工艺条件已经决定的条件下，由每一个中间辊的横移位置 δ 及液压弯辊力 F 的值，就可以得到对应的板形，并有相应的参数值 λ_2、λ_4。将 λ_2、λ_4 进行线性变换，得到 Λ_2、Λ_4，由此得到对称分量的评价函数 J_{EVEN}。依次改变 δ 及 F，就得到不同的 J_{EVEN}。

为了确定 δ 和 F 的调节能力，以 δ 为横坐标，F 为纵坐标，通过实际轧机的试验用统计方法建立模型，并用模型求出评价函数 J_{EVEN}，在图上绘出 J_{EVEN} 的"等高线"，作出图 3-38 所示的 HC 轧机板形控制评价图。

图 3-38 与地形图类似，越靠近"山顶"评价函数越小，在山顶处评价函数为零。此顶点位置将随具体轧机，具体工艺条件而变，当 δ、F 值的交点位于此顶点时板形最理想，为此可采用寻优常用的爬山法来获得最优的 δ 及 F 值。

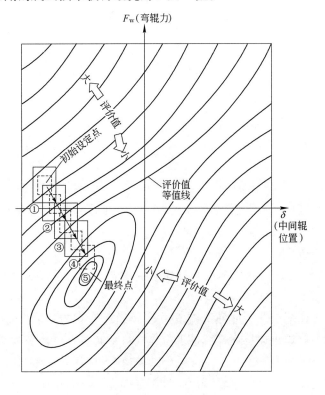

图 3-38　板形控制评价图

如果 δ 最大时动量为 δ_{max}，弯辊力最大值为 F_{max}，则最大探索范围为

$$F_L = G_1 F_{max}$$

$$\delta_L = G_1 \delta_{max}$$

$$G_1 = \min\left\{1, \max\left(\left|\frac{\delta\Lambda_2}{\Lambda_2 \text{修正边界预测值}}\right|, \left|\frac{\delta\Lambda_4}{\Lambda_4 \text{修正边界预测值}}\right|\right)\right\}$$

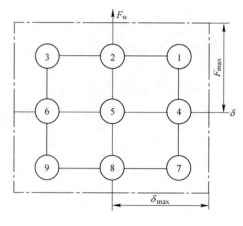

图 3-39 8 点探索

探索范围为 $\pm F_L$ 及 $\pm \delta_L$，以其周围的 8 个点作为探索点，根据这 8 个点的 δ、F 值，求出各自的评价函数 J_{EVEN}，取 J_{EVEN} 为最小的点作为修正后的中点，再取其周围 8 个点（图 3-39），重复这一过程直到 J_{EVEN} 已不能再小为止。这实际上是一种爬山探索法，求得最小 J_{EVEN} 时的 δ 及 F 值作为控制量输出分别控制中间辊横移及弯辊力。

对于非对称分量，由于液压压下及分段冷却所控制的平坦度缺陷比较独立，因此更容易分别求出这两个执行机构的控制量。

3.4 冷连轧动态变规格

3.4.1 冷连轧动态变规格概述

从冷轧技术的发展趋势来看，为了提高产品的产量和质量，冷轧板带生产在不断走向连续化。从最早的单机架轧机到今天最为常见的多机架串联式轧机，机械设备的发展已经为冷轧板带生产的连续化提供了可能。但从生产工艺和生产方式来看，多机架冷连轧机在很长一段时间里采用的是常规式的冷连轧，并不是完全意义上的连续化生产。这种连轧生产仍属于单卷轧制方式，这样不但降低了轧机的利用率，而且对于每卷带钢轧制过程中所固有的穿带、甩尾和加减速轧制等过渡阶段所带来的不利影响，常规式冷连轧也不能予以很好解决，从而限制了高速轧机的生产能力，影响了产品产量和质量的进一步提高。

为了满足市场和技术上的上述要求，人们提出了全连续轧制（无头轧制）的工艺方案。全连续式带钢冷连轧机虽然消除了常规带钢冷连轧机的穿带、甩尾过程，但却增加了一些新的内容，如动态规格变化、焊机自动化、焊缝检测与跟踪、活套自动控制等。其中动态变规格对于实现全连续轧制方式有着非常重要的意义，它不仅是全连续轧制的工艺特点，也是实现全连续轧制的技术关键。

动态变规格是全连续冷连轧或酸洗-轧机联合机组所特有的功能。由于采用无头轧制，一个个热轧卷通过入口焊机焊接而连续进入冷轧机组，通过入口活套的调节保持了轧机的持续高速轧制，省略了每卷钢的穿带、大范围加减速及甩尾的工序。这样不仅提高了机组的产量，并且显著提高了产品的质量，但同时亦带来了需要动态变换规格的问题。

一个热轧卷的焊接可以用来增加冷轧成品卷的卷重，亦可用于生产不同规格的冷轧成

品卷。前者焊缝称为内部焊缝，后者焊缝称为外部焊缝。

对于变换规格的焊缝，其前后热轧卷可能会是不同钢种、不同宽度或不同厚度，并要求前后热轧卷生产出不同规格（成品厚度）的冷轧成品卷。当然亦可以是前后热轧卷钢种、宽度、厚度相同而需要生产不同规格（成品厚度）的冷轧成品卷。

根据焊缝前后两卷钢的不同来料参数（热轧卷钢种、宽度、厚度）及需要轧出的冷轧成品厚度，利用设定模型可以很容易地算出前后两卷钢应有的设定值（各机架出口厚度，各机架辊缝设定值，各机架速度设定值及各机架间张力设定值等）。困难在于这些设定值的变更要在轧制过程中进行，虽然为了进行动态变规格轧机速度将要降低，但是仍然会存在以下问题（以五机架连轧情况为例）：

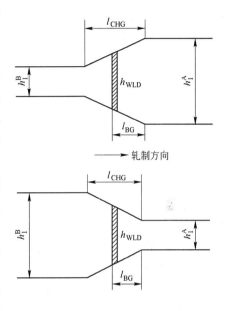

图 3-40 楔形过渡区

（1）从一个规格变到另一个规格，必然要存在一个楔形过渡区（图 3-40）。这一楔形过渡区的长度最长不应当超过最后两个机架之间（C_4 及 C_5 间）的距离，否则将会有两个机架同时轧制楔形区，使张力的控制更加困难。

（2）楔形过渡区由 C_1 轧制成型后随着带钢的运动而逐架咬入 C_2，C_3…，直到从 C_5 轧出，当楔形过渡区进入第 i 机架时，第 $i+1$ 机架到第 5 机架是在前一规格带钢（称为 A 材）的规程上轧制，第 i 机架到第 $i-1$ 机架则是在后一规格带钢（称为 B 材）的规程上轧制。因此为了保证 A、B 材的稳定轧制，中间的第 i 机架就必须要工作在一个过渡规程上。而且这个过渡规程的参数的确定必须要依据一个合理的原则尽量保持 A 材尾部的质量（厚差、板形）及 B 材头部的质量。

（3）各机架参数要随着楔形过渡区的移动而逐架变动，并且应保证任一机架参数的变动不影响 A 材和 B 材稳定轧制，为此需有一个正确的控制策略和正确的控制时序。

（4）楔形区由第 i 机架轧出后随着带钢的运动要逐架咬入后面机架，直到从末机架轧出。在这个过程中，各机架的辊缝、辊速等设定值要随着楔形区的移动而逐渐变化，从而造成其与前后机架间的张力波动。因此为了使这些设定参数的变动尽可能不影响到前后带钢的稳定轧制，保证 A 材尾部及 B 材头部的质量，必须有一个正确的控制策略。另外当A、B 材设定参数变动较大时，应防止过渡区张力波动过大而导致断带。

对于上述问题，有两种不同的解决思路：

（1）在过程控制级解决。由过程计算机分步实施设定值的变动，而由基础自动化级的厚度、张力等控制系统自行实现规格的过渡。例如，A 材辊缝设定 S_{si}^A，B 材为 S_{si}^B，则需变动量为 $\Delta S_i = S_{si}^B - S_{si}^A$，分多步实施，即每次变化 $\Delta S_i^n = \Delta S_i / n$，同样对速度设定、张力设定也分步实施，使每次变动的量较小以不破坏对 A、B 材轧制的稳定，减少轧制过程中张力的波动，由于变动量较小，参数可以采用线性化的增量模型计算。

这一方法的优点是过渡平衡，缺点是加大楔形过渡区（应控制楔形区最长不超过两个机架间距离)。

（2）在基础自动化级解决。过程计算机一次或少分几次下送 $\Delta S_i = S_{si}^B - S_{si}^A$ 以及一次下送速度变动 Δv_{oi}，张力变动 ΔT_{si} 值，而由基础自动化通过厚度——张力综合控制系统来保证厚度的快速过渡以及张力的波动不超过极限，由于变动量较大，不能再采用非线性方程线性化的方法，即不能采用增量模型，而需采用非线性全量模型进行计算。

这一方法有可能缩短楔形过渡区，但要求基础自动化设有专门的动态变规格综合控制器以及采用综合控制算法。

目前大部分轧机采用的是前一种方法。为了减轻综合控制的难度，亦可以采用折中的方法，即不是一次下送变动量，而是二次或三次下送，但由于变动量仍然不小，因此还是要采用非线性全量模型进行计算。

3.4.2　动态变规格楔形过渡段参数的计算

在全连续式冷连轧机的动态规格变换过程中，焊缝跟踪具有非常重要的作用，因为相关控制功能只有在准确地获知楔形起点的到来时才能启动。所以为了准确地跟踪楔形过渡段，必须确定楔形段中的一些重要参数。如图 3-40 所示，楔形过渡段的主要参数有楔形区长度 l_{CHG}，楔形起点位置 l_{BG}，以及楔形起点、终点和焊缝三个特征点处的厚度 h_1^A、h_1^B 和 h_{WLD}。

3.4.2.1　楔形长度

楔形长度是指楔形开始到楔形过渡段结束总的楔形区长度。楔形过渡段是在第一机架产生的，经过后面机架轧制延伸而逐渐变长。延伸率越大，楔形区长度也越长。各机架楔形区长度 l_{CHGi} 为

$$l_{CHGi} = l_{max} \cdot \frac{H_5}{h_i} \quad (i = 1, 2, 3, 4)$$

式中　H_5——第 5 机架入口厚度；

h_i——第 i 机架出口厚度；

l_{max}——第 4、第 5 机架间楔形长度。

在动态变规格时，楔形变形区长度内的带钢厚度是不符合要求的，因此要求楔形长度尽可能短，以减少带钢头尾部厚度超差所造成的损失。在上式中 H_5/h_i 是定值，因此只能减少 l_{max}。在保证厚度不发生跳跃的情况下，可取 $H_5/h_i = L$（L 为第 4、第 5 机架间的距离），即以最后两个机架的距离作为最大允许的楔形长度。

3.4.2.2　楔形起点的位置

楔形起点的位置实际上反映的是焊缝在楔形区中的位置，它可用焊缝与楔形起点的距离 l_{BGi} 来表示。一般情况下 l_{BGi} 约为 $0.5 l_{CHGi}$ 左右即可，即将焊缝设置在楔形中间位置，但考虑到楔形区特征点厚度，这包括：起始点厚度，即 A 材厚度 h_i^A；焊缝点厚度 h_{WLDi}（i 为机架号）；楔形区终了点厚度，即 B 材厚度 h_i^B。当这些特征点厚度取不同值时，焊缝位置取的合理，可以获得最佳的过渡过程，因此焊缝位置是楔形区的重要参数。

楔形区是由 C_1 轧制（成形）产生的，在经后面机架轧制后将延伸而变长，延伸率越

大，楔形区长度也越长，经 C_4 轧制后其长度不应超过 l_{max}（l_{max} 为 C_4、C_5 机架间距。因此，由 C_1 产生的楔形区 l_{CHG1} 应为

$$l_{CHG1} \leqslant l_{max} \cdot H_5 / H_2$$

式中　H_5——C_5 入口厚度，即为 C_4 轧出厚度 h_4^B；

　　　　H_2——C_2 入口厚度，即为 C_1 轧出厚度 h_1^B。

由于楔形区属于不合格带钢段，因此应尽量缩短其长度（减少 l_{CHG1}），但要考虑变动的平稳性，即变动过程中张力波动不能过大。

在确定楔形长度后，需要控制的另一参数是焊缝在楔形区的位置，它可以用焊缝与楔形区起始点的距离 l_{BG1} 来表示，该参数亦需由 C_1 来控制产生。实际上 l_{BG1} 在 $0.5 l_{CHG1}$ 左右即可，也可以用以下原则来确定：

（1）当 $h_1^A = h_1^B$ 时，这时焊缝可取在楔形过渡区的中间，即

$$l_{BG1} = 0.5 \cdot l_{CHG1}$$

（2）当 $h_1^A \neq h_1^B$ 时：

1）为保证楔形区轧制力均匀过渡，焊缝处厚度要满足一定的要求，设 A 材轧出厚度与焊缝厚度之差（$h_1^A - h_{WLD1}$）与 A 材压下量（$h_{01}^A - h_1^A$）之比等于 B 材轧出厚度与焊缝厚度之差（$h_{WLD1} - h_1^B$）与 B 材压下量（$h_{01}^B - h_1^B$）之比，即

$$\frac{h_1^A - h_{WLD1}}{h_{01}^A - h_1^A} = \frac{h_{WLD1} - h_1^B}{h_{01}^B - h_1^B}$$

上式展开后，得

$$\Delta h_1^B (h_{WLD1} - h_1^A) = \Delta h_1^A (h_1^B - h_{WLD1})$$

其中

$$\Delta h_1^B = h_{01}^B - h_1^B$$
$$\Delta h_1^A = h_{01}^A - h_1^A$$

由此可得

$$(\Delta h_1^B + \Delta h_1^A) h_{WLD1} = \Delta h_1^B \cdot h_1^A + \Delta h_1^A \cdot h_1^B$$

所以

$$h_{WLD1} = \frac{\Delta h_1^B \cdot h_1^A + \Delta h_1^A \cdot h_1^B}{(h_{01}^B - h_1^B) + (h_{01}^A - h_1^A)}$$

2）假设楔形区厚度均匀过渡，因此

$$\frac{l_{CHG1}}{h_1^B - h_1^A} = \frac{l_{BG1}}{h_{WLD1} - h_1^A}$$

即

$$l_{BG1} = l_{CHG1} \cdot \frac{h_{WLD1} - h_1^A}{h_1^B - h_1^A}$$

在 i 机架轧制时 h_{WLDi}，可用 h_i^A 和 h_i^B 以及 l_{BGi} 算出，而 l_{BGi} 和 l_{CHGi} 一样可通过延伸率（或出口厚度之比值）来算出

$$l_{BGi} = l_{BG1} \cdot \frac{h_i}{h_1}$$

$$l_{CHGi} = l_{CHG1} \cdot \frac{h_i}{h_1}$$

由此可得

$$h_{WLDi} = (h_1^B - h_1^A) \frac{l_{BGi}}{l_{CHGi}} + h_1^A$$

知道 h_{WLDi} 后可算出带钢在焊缝处的轧制力，如果焊缝处轧制力过大则适当前移或后移焊缝位置，使 l_{BGi} 改变，以减少焊缝轧制力。一旦修正焊缝厚度以使 Δh_i 减少后需重新计算 l_{BGi}，以便通过焊缝跟踪来跟踪楔形区起始点，使各机架动态变规格的控制能从楔形区的起始点开始，并在楔形区终了点结束。

3.4.3　冷连轧动态变规格的调节方式

动态变规格时，冷连轧机组内将存在两种规格带钢及二者间的楔形区，楔形区一个机架一个机架的前移，而各机架亦随着变规格点（楔形过渡区的起始点）的到达进行辊缝和速度的调节，并改变张力设定值。

为了保持前面带钢（A材）和变规格后的带钢（B材）都能按自己的设定值稳定轧制，需控制各机架间秒流量恒定，因此当对变规格机架的辊缝及速度调整时，需同时对上游或下游机架进行级联调整。为此有两种调节方式：顺流调节，即对下游机架进行级联调速；逆流调节，即对上游机架进行级联调速。

3.4.3.1　顺流调节

当变规格点达到 i 机架时，一方面要对 i 机架的辊缝、速度进行变更，同时要调节 C_{i+1} 机架到 C_5 机架的速度以保持 C_{i+1} 机架到 C_5 机架的张力。

具体说，当变规格点到达 C_1 时，变更 C_1 的辊缝以适应 B 材的轧制规范，此时不变更 C_1 的速度，为了继续保持 C_1 与 C_2 间以及后面各机架间张力不变，需顺流对 $C_2 \sim C_5$ 的速度进行调节。当变规格点到达 C_2 时，将 C_2 辊缝按 B 材轧制规范调节，同时变更 C_2 速度使 C_1 和 C_2 间张力改为 B 材规范的张力设定值，而且还要对 $C_3 \sim C_5$ 速度调节以维持 C_2 与 C_3 以及后面各机架间的张力不变（为 A 材的张力设定值），当变规格点到达 C_3 时控制策略可以此类推。这一过程可用图 3-41 表示。

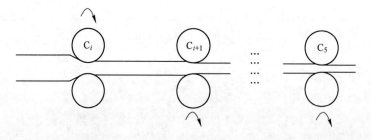

图 3-41　顺流调节

顺流调节法的优点是：

（1）机架变更设定值时，C_1 到 C_{i-1} 机架（已轧 B 材）各机架维持不变，C_i 机架也只需变动一次，当变规格点到达 C_{i+1} 等机架时，C_i 机架不需再变动，使 B 材的 AGC 能尽早投入，考虑到 C_1 及 C_2（粗调 AGC）担负着消除大部分来料厚差的任务，因此这种方式对 B 材精度有利。

（2）由于 C_1 速度不变，因而不需对入口侧 S 辊及活套系统进行调节。

但是顺流调节存在以下缺点：

（1）辊缝调节时后张力变动比前张力大，因此将影响 B 材质量。

（2）C_5 将要被多次调速，这对精调 AGC（A 材的张力 AGC）不利。

（3）如果主传动速度调节系统响应特性和精度不高将破坏 A 材尾部的正常轧制。

3.4.3.2 逆流调节

当变规格点到达 i 机架时，一方面要对 C_i 机架的辊缝（速度）进行调节，同时要调节 C_{i-1} 机架到 C_1 机架的速度，以保持 C_1 到 C_i 机架各机架间的张力。

具体说，当变规格点进入 C_1 时，变更 C_1 的辊缝满足 B 材的规范，同时改变 C_1 速度以维持 $C_1 \sim C_2$ 间张力不变（A 材张力设定值），同时使 $C_2 \sim C_5$ 间各架轧制过程不受到干扰，保持 A 材能继续维持稳定轧制使其尾部质量得到保证。

当变规格点进入 C_2 时，对 C_2 辊缝按 B 材规范设定，并调 C_2 速度维持 C_2、C_3 间的张力不变（A 材张力设定值），同时调 C_1 速度以使 C_1、C_2 间建立 B 材要求的张力，以此类推。

这一过程可用图 3-42 表示。

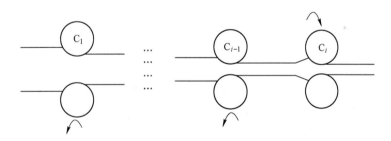

图 3-42　逆流调节

逆流调节的优点是：

（1）保证下游各机架按 A 材规范稳定轧制。

（2）对上游机架调速可对传动系统的快速性要求降低。

逆流调节的缺点是：

（1）C_1 要多次调速，对 B 材的粗调 AGC 工作不利。

（2）要相应变更 S 辊及入口活套速度。

目前大多冷连轧在动态变规格时采用逆流调节方式。

3.4.4　冷连轧动态变规格的控制规律

楔形过渡区是在 C_1 通过带负载的辊缝调节来形成的，$C_2 \sim C_5$ 加以准时启动压下（通过焊缝跟踪找到变规格点或楔形区起始点）和停止压下来保持这一楔形区延伸后的长度，同时按照下面要谈到的速度控制规律来保持 A 材和 B 材的机架间张力。各机架的压下及速度（张力）逐架从前带钢（A 材）设定值变换到后带钢（B 材）设定值，可以一次或分多次转变。

3.4.4.1　厚度控制规律

在楔形区参数已确定后，楔形区的正确形成和保持是通过以下几点来完成的：

（1）跟踪焊缝，确定楔形区起始点。

（2）投入厚度自动控制系统，但有规律地改变厚度给定值。

（3）厚度给定值可一次或分多次逐步改变。

（4）厚度给定值如一次给出，则楔形区厚度变化曲线以及楔形区长度实际上决定于液压压下系统的响应特性。应该说作为厚度控制规律较容易实现，但除非对速度张力有一个良好的综合控制，否则厚度的快速变动将使张力波动过大。

（5）为了使过渡过程稳定，需有意识地放缓厚度控制规律，为此可分多次改变厚度设定值。

在变规格开始前

$$h_{\mathrm{REF}i} = h_i^{\mathrm{A}}$$

楔形区进入机架后周期地（周期时间为楔形区轧制时间除以 N）改变给定值

$$h_{\mathrm{REF}i} = h_i^{\mathrm{A}} + n \cdot \frac{\delta h_i}{N}$$

式中，$\delta h_i = h_i^{\mathrm{B}} - h_i^{\mathrm{A}}$；$N$ 为总次数；$n = 1,\ 2,\ \cdots,\ N$。

当楔形区终了点到达时（稍提前一些以补偿液压压下的动特性）$n = N$，则

$$h_{\mathrm{REF}i} = h_i^{\mathrm{A}} + \delta h_i = h_i^{\mathrm{B}}$$

由于 Δh_1 是分 N 段给定，这样不仅有计划地控制了楔形区长度，而且在速度张力的有效控制下保证了轧制的平衡（使张力波动小于规定范围），如果压下系统是采用位置内环，厚度外环，则

$$\delta S = \frac{C + Q}{C} \delta h$$

式中，$\delta h = h_{\mathrm{REF}} - h^{*}$，$h^{*}$ 为实测出口厚度（用弹跳方程或利用激光测速，通过流量方程算得）。

考虑到前后两卷带钢可能钢种、宽度等都不相同，因此在确定 δS 时应注意：

（1）楔形区起始点到焊缝处的带钢是 A 材尾部；

（2）从焊缝往后是 B 材的前端；

（3）A 材、B 材以及焊缝本身的 Q 值是不相同的，应分别选取。

由于焊缝前后母材的不同，加上焊缝本身硬度较大，因此楔形区严格说是不易保持图 3-40 所示的形状的。

3.4.4.2　速度控制规律

动态变规格的速度远比厚度控制要困难，因为速度控制规律既要能使 A 材（某机架）

速度设定值过渡到 B 材该机架的速度设定值，又要在变动设定值过程中照顾到张力的动态变化。所谓张力的动态变化既包括了 A 材和 B 材张力设定值的不同，又包括了由于速度变化不当所造成的不应有的张力波动，动态变规格的成败很大程度上决定于是否张力波动太大而造成断带，只有在不断带的条件下才能去进一步考核楔形区两侧（A 材带尾及 B 材带头）的厚度之差是否超过精度范围以及超差的带材长度。

为了更好理解考虑控制规律，下面较具体地分析一下楔形区通过各机架时的情况。

（1）C_1 形成楔形区（图 3-43）。在楔形区起始点到达 C_1 前，C_1 及 $C_2 \sim C_5$ 都是 A 材的速度设定值，并且轧制处于稳定状态，各机架间张力恒定（等于 A 材的张力设定值），AGC 以及张力控制系统正常工作（张力控制为用张力偏差控制下一机架的压下）。

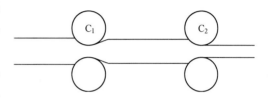

图 3-43　C_1 形成楔形区

当楔形区起始点将进入 C_1 时，为了拉长变规格的可调节时间，降低对控制系统的影响性要求，整个机组通过主令速度调节将各机架速度降到动态变规格的轧机速度。

（2）楔形区起始点将进入 C_1 时，C_1 压下进行厚度变规格控制，形成楔形区。如果按逆流调节的控制方式，在调压下的同时需调节 C_1 速度来保持 C_1、C_2 间的张力恒定（A 材的张力设定值）。需要调速的原因是由于 C_1 在轧制楔形区时压下量在不断改变，由此造成 C_1 前滑的变化，使 C_1 出口速度与 C_2 原有的入口速度不匹配。C_1 速度调节量的计算方法见 3.4.5 节。

（3）楔形区处在 C_1、C_2 间（图 3-44）。此时 C_1 出口速度已与 C_2 入口速度匹配并保持 A 材张力设定值，但 C_1 出口流量与 C_2 的出口流量是不相等的。

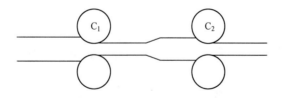

图 3-44　C_1、C_2 间楔形区

（4）楔形区进入 C_2（图 3-45）。在调节 C_2 压下的同时，调节 C_2 速度来保持 C_2、C_3 间张力的恒定（A 材张力设定值），这是由于 C_2 压下量的改变，改变了 C_2 的前滑，使 C_2 出口速度与 C_3 入口速度不匹配。C_2 速度调节量的计算方法见 3.4.5 节。

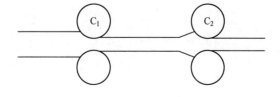

图 3-45　楔形区进入 C_2

在 C_2 调速的同时，考虑到 C_2 速度变化及 C_2 后滑的变化，要同步的调节 C_1 速度，使 C_1、C_2 间张力达到 B 材的张力设定值（同时也需调节 S 辊速度以保证 C_1 的后张力）。

（5）楔形区进入 C_3、C_4、C_5 的情况相同，每次调速时都要逆流调节上游各架的速度。

（6）当楔形区离开 C_5 后，整个机组都已稳定地轧制 B 材，通过主令速度调节使整个机组升速到正常轧制速度。

考虑到冷连轧设定速度 v_{OS} 由主令速度 v_{MR} 和相对速度 v_{SR} 组成

$$v_{OS} = v_{MR} \cdot v_{SR}$$

式中，v_{MR} 为 10% ~ 100%；v_{SR} 为根据各机架厚度分配由秒流量恒等方程确定的各机架相对速度值（第三机架为基准架）。

在轧制时，整个机组只有一条主令速度母线 v_{MR}，考虑到动态变规格时，机组内存在两种规格的带钢（A 材和 B 材），为了便于分别保持两种规格带钢的调节，设立了两条主令速度母线 v_{MR1} 及 v_{MR2}，分别为前材及后材使用。

两条主令速度的切换过程为：

（1）设 A 材（前带钢）已在使用主令速度母线 v_{MR1}，当焊缝达到 C_1 前某一距离时，v_{MR1} 降低到动态变规格所要求的值 $v_{MR1}^{L_1}$，同时计算机要为将要轧制的 B 材计算出稳态轧制时和动态变规格时的主令速度（用于设定 v_{MR2}）以及各架的相对速度 v_{SRi}^{B}，因此 B 材的稳定轧制速度将是

$$v_{OSi}^{B} = v_{MR2} \cdot v_{SRi}^{B}$$

但对于楔形区来说，需要从起始点开始调整

$$v_{BGi}^{B} = v_{OSi}^{A}$$

对每个机架的速度调整可以是调节相对速度亦可以是调节主令速度 v_{MR}，甚至二者一起调节。考虑到 v_{MR} 将同时用于多个机架，如只从某一机架出发来调，势必使下一机架要同时调整 v_{MR} 及 v_{SR} 才能适应楔形区的速度变动，因此比较好的思想是 v_{MR} 一次到位（由计算机按稳态轧制 B 材的条件下计算确定），对每个机架的速度变动只调节其 v_{SR}。为此可定义：

1）v_{BGi} 为 i 机架模型区开始点时的相对速度；

2）v_{SRi} 为 i 机架稳态轧制 B 材时的相对速度；

3）v_{Rij} 为 i 机架相对速度的过渡值，j 为速度值分多次调整时的下标（$j = 1 \sim n - 1$）可以认为 $v_{BGi} = v_{Ri0}$（即 $j = 0$），但 $v_{Rin} \neq v_{SRi}$（v_{Rin} 即 $j = n$ 的 v_{Rij}），因后面机架尚未过渡。

（2）当楔形区起始点进入 C_1 时，S 辊及 C_1 的速度系统切换到 v_{MR2} 上（此时为动态变规格的低值 $v_{MR2}^{L_1}$）。为了保证 C_1 速度不发生跳变，开始时应使 C_1 出口速度等于切换前的值，即：

$$v_{MR2}^{L_1} \cdot v_{BG1}^{B} = v_{MR1}^{L_1} \cdot v_{OS1}^{A}$$

此时 C_1 机架出口速度为

$$v_{BG1}^{B} = v_{OS1}^{A} \cdot \frac{v_{MR1}^{L_1}}{v_{MR2}^{L_1}}$$

当楔形区在 C_1 形成，随着厚度控制（压下控制）的同时调节 C_1 速度的相对速度（δv_{1j}）来改变 v_{R1j}（从 v_{BGi}^B 开始调节）。S 辊及入口活套速度随着 C_1 速度进行调整。

（3）当楔形区起始点进入 C_2 时，C_2 速度系统切换到 v_{MR2} 主令速度母线，然后随着 C_2 压下调节对 C_2 速度进行调节，同样为了防止发生 C_2 速度跳变，开始时

$$v_{MR2}^{L_1} \cdot v_{BG1}^B = v_{MR1}^{L_1} \cdot v_{OS2}^A$$

$$v_{BG2}^B = v_{OS2}^A \cdot \frac{v_{MR1}^{L_1}}{v_{MR2}^{L_1}}$$

当楔形区在 C_2 中轧制时，随着厚度控制不断调 C_2 速度（δv_{2j}），使 δv_{R2j} 变动，与此同时亦要再调 C_1 相对速度以保持 C_1、C_2 间张力达到 B 材的张力设定值。

（4）楔形区进入 C_3、C_4、C_5 的速度控制规律，与上述过程相同，当楔形区进入 C_3 时除了要调整 v_{R3j} 外还要调整 C_2 和 C_1 的相对速度，同样楔形区进入 C_4 时要调整 C_3、C_2 和 C_1 的相对速度。以此可类推进入 C_5 后的调整。

（5）当楔形区离开 C_5 时，开始同步升速达到 B 材正常轧制时的主令速度 v_{MR2} 值。

动态变规格时张力设定值的变动是通过速度控制来实现的，因此当楔形区处于 C_i 及 C_{i+1} 机架时，C_{i+1} 机架到 C_5 机架轧制的为 A 材，并通过 C_i 机架的调速保证 C_{i+1} 到 C_5 机架间张力依然为 A 材的设定值，轧制过程处于稳定状态（逆流调节不对下游机架调整），所以 C_{i+1} 到 C_5 机架间张力的闭环控制还是应该用于控制下一机架的压下。而 C_1 到 C_i 机架则由于要不断地调速，通过速度来建立 B 材所需的张力，因此张力闭环控制应该用于上一机架的速度，否则在张力建立过程中，一旦张力有所波动将会影响到下一机架的出口厚度，使 B 材头部有相当一段带钢厚度超差。当楔形区通过 C_5，而五个机架全部轧制 B 材并且张力已建立后，再将张力闭环控制切换为下一机架压下。

3.4.5　冷连轧动态变规格设定模型

动态变规格时的厚度控制（辊缝调节），速度控制以及张力变动可以采用线性化后的增量模型计算，亦可以用非线性公式直接进行全量计算。

如果采用一次或仅二三次下送设定值的变动，由于变动量较大，用线性化后的增量公式计算误差太大，所以用非线性全量模型为宜。如果设定值的变动采用多次下送的方法，每次下送的变动量不太大，则用线性化后的增量模型较为方便，降低了控制的复杂性。

3.4.5.1　线性化增量模型

根据非线性模型线性化方法，可得出

（1）厚度方程

$$\delta h_1 = \frac{1}{C_P + Q}\Big(Q\delta h_0 + \frac{\partial P}{\partial \tau_b}\delta \tau_b + \frac{\partial P}{\partial \tau_f}\delta \tau_f + \frac{\partial P}{\partial K}\delta K + C_P\delta S \Big)$$

（2）张力方程

$$\delta \tau_i = \frac{E}{l}\int (\delta v'_{i+1} - \delta v_i)\,\mathrm{d}t$$

$$\delta v' = -[v_0\delta\beta + (\beta - 1)\delta v_0]$$

$$\delta v = v_0 \delta f + (1 + f) \delta v_0$$

以及前滑 f 和 β 后滑的公式

$$\delta f = d_H \delta h_0 + d_{\tau_b} \delta \tau_b + d_{\tau_f} \delta \tau_f + d_K \delta K + d_S \delta S$$

$$\delta \beta = e_H \delta h_0 + e_{\tau_b} \delta \tau_b + e_{\tau_f} \delta \tau_f + e_K \delta K + e_S \delta S$$

式中

$$d_A = \frac{\partial f}{\partial A} + \frac{\frac{\partial P}{\partial A}}{C_P + Q} \cdot \frac{\partial f}{\partial h_1}$$

$$e_A = \frac{\partial f}{\partial A} + \frac{\frac{\partial P}{\partial A}}{C_P + Q} \cdot \frac{\partial \beta}{\partial h_1}$$

A 可以是 H、τ_b、τ_f。

$$d_B = \frac{\frac{\partial P}{\partial B}}{C_P + Q} \cdot \frac{\partial f}{\partial h_1}$$

$$e_B = \frac{\frac{\partial P}{\partial B}}{C_P + Q} \cdot \frac{\partial \beta}{\partial h_1}$$

B 可以是 K、S。

由此可得出口速度增量公式

$$\delta v = v_0 d_H \delta h_0 + v_0 d_{\tau_b} \delta \tau_b + v_0 d_{\tau_f} \delta \tau_f + v_0 d_K \delta K + v_0 d_S \delta S + (1 + f) \delta v_0$$

$$= f_H \delta h_0 + f_{\tau_b} \delta \tau_b + f_{\tau_f} \delta \tau_f + f_K \delta K + f_S \delta S + f_v \delta v_0$$

式中，$f_A = v_0 d_A$（A 可以是 H，τ_b，τ_f，K，S）；$f_v = 1 + f$。

入口速度增量公式

$$\delta v' = g_H \delta h_0 + g_{\tau_b} \delta \tau_b + g_{\tau_f} \delta \tau_f + g_K \delta K + g_S \delta S + g_v \delta v_0$$

式中，$g_A = - v_0 e_A$（A 可以是 H，τ_b，τ_f，K，S）；$g_v = 1 - \beta$。

如果暂不考虑张力变化的过程（张力变化过程由张力对速度的闭环控制来调节），则张力变到某一值后通过对 C_i 机架前滑和 C_{i+1} 机架后滑的影响将趋于新的平衡，此时在张力作用下

$$v'_{i+1} = v_i$$

或

$$\delta v'_{i+1} = \delta v_i$$

将 $\delta V'_{i+1}$ 及 δV_1 的公式代入后得（设 i 机架前张力为 τ_i）

$$g_{H_{i+1}} \delta h_{0(i+1)} + g_{\tau_{b(i+1)}} \delta \tau_1 + g_{\tau_{f(i+1)}} \delta \tau_{i+1} + g_{K_{i+1}} \delta K_{i+1} + g_{S_{i+1}} \delta S_{i+1} + g_{v_{i+1}} \delta v_{0(i+1)}$$

$$= f_{H_i} \delta h_{0i} + f_{\tau_{bi}} \delta \tau_{i-1} + f_{\tau_{fi}} \delta \tau_i + f_{K_i} \delta K_i + f_{S_i} \delta S_i + f_{v_i} \delta v_{0i}$$

为了求解此方程先作以下分析：

由厚度方程可知，C_i 机架咬入楔形区后，可完成

$$\delta h_{1i} = \frac{1}{C_P + Q}\Big[Q_i\delta h_{0i} + \Big(\frac{\partial P}{\partial K}\Big)_i\delta K_i + \Big(\frac{\partial P}{\partial \tau_b}\Big)_i\delta \tau_{i-1} + \Big(\frac{\partial P}{\partial \tau_f}\Big)_i\delta \tau_i + C_P\delta S_i \Big]$$

式中，δh_0 和 δK 为已知，当轧制楔形区前一段（焊缝前为 A 材）可认为 $\delta h_{0i}=0$，$\delta K=0$，当轧制后一段时，δh_0 和 δK 为 B 材厚度及硬度与 A 材之差（如 B 材和 A 材宽度变动，则仅需再在轧制力公式中引入 $\dfrac{\frac{\partial P}{\partial B}}{C_P + Q}\cdot\delta B$ 项即可）。$\delta \tau_i$ 为 C_i 机架前张力，可令其为 0；$\delta \tau_{i-1}$ 为 C_i 机架后张力，可令其等于 B 材与 A 材张力设定值之差。

因此在已知楔形区参数后，可利用每次控制时要求获得的 δh_i 来求出 δS_i。

$$\delta S_i = \Big(\frac{C_P + Q}{C_P}\Big)_i\delta h_i - \frac{1}{C_P}\Big[Q_i\delta h_{0i} + \Big(\frac{\partial P}{\partial K}\Big)_i\delta K_i + \Big(\frac{\partial P}{\partial \tau_b}\Big)_i\delta \tau_{i-1} + \Big(\frac{\partial P}{\partial \tau_f}\Big)_i\delta \tau_i \Big]$$

求 C_i 机架速度调节量时应采用 C_i 机架与 C_{i+1} 机架间的张力方程。此时根据上段所述的原则，以及 $\delta h_{0(i+1)} = \delta K_{i+1} = \delta S_{i+1} = \delta \tau_{i+1} = \delta v_{0(i+1)} = 0$，并要求 $\delta \tau_i = 0$ 得

$$f_{H_i}\delta h_{0i} + f_{\tau_{bi}}\delta \tau_{i-1} + f_{K_i}\delta K_i + f_{S_i}\delta S_i + f_{v_i}\delta v_{0i} = 0$$

所以

$$\delta v_{0i} = -\frac{1}{f_{v_i}}(f_{H_i}\delta h_{0i} + f_{K_i}\delta K_i + f_{S_i}\delta S_i + f_{\tau_{bi}}\delta \tau_{i-1})$$

求 C_{i-1} 机架速度调节量时应采用 C_{i-1} 机架与 C_i 机架间张力方程，此时可认为 $\delta h_{0(i-1)} = \delta K_{i-1} = \delta S_{i-1} = \delta \tau_{i-2} = \delta \tau_i = 0$，得到

$$g_{H_i}\delta h_{0i} + g_{K_i}\delta K_i + g_{S_i}\delta S_i + g_{v_i}\delta v_{01} + g_{\tau_{bi}}\delta \tau_{i-1} = f_{\tau f(i-1)}\delta \tau_{i-1} + f_{v_{i-1}}\delta v_{0(i-1)}$$

因此

$$\delta v_{0(i-1)} = -\frac{1}{f_{v_{i-1}}}\big[g_{H_i}\delta h_{0i} + g_{K_i}\delta K_i + g_{S_i}\delta S_i + g_{v_i}\delta v_{0i} + (g_{\tau_{bi}} - f_{\tau f(i-1)})\delta \tau_{i-1} \big]$$

式中　δS_i——厚度控制时的辊缝调节量；

　　　δv_{0i}——由 C_i 机架速度调节公式计算出；

　　$\delta \tau_{i-1}$——B 材要求的张力设定值与 A 材张力设定值之差。

对于 C_{i-2} 机架速度调节量的计算可用 C_{i-2} 机架以及 C_{i-1} 机架间张力方程，因此可得到：

$$g_{v_{i-1}}\delta v_{0(i-1)} + g_{\tau f(i-1)}\delta \tau_{i-1} = e_{v_{i-2}}\delta v_{0(i-2)}$$

因此

$$\delta v_{0(i-2)} = \frac{1}{e_{v_{i-2}}}(g_{v_{i-1}}\delta v_{0(i-1)} + g_{\tau f(i-1)}\delta \tau_{i-1})$$

式中　$\delta v_{0(i-1)}$——由 C_{i-1} 机架的调速公式求出；

　　$\delta \tau_{i-1}$——C_{i-1} 机架与 C_{i-2} 机架间 B 材张力设定值与 A 材之差。

C_{i-2} 机架的 $\delta v_{0(i-3)}$ 直到 C_1 机架的 δv_{0i} 可用类似公式求得，对于 C_{i-3} 到 C_1 机架也可以采用与 C_{i-2} 机架同百分比变化的方法来求出，即

$$\frac{\delta v_{0j}}{v_{0j}} = \frac{\delta v_{0(i-2)}}{v_{0(i-2)}} \quad (j = i-3, \cdots, 1)$$

调速时各机架速度应同时调节，为此当分 n 次变更厚度的同时每次算出一个 δv_{0i} 后要立刻代入公式计算 $\delta v_{0(i-1)}$，同样算出 $\delta v_{0(i-1)}$ 后立刻代入计算 $\delta v_{0(i-2)}$，$\cdots$，以使各机架同时调速，尽可能地减少机架间张力波动。

3.4.5.2 非线性全量模型

当设定值变动较大或分次下送的次数较小而使每次下送的变动量仍较大时，不宜采用增量模型，此时可直接用以下各非线性模型进行全量计算。

（1）厚度方程

$$h_1 = S + \frac{P - P_0}{C_P} + S_F + O + G$$

式中 S——辊缝仪信号，辊缝仪将在预压靠到压力为 P_0 时清零；

  S_F——弯辊力对厚度的影响；

  O——油膜轴承的油膜厚度；

  G——辊缝零位，包括了轧辊热膨胀以及轧辊磨损对测厚仪所在位置的辊缝的影响。

（2）轧制力模型，这一模型为一非线性公式，可采用 Bland-Ford 简化式 Hill 式

$$P = Bl'_c Q_P K_T K$$

$$Q_P = f(R, h_0, h_1)$$

式中 K_T——张力影响系数；

  K——材料变形阻力，与钢种及累加变形量有关；

  Q_P——由外摩擦引起的应力状态系数；

  l'_c——考虑压扁后的接触弧长。

对压下量较小的道次要考虑轧辊出口处轧件弹性恢复所增加的压力。

（3）前滑及后滑公式

前滑 f：

$$f = f(R, h_0, h_1, \tau_b, \tau_f)$$

后滑 β：

$$\beta = f(R, h_0, h_1, \tau_b, \tau_f)$$

都是非线性公式，可采用 Bland-Ford 公式。

（4）张力方程

$$\tau_i = \frac{E}{l} \int (v'_{i+1} - v_i)\,\mathrm{d}t$$

如果不考虑张力变动的过渡过程，则稳态时在张力作用下

$$v'_{i+1} = v_i$$

即

$$v_{0(i+1)}(1 - \beta_{i+1}) = v_{0i}(1 + f_i)$$

当楔形区进入 C_i 机架时，$v_{0(i+1)}$ 和 β_{i+1} 为已知。代入前滑和后滑公式可求得 v_{0i} 与 τ_i 关系。

在采用非线性全量模型计算时，调节量为前后两次计算结果之差值。调节时与采用增量模型计算一样，也需要同时输出各机架的厚度控制和各机架的速度控制。当调节量较大时需对厚度-张力进行综合控制以减少张力波动。

无论增量还是全量模型，为使压下系统及速度系统的动作与变规格点的到达能够完全同步，计算机需不断累积计算变规格点的位置（延伸后的楔形区焊缝位置以及楔形区起始点的距离）。

3.4.6　冷连轧动态变规格的控制

对冷连轧动态变规格变换过程实现控制的最主要困难在于冷轧过程中厚度、张力等被控变量之间的相互耦合作用。当冷轧机从前一个工作点向后一工作点过渡时，各变量的变化过程不能协调一致，之间相互牵扯和干扰，从而导致各变量的过渡过程规律复杂化，难于进行独立控制。

前面已经提到，在逆流调节方式下，当第 i 机架开始变规格时，为了不影响下游机架的稳定轧制状态，保证前带钢尾部的产品质量，需要保持该机架的前张力稳定不变。同时为了保证后带钢头部的厚度精度，也需要保证该机架的后张力变化为新规格设定值，同时要调节本机架的出口厚度使之过渡到新的设定。各个机架在变规格时，如果能将其出口厚度和前后张力三个量控制好，就能获得满意的变规格过程。出口厚度的控制可通过调节变规格机架的辊缝来实现，前后张力通过调节本机架的速度进行控制。所以前张力的控制变量应该是本机架的轧辊速度，而后张力的调节变量选择上一机架的辊速。

冷连轧机在第 i 机架变规格时控制系统的基本结构如图 3-46 所示。

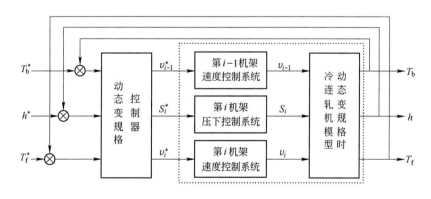

图 3-46　第 i 机架变规格时控制系统结构

冷连轧过程是一个非常复杂的非线性过程，但在稳定轧制时，轧机参数在某一工作点附近的微小范围内变化，因此可将非线性系统近似处理为线性系统。下面仅考虑基于工作点线性化模型的冷连轧动态变规格控制问题。冷连轧动态变规格时的系统模型主要由两部分串联构成：一部分是执行机构的模型，即液压压下系统模型和主速度调节系统模型；另一部分是冷轧机对象。对这两部分均进行线性化处理，由前面列出的厚度方程、轧制力模型、张力模型、前后滑公式及入出口速度模型可得到被控对象的线性化模型为：

$$\begin{bmatrix} \delta h_i \\ \delta T_{fi} \\ \delta T_{bi} \end{bmatrix} = \frac{1}{W(s)} \begin{bmatrix} c(s^2 + \omega_1 s + \omega_2) & \lambda_1 s + \xi_1 & \lambda_2 s + \xi_2 \\ Bh_i K_{S1}(s + T_{S1}) & Bh_i K_{v1}(s + T_{v1}) & Bh_i \overline{K}_{v1} \\ BH_i K_{S2}(s + T_{S2}) & BH_i K_{v2}(s + T_{v2}) & BH_i \overline{K}_{v2}(s + K_{f1}) \end{bmatrix} \cdot \begin{bmatrix} \delta S_i \\ \delta vR_i \\ \delta vR_{i-1} \end{bmatrix}$$

式中

$$c = G/(M + G)$$
$$\omega_1 = (K_{f1} + K_{b2}) + (P_f K_{S1} + P_b K_{S2})/c$$
$$\omega_2 = (K_{f1} K_{b2} - K_{f2} K_{b1}) + (P_f K_{S1} T_{S1} + P_b K_{S2} T_{S2})/c$$
$$\lambda_1 = P_f K_{v1}$$
$$\lambda_2 = P_b \overline{K}_{v2}$$
$$\xi_1 = P_f K_{v1} T_{v1} + P_f K_{v1} T_{v2}$$
$$\xi_2 = P_f \overline{K}_{v1} + P_b \overline{K}_{v2} K_{f1}$$

从上面控制模型可以看出，系统各变量之间相互耦合，为了控制和调节方便，实际运用中可对其进行解耦后，分别进行 PID 控制。

第4章

带钢冷轧过程自动化系统

4.1 冷轧工艺特点概述

冷轧的轧制工艺有以下三个特点：

（1）带钢在轧制过程中产生不同程度的加工硬化。加工硬化超过一定程度后，带钢因过分硬脆而不适于继续轧制，需要退火软化后恢复塑性。因而，对过程机计算来说，如何确定基本变形抗力和抗力在连轧机各机架的增加率从而精确计算轧制力成为一个关键。

（2）冷轧过程必须采用工艺冷却和润滑。工艺冷却和润滑的主要目的是减小摩擦和变形抗力，在现有轧机能力下实现更大的压下。另外对降低轧辊温升、提高钢材表面质量、提高轧辊使用效率有很大作用。过程计算机只有精确确定摩擦系数才可能精确确定轧制力。

（3）冷轧中采用张力轧制。张力轧制就是带钢在轧辊中的变形是在一定前张力和后张力作用下进行的。张力的作用主要是：保证正确对中轧制，保证带钢平直度良好，降低变形抗力，适当调整电机主负荷。由于张力的变化是前滑和轧辊速度变化的关键因素之一，所以在过程计算机中张力是一个很重要的参数。

4.2 冷轧过程的物理描述

辊缝部分分为下述区域：

（1）弹性变形区：在入口和出口靠外侧（如图 4-1 所示），存在着只发生弹性变形的弹性变形区。这些区域用解析的方法求解。

（2）塑性变形区：在塑性变形区材料的变形是永久的。应力的数值积分必须分为两部分：前滑区和后滑区。这两部分分别从塑性变形区的边界开始，到中性点结束。这些区域用数值积分的方法求解因为没有已知的解析方法求解这部分变形。

图 4-1 比较完整地描述了变形区域（包括弹性变形和塑性变形）的区域分配和受力状态。实际轧制压力正是弹性变形部分和塑性变形部分轧制力的和。图 4-1 中的水平挤压力 F_Q、变形区入口和出口张力、入口和出口摩擦力在塑性变形部分轧制力求解中起着非常重要的作用，在数学模型的卡尔曼微分方程和它的数值积分方法求解轧制力过程中将做详细的塑性变形受力分析。

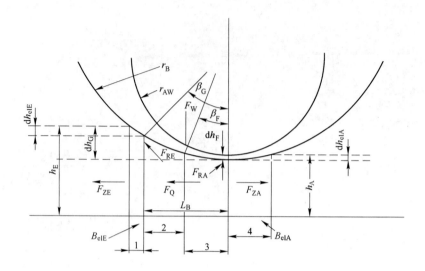

图 4-1   冷轧变形区示意图

1区—入口侧弹性变形区；2区—入口侧塑性变形区；3区—出口侧塑性变形区；4区—出口侧弹性变形区；
h_E—入口侧带钢厚度，m；h_A—出口侧带钢厚度，m；dh_{elE}—带钢入口侧弹性变形，m；dh_{elA}—带钢出口
侧弹性变形，m；dh_F—中性点处厚度压下，m；dh_G—变形区的总压下，m；F_{ZE}—带钢入口处张力，N；
F_{ZA}—带钢出口处张力，N；F_W—单位宽度轧制力，N/m；F_Q—水平挤压力，N；
F_{RE}—入口侧摩擦力，N；F_{RA}—出口侧摩擦力，N；r_{AW}—工作辊半径，m；
r_B—工作辊压扁半径，m；L_B—接触弧长，m；B_{elE}—入口处弹性变形区；
B_{elA}—出口处弹性变形区；β_G—塑性变形区接触角；β_F—中性点接触角

4.2.1   绝对和相对压下量

轧制过程中的绝对压下量是指轧制前后的轧件厚度差，其值为

$$\Delta h = h_E - h_A \tag{4-1}$$

而绝对压下量与轧件原始厚度的比值称为相对压下量（或称变形程度），可以用下式
表示

$$\varepsilon = \frac{h_E - h_A}{h_A} \times 100\% \tag{4-2}$$

有时可以用真实的变形程度来表示

$$\varepsilon = \int_{h_E}^{h_A} \left(-\frac{1}{h_x} \right) dx$$

积分后可得

$$\varepsilon = \ln \frac{h_A}{h_E} = \ln \frac{1}{1 - \varepsilon} \tag{4-3}$$

4.2.2   中性点和前滑、后滑

首先，这里是以所轧材料的体积不变，即材料是不可压缩为前提的。同时在冷轧条件

下，可以认为材料没有沿宽度方向的延伸，并且变形是均匀稳定的。所以我们可以假设冷轧时单位时间内通过变形区内任一断面的材料体积是相同的，这是一个重要的定理，称为体积速度一定法则。它适用于不可压缩材料的稳定变形。由于出口、入口处以外的非变形区速度在厚度方向是一定的，所以根据上述定理，我们可以认为下式是正确的

$$v_E \times h_E = v_A \times h_A = V$$

或者 $v = v(x) \times h(x)$ 为常量。其中 $h(x)$ 是出口和入口之间的任意点的厚度，$v(x)$ 是出口和入口之间的任意点的沿轧制方向的速度。v_E 和 v_A 分别为入口和出口处沿轧制方向的水平速度。

由上式可以知道，随着接近于出口，轧件沿水平方向速度是不断加快的。轧辊表面点的切向速度在忽略轧辊弹性应变这样数量级的误差时，大致可以看作是恒定的。而接触弧上任何一点的切向与水平方向的夹角都极小，可以近似为零，所以轧辊的切向速度可以被认为近似等于此点的轧辊水平速度。由此可以知道，在接触弧上必有一点其速度等于轧辊的水平速度，此时轧辊表面与轧件表面无相对滑动，此点称为中性点，当轧辊形状取作圆弧时，与中性点对应的角度 β_F 称为中性角（如图 4-1 所示）。由中性点到出口，轧件速度比轧辊速度快，称为前滑区（如图 4-1 中 3 区所示）；由入口到中性点，轧件速度比轧辊速度慢，称为后滑区（如图 4-1 中 2 区所示）。

这里我们用 f_S 表示前滑值，用 f_b 表示后滑值，入口处速度为 v_E，出口处速度为 v_A，轧辊速度为 v_R，则

$$f_S = \frac{v_A - v_R}{v_R} \tag{4-4}$$

$$f_b = \frac{v_E - v_R}{v_R} \tag{4-5}$$

对于冷连轧过程来说，为了保证五个连续机架的速度协调一致，必须保持各机架速度协调，必须得出独立于上述各速度值的前滑计算公式。

因为

$$f_S = \frac{v_A - v_R}{v_R}$$

所以

$$v_A = v_R(1 + f_S)$$

根据体积速度一定法则，有

$$v_F \times h_F = v_A \times h_A$$

$$v_F = v_R \times \cos\beta_F$$

则

$$\frac{v_A}{v_R} = h_F \times \cos\beta_F / h_A$$

而

$$h_F = h_A + 2r_{AW} \times (1 - \cos\beta_F)$$

所以前滑为

$$f_S = \frac{v_A - v_R}{v_R} = \frac{v_A}{v_R} - 1 = \left[h_A + 2r_{AW}(1 - \cos\beta_F)\right] \times \frac{\cos\beta_F}{h_A} - 1$$

其中 $2r_{AW}$ 为轧辊直径。因为中性角较小，所以 $1 - \cos\beta_F \approx \frac{1}{2}\beta_F^2$。

所以最终可以得到

$$f_S = \frac{r_{AW}}{h_A} \times \beta_F^2 \tag{4-6}$$

由上式可见，前滑主要取决于中性角。凡是使中性角增大的因素，都使前滑增加。例如，前滑随压下量和摩擦系数增加而增加等。

4.2.3　塑性变形应力屈服条件的应用前提和屈服条件公式

在塑性变形理论中，如果变形材料作为各向同性的刚塑性体处理，我们可以在如下假设的基础上对变形过程的应力屈服条件进行分析。

（1）材料作为刚塑性体，即只有应力增大到满足某个条件时材料才会屈服；

（2）材料是无体积变化的不可压缩材料；

（3）材料是各向同性的，屈服条件对任意方向是对称的。

根据上述假定，使材料屈服的条件可以用关于主应力 σ_1、σ_2、σ_3 的关系式表示。这类关系式中，米塞斯屈服条件和特莱斯卡屈服条件是最著名的，即

$$k_f = \frac{\sqrt{(\sigma_1 - \sigma_2)^2 + (\sigma_2 - \sigma_3)^2 + (\sigma_3 - \sigma_1)^2}}{\sqrt{2}} \quad （米塞斯屈服条件）$$

$$k_f = \max\{\sigma_1, \sigma_2, \sigma_3\} - \min\{\sigma_1, \sigma_2, \sigma_3\} \quad （特莱斯卡屈服条件）$$

其中，k_f 是材料常数，称为屈服应力。σ_1、σ_2、σ_3 分别为沿坐标轴三个方向的材料应力，如图 4-2 所示。

由于 k_f 等于单向拉伸或压缩变形中材料屈服时的应力，所以上两式左边的表达式也称为等效应力。实际上单向拉伸或压缩时，只有沿拉伸或压缩方向应力不为零，譬如只有 σ_1 不为零，上述两个屈服条件都变为 $|\sigma_1| = k_f$，而此 k_f 是在拉伸或压缩实验中通过测量塑性变形开始时的应力获得的。

与此相对应，对于宽度方向不变形的平面变形状态，与单向应力状态不同，这种情况下主应力之一是沿宽度方向（主应力为 σ_3），则另两个主应力可分别取为 σ_1、σ_2。由材料的不可压缩性可知，只在 σ_1、σ_2 所在平面内发生剪切变形。所以由对称性知道，轧制过程中只有静压力分量和 σ_1、σ_2 所在平面内的剪切应力。根据材料力学的推导可以知道：

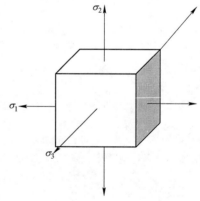

图 4-2　变形状态图

$$\sigma_3 = \frac{1}{2}(\sigma_1 + \sigma_2)$$

上式称为平面应变条件或罗德法则。如果上式成立，那么 σ_1、σ_2 势必会是最大或最小主应力。假设 $\sigma_1 \geqslant \sigma_2$，则特莱斯卡屈服条件变为

$$k_f = \sigma_1 - \sigma_2$$

而米塞斯屈服条件变为

$$K = 1.15(\sigma_1 - \sigma_2) = 1.15\sigma \tag{4-7}$$

4.2.4 塑性变形屈服条件在冷轧过程中的应用

冷轧过程中轧材可以看作刚塑性体，并且满足前述三个假设，所以可以把前述屈服条件公式用于冷轧过程。图4-3所示为工作辊和轧制过程中轧材和工作辊的相关物理量。

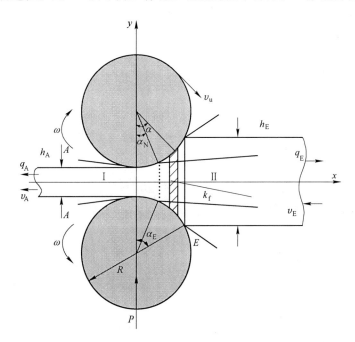

图4-3　轧件与轧辊物理量

E 点—入口；A 点—出口；x—长度方向坐标轴；y—垂直方向坐标轴；

α—角坐标轴；Ⅰ—后滑区；$\alpha_N < \alpha < \alpha_E$，$\alpha_N$—中性点；Ⅱ—前滑区，$0 < \alpha < \alpha_N$，$\alpha_E$—咬入角；

h_E—入口厚度；q_E—入口处水平张力；h_A—出口厚度；q_A—出口处水平张力；v_E—入口速度；v_u—圆周速度；

v_A—出口速度；ω—角速度；P—垂直方向应力；R—半径；k_f—屈服应力

x 轴、y 轴和角坐标系 R、α 之间的关系是

$$x = R\sin\alpha$$

$$dx = (R\cos\alpha)d\alpha$$

辊缝中的材质厚度是

$$h(\alpha) = h_A + 2R(1 - \cos\alpha)$$

$$dh(\alpha) = 2(R\sin\alpha)d\alpha$$

根据米塞斯屈服条件，满足下列条件材质开始屈服

$$2k_f^2 = (\sigma_x - \alpha_y)^2 + (\sigma_y - \alpha_z)^2 + (\sigma_z - \alpha_x)^2$$

其中，σ_x、σ_y、σ_z 分别为轧材在 x，y，z 轴方向的应力。

如果轧材在 z 方向是延伸的，根据罗德法则

$$\sigma_z = \frac{\sigma_x + \sigma_y}{2}$$

把此式代入上式得到

$$2k_f^2 = \frac{2}{3}(\sigma_x - \alpha_y)^2 + (\sigma_y - \alpha_z)^2 + (\sigma_z - \alpha_x)^2$$

也就是
$$\sigma_x = 1.15k_f + \sigma_y \tag{4-8}$$

如果我们假定应力的正方向是反向，则

$$\sigma_y = 1.15k_f + \sigma_x$$

式（4-8）称为罗德屈服条件。

也可以从前式推导出其他的屈服法则。特莱斯卡屈服条件对于轴对称变形是有效的。

$$\sigma_y = k_f + \sigma_x$$

式（4-8）已经不再使用，因为正如罗德所指出的那样，它忽视了 σ_z 的影响。

4.3 四辊板带轧机辊系的弹性挠度计算

在冷轧过程中，有载辊缝的计算精度直接关系到板带产品的厚度质量。特别是轧辊的弹性挠度对于板形质量影响很大，如能精确计算出轧制过程中有载辊缝的弹性挠度，对于板形的设定与控制十分重要。

四辊轧机工作辊的实际挠度比支撑辊挠度要大，一方面是因为位于板宽之外的工作辊部分受到支撑辊的悬臂弯曲作用，另一方面是因为工作辊与支撑辊之间弹性压扁的不均匀性也增加了工作辊的挠度。因此，对于四辊轧机而言，轧辊的挠度计算比两辊轧机的要复杂一些。

假设工作辊与支撑辊之间的压力沿辊身按二次曲线分布，如图4-4所示，则辊间压

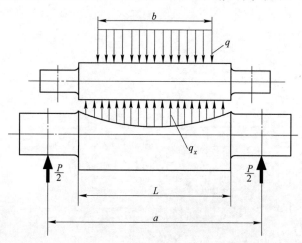

图4-4 四辊轧机受力简图

力为

$$q_x = q_0 - \Delta q \left(\frac{2x}{L} \right)^2$$

辊间接触压力的和等于轧制压力 P

$$\int_{-L/2}^{L/2} q_x \mathrm{d}x = 2\int_0^{L/2} q_x \mathrm{d}x = P$$

积分后可得

$$q_0 = \bar{q} + \frac{\Delta q}{3} \tag{4-9}$$

式中，q_0 为轧辊中部单位长度上的接触压力；$\bar{q}$ 为辊间接触压力的平均值，数值上等于 P/L；Δq 为辊身中部与边部的接触压力差，单位均为 kN/mm。

4.3.1　支撑辊挠度

以左端固定端为坐标原点（见图 4-5），则支撑辊挠度为

$$f_2 = \frac{1}{E_2 I_2}\int_0^{L/2} MM_0\mathrm{d}z + \frac{K}{G_2 F_2}\int_0^{L/2} QQ_0\mathrm{d}z$$

其中外力引起的弯矩为

$$M = \frac{P}{2}\left(\frac{a}{2} - z \right) - \int_z^{L/2} q_x(x - z)\mathrm{d}x$$

上式第二项积分为

$$\begin{aligned}
\int_z^{L/2} q_x(x - z)\mathrm{d}x &= \int_z^{L/2}\left[q_0 - \Delta q\left(\frac{2x}{L} \right)^2 \right](x - z)\mathrm{d}x \\
&= \int_z^{L/2} q_0(x - z)\mathrm{d}x + \int_z^{L/2}\Delta q\left(\frac{2x}{L} \right)^2(x - z)\mathrm{d}x \\
&= \int_z^{L/2} q_0(x - z)\mathrm{d}x + \Delta q\left(\frac{2}{L} \right)^2\int_z^{L/2} x^2(x - z)\mathrm{d}x \\
&= \frac{q_0}{2}\left(\frac{L}{2} - z \right) - \frac{4\Delta q}{L^2}\left\{ \frac{1}{4}\left[\left(\frac{2}{L} \right)^4 - z^4 \right] - z\cdot\frac{1}{3}\left[\left(\frac{2}{L} \right)^3 - z^3 \right] \right\}
\end{aligned}$$

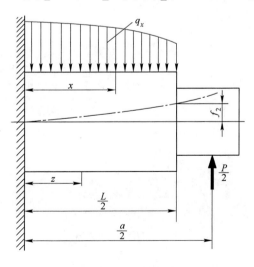

图 4-5　支撑辊受力简图

$$= \frac{q_0}{2}\Big(\frac{L}{2} - z\Big) - \frac{\Delta q}{L^2}\Big[\frac{L^3}{2}\Big(\frac{L}{8} - \frac{z}{3}\Big) + \frac{z^4}{3}\Big]$$

进而得出
$$M = \frac{P}{2}\Big(\frac{a}{2} - z\Big) - \frac{q_0}{2}\Big(\frac{L}{2} - z\Big) + \frac{\Delta q}{L^2}\Big[\frac{L^3}{2}\Big(\frac{L}{8} - \frac{z}{3}\Big) + \frac{z^4}{3}\Big]$$

外力引起的剪力

$$Q = -\Big[\frac{P}{2}\Big(\frac{a}{2} - z\Big) - \int_z^{L/2} q_x \mathrm{d}x\Big]$$

$$= -\Big\{\frac{P}{2}\Big(\frac{a}{2} - z\Big) - \int_z^{L/2}\Big[q_0 - \Delta q\Big(\frac{2x}{L}\Big)^2\Big]\mathrm{d}x\Big\}$$

$$= -\frac{P}{2}\Big(\frac{a}{2} - z\Big) + \Big[q_0\Big(\frac{L}{2} - z\Big) - \frac{4\Delta q}{L^2} \cdot \frac{1}{3} \cdot \Big(\frac{L^3}{8} - z^3\Big)\Big]$$

$$= -\frac{P}{2}\Big(\frac{a}{2} - z\Big) + q_0\Big(\frac{L}{2} - z\Big) - \frac{\Delta q}{L^2}\Big(\frac{L^3}{6} - \frac{4z^3}{3}\Big)$$

单位力引起的弯矩和剪力为 $M_0 = \frac{L}{2} - z$，$Q_0 = -1$。

首先计算弯矩引起的挠度

$$f_M = \frac{1}{E_2 I_2}\int_0^{L/2} M M_0 \mathrm{d}z = \frac{1}{E_2 I_2}\Big[\frac{L}{2}\int_0^{L/2} M\mathrm{d}z - \int_0^{L/2} M \cdot z\mathrm{d}z\Big]$$

等式右侧括号内第一项为

$$\frac{L}{2}\int_0^{L/2} M\mathrm{d}z = \frac{L}{2}\Big\{\int_0^{L/2}\frac{P}{2}\Big(\frac{a}{2} - z\Big)\mathrm{d}z - \int_0^{L/2}\frac{q_0}{2}\Big(\frac{L}{2} - z\Big)^2\mathrm{d}z + \int_0^{L/2}\frac{\Delta q}{L^2}\Big[\frac{L^3}{2}\Big(\frac{L}{8} - \frac{z}{3}\Big) + \frac{z^4}{3}\Big]\mathrm{d}z\Big\}$$

对各积分项分别求解得

$$\int_0^{L/2}\frac{P}{2}\Big(\frac{a}{2} - z\Big)\mathrm{d}z = \frac{P}{2}\Big\{-\frac{1}{2}\Big[\Big(\frac{a}{2} - \frac{L}{2}\Big)^2 - \Big(\frac{a}{2}\Big)^2\Big]\Big\}$$

$$= \frac{P}{4}\Big[\Big(\frac{a}{2}\Big)^2 - \Big(\frac{a}{2} - \frac{L}{2}\Big)^2\Big]$$

$$= -\frac{PL^2}{16} + \frac{PLa}{8}$$

$$\int_0^{L/2}\frac{q_0}{2}\Big(\frac{L}{2} - z\Big)^2\mathrm{d}z = \frac{q_0}{2}\Big(\frac{L^2}{4} \times \frac{L}{2} - L \times \frac{1}{2} \times \frac{L^2}{4} + \frac{1}{3} \times \frac{L^3}{8}\Big)$$

$$= \frac{q_0 L^3}{48}$$

$$\int_0^{L/2}\frac{\Delta q}{L^2}\Big[\frac{L^3}{2}\Big(\frac{L}{8} - \frac{z}{3}\Big) + \frac{z^4}{3}\Big]\mathrm{d}z = \frac{\Delta q}{L^2}\int_0^{L/2}\Big(\frac{L^4}{16} - \frac{L^3 z}{6} + \frac{z^4}{3}\Big)\mathrm{d}z$$

$$= \frac{\Delta q}{L^2}\Big(\frac{L^4}{16} \times \frac{L}{2} - \frac{L^3}{6} \times \frac{1}{2} \times \frac{L^2}{4} + \frac{1}{3} \times \frac{1}{5} \times \frac{L^5}{32}\Big)$$

$$= \frac{\Delta q L^3}{80}$$

等式右侧括号内第一项为

$$\int_0^{L/2} M \cdot z \mathrm{d}z = \int_0^{L/2} \frac{P}{2}\Big(\frac{a}{2} - z\Big)z\mathrm{d}z - \int_0^{L/2} \frac{q_0}{2}\Big(\frac{L}{2} - z\Big)^2 z\mathrm{d}z + \int_0^{L/2} \frac{\Delta q}{L^2}\Big[\frac{L^3}{2}\Big(\frac{L}{8} - \frac{z}{3}\Big) + \frac{z^4}{3}\Big]z\mathrm{d}z$$

对各积分项分别求解得

$$\int_0^{L/2} \frac{P}{2}\Big(\frac{a}{2} - z\Big)z\mathrm{d}z = \frac{P}{2}\int_0^{L/2}\Big(\frac{a}{2}\cdot z - z^2\Big)\mathrm{d}z$$

$$= \frac{P}{2}\Big[\frac{a}{2}\times\frac{1}{2}\times\frac{L^2}{4} - \frac{1}{3}\Big(\frac{L}{2}\Big)^3\Big]$$

$$= \frac{PL^2}{16}\Big(\frac{a}{2} - \frac{L}{3}\Big)$$

$$\int_0^{L/2} \frac{q_0}{2}\Big(\frac{L}{2} - z\Big)^2 z\mathrm{d}z = \frac{q_0}{2}\int_0^{L/2}\Big(\frac{L^2}{4}z - Lz^2 + z^3\Big)\mathrm{d}z$$

$$= \frac{q_0}{2}\Big(\frac{L^2}{4}\times\frac{1}{2}\times\frac{L^2}{4} - L\times\frac{1}{3}\times\frac{L^3}{8} + \frac{1}{4}\times\frac{L^4}{16}\Big)$$

$$= \frac{q_0 L^4}{2}\Big(\frac{1}{32} - \frac{1}{24} + \frac{1}{64}\Big)$$

$$= \frac{q_0 L^4}{384}$$

$$\int_0^{L/2} \frac{\Delta q}{L^2}\Big[\frac{L^3}{2}\Big(\frac{L}{8} - \frac{z}{3}\Big) + \frac{z^4}{3}\Big]z\mathrm{d}z = \frac{\Delta q}{L^2}\Big(\frac{L^4}{16}z - \frac{L^3}{6}z^2 + \frac{1}{3}z^5\Big)$$

$$= \frac{\Delta q}{L^2}\Big(\frac{L^4}{16}\times\frac{1}{2}\times\frac{L^2}{4} - \frac{L^3}{6}\times\frac{1}{3}\times\frac{L^3}{8} + \frac{1}{3}\times\frac{1}{6}\times\frac{L^6}{64}\Big)$$

$$= \Delta q L^4\Big(\frac{1}{16\times 8} - \frac{1}{18\times 8} + \frac{1}{18\times 64}\Big)$$

$$= \frac{\Delta q L^4}{576}$$

综上，由弯矩引起的挠度为

$$f_{\mathrm M} = \frac{1}{E_2 I_2}\Big\{\frac{L}{2}\Big[-\frac{PL^2}{16} + \frac{PaL}{8} - \frac{q_0 L^3}{48} + \frac{\Delta q L^3}{80}\Big] - \Big[\frac{PL^2}{16}\Big(\frac{a}{2} - \frac{L}{3}\Big) - \frac{q_0 L^4}{384} + \frac{\Delta q L^4}{576}\Big]\Big\}$$

$$= \frac{1}{E_2 I_2}\Big(-\frac{PL^3}{32} + \frac{PaL^2}{16} - \frac{q_0 L^4}{96} + \frac{\Delta q L^4}{160} - \frac{PaL^2}{32} + \frac{PL^3}{48} + \frac{q_0 L^4}{384} - \frac{\Delta q L^4}{576}\Big)$$

$$= \frac{1}{E_2 I_2}\Big(\frac{PaL^2}{32} - \frac{PL^3}{96} - \frac{q_0 L^4}{128} + \frac{13\Delta q L^4}{32\times 90}\Big)$$

将 $q_0 = \bar{q} + \frac{1}{3}\Delta q$ 和 $P = \bar{q}L$ 代入得出

$$f_{\mathrm M} = \frac{1}{E_2 I_2}\Big[\frac{\bar{q}aL^3}{32} - \frac{\bar{q}L^4}{96} - \frac{\big(\bar{q} + \frac{1}{3}\Delta q\big)L^4}{128} + \frac{13\Delta q L^4}{32\times 90}\Big]$$

$$= \frac{1}{E_2 I_2} \left[\bar{q} L^4 \left(\frac{\frac{a}{L}}{32} - \frac{1}{96} - \frac{1}{128} \right) - \Delta q L^4 \left(\frac{1}{3 \times 128} - \frac{13}{32 \times 90} \right) \right]$$

$$= \frac{1}{E_2 I_2} \left[\frac{\bar{q} L^4}{32} \left(\frac{a}{L} - \frac{7}{12} \right) - \frac{\Delta q L^4}{192} \left(\frac{1}{2} - \frac{13}{15} \right) \right] \tag{4-10}$$

$$= \frac{L^4}{32 E_2 I_2} \left[\bar{q} \left(\frac{a}{L} - \frac{7}{12} \right) + \frac{11}{180} \Delta q \right]$$

$$= \frac{2}{\pi E_2} \left(\frac{L}{D_2} \right)^4 \left[\bar{q} \left(\frac{a}{L} - \frac{7}{12} \right) + \frac{11}{180} \Delta q \right]$$

剪力引起的挠度为

$$f_Q = \frac{K}{G_2 F_2} \int_0^{L/2} Q Q_0 \mathrm{d}z$$

$$= \frac{K}{G_2 F_2} \int_0^{L/2} \left[\frac{P}{2} - q_0 \left(\frac{L}{2} - z \right) + \frac{\Delta q}{L^2} \left(\frac{L^3}{6} - \frac{4 z^3}{3} \right) \right] \mathrm{d}z$$

$$= \frac{K}{G_2 F_2} \int_0^{L/2} \left(\frac{P}{2} - \frac{q_0 L}{2} + q_0 z + \frac{\Delta q L}{6} - \frac{4 \Delta q}{3 L^2} z^3 \right) \mathrm{d}z$$

$$= \frac{K}{G_2 F_2} \left(\frac{P}{2} \times \frac{L}{2} - \frac{q_0 L}{2} \times \frac{L}{2} + q_0 \times \frac{1}{2} \times \frac{L^2}{4} + \frac{\Delta q L}{6} \times \frac{L}{2} - \frac{4 \Delta q}{3 L^2} \times \frac{1}{4} \times \frac{L^4}{16} \right)$$

$$= \frac{K}{G_2 F_2} \left(\frac{PL}{4} - \frac{q_0 L^2}{4} + \frac{q_0 L^2}{8} + \frac{\Delta q L^2}{12} - \frac{\Delta q L^2}{48} \right)$$

$$= \frac{K}{G_2 F_2} \left(\frac{PL}{4} - \frac{q_0 L^2}{8} + \frac{\Delta q L^2}{16} \right)$$

将 $q_0 = \bar{q} + \frac{1}{3} \Delta q$ 和 $P = \bar{q} L$ 代入得出

$$f_Q = \frac{K}{G_2 F_2} \left[\frac{\bar{q} L^2}{4} - \frac{\left(\bar{q} + \frac{1}{3} \Delta q \right) L^2}{8} + \frac{\Delta q L^2}{16} \right] = \frac{K}{G_2 F_2} \left(\frac{\bar{q} L^2}{8} - \frac{\Delta q L^2}{24} + \frac{\Delta q L^2}{16} \right)$$

$$= \frac{K}{G_2 F_2} \left(\frac{\bar{q} L^2}{8} + \frac{\Delta q L^2}{48} \right) = \frac{K}{G_2 \left(\frac{\pi D_2^2}{4} \right)} \cdot \frac{L^2}{8} \left(\bar{q} + \frac{\Delta q}{6} \right) \tag{4-11}$$

$$= \frac{K}{2 \pi G_2} \left(\frac{L}{D_2} \right)^2 \left(\bar{q} + \frac{\Delta q}{6} \right)$$

两项挠度相加得出支撑辊的总挠度为

$$f_2 = f_M + f_Q = \frac{2}{\pi E_2} \cdot \left(\frac{L}{D_2} \right)^4 \left[\bar{q} \left(\frac{a}{L} - \frac{7}{12} \right) + \frac{11}{180} \Delta q \right] + \frac{K}{2 \pi G_2} \cdot \left(\frac{L}{D_2} \right)^2 \left(\bar{q} + \frac{\Delta q}{6} \right) \tag{4-12}$$

式中　D_2——支撑辊直径，mm；

　　　$\bar{q}$——辊间接触压力均值，kN/mm，$\bar{q} = \frac{P}{L}$（P 为轧制压力）；

L——工作辊辊身长度或辊面宽度，mm；

Δq——辊间接触区中部与边部单位压力差，kN/mm；

E——轧辊弹性模量，kN/mm^2 或 GPa；

G——轧辊剪切模量，kN/mm^2 或 GPa。

4.3.2 工作辊挠度

4.3.2.1 辊身中央与辊身边缘的挠度

工作辊挠度的计算不仅要考虑工作辊与轧件之间的接触压力，还要考虑与支撑辊之间的接触压力（见图4-6）。设 M' 为 q_x 引起的弯矩，M'' 为 p 引起的弯矩，Q' 为 q_x 引起的剪力，Q'' 为 p 引起的剪力，则辊身中央与辊身边缘的挠度计算公式为

$$f_1 = \frac{1}{E_1 I_1}\int_0^{L/2} M'M_0 \mathrm{d}z + \frac{1}{E_1 I_1}\int_0^{b/2} M''M_0 \mathrm{d}z + \frac{K}{G_1 F_1}\int_0^{L/2} Q'Q_0 \mathrm{d}z + \frac{K}{G_1 F_1}\int_0^{L/2} Q''Q_0 \mathrm{d}z$$

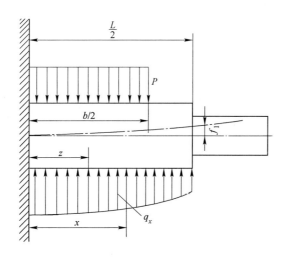

图 4-6 工作辊受力简图

q_x 和 p 引起的弯矩分别为

$$
\begin{aligned}
M' &= \int_z^{L/2} q_x \mathrm{d}x(x-z) \\
&= \int_z^{L/2}\left[q_0 - \Delta q\left(\frac{2x}{L}\right)^2\right](x-z)\,\mathrm{d}x \\
&= \int_z^{L/2} q_0(x-z)\,\mathrm{d}x - \int_z^{L/2}\Delta q\left(\frac{2x}{L}\right)^2(x-z)\,\mathrm{d}x \\
&= \frac{q_0}{2}\left(\frac{L}{2}-z\right)^2 - \frac{4\Delta q}{L^2}\int_z^{L/2}(x^3 - z\cdot x^2)\,\mathrm{d}x \\
&= \frac{q_0}{2}\left(\frac{L}{2}-z\right)^2 - \frac{4\Delta q}{L^2}\left[\frac{1}{4}\left(\frac{L^4}{16}-z^4\right) - z\cdot\frac{1}{3}\left(\frac{L^3}{8}-z^3\right)\right] \\
&= \frac{q_0}{2}\left(\frac{L}{2}-z\right)^2 - \frac{\Delta q}{L^2}\left(\frac{L^4}{16}-z^4-\frac{zL^3}{6}+\frac{4z^4}{3}\right)
\end{aligned}
$$

$$= \frac{q_0}{2}\left(\frac{L}{2} - z\right)^2 - \frac{\Delta q}{L^2}\left[\frac{L^3}{2}\left(\frac{L}{8} - \frac{z}{3}\right) + \frac{z^4}{3}\right]$$

$$M'' = -\int_z^{b/2} p\,\mathrm{d}x(x - z) = -\frac{p}{2}\left(\frac{b}{2} - z\right)^2$$

单位力引起的弯矩为 $M_0 = \frac{L}{2} - z$，由此得出弯矩引起的挠度为

$$f_{1M} = \frac{1}{E_1 I_1}\int_0^{L/2} M'M_0\,\mathrm{d}z + \frac{1}{E_1 I_1}\int_0^{b/2} M''M_0\,\mathrm{d}z$$

上式第一积分项为

$$\int_0^{L/2} M'M_0\,\mathrm{d}z = \int_0^{L/2} M'\left(\frac{L}{2} - z\right)\mathrm{d}z = \frac{L}{2}\int_0^{L/2} M'\,\mathrm{d}z - \int_0^{L/2} M' \cdot z\,\mathrm{d}z$$

分别求解各积分项

$$\int_0^{L/2} M'\,\mathrm{d}z = \int_0^{L/2}\left\{\frac{q_0}{2}\left(\frac{L}{2} - z\right)^2 - \frac{\Delta q}{L^2}\left[\frac{L^3}{2}\left(\frac{L}{8} - \frac{z}{3}\right) + \frac{z^4}{3}\right]\right\}\mathrm{d}z$$

$$= \frac{q_0}{2}\int_0^{L/2}\left(\frac{L}{2} - z\right)^2\mathrm{d}z - \frac{\Delta q}{L^2}\int_0^{L/2}\left(\frac{L^4}{16} - \frac{L^3}{6}z + \frac{z^4}{3}\right)\mathrm{d}z$$

$$= \frac{q_0}{2} \times \frac{1}{3} \times \left(\frac{L}{2}\right)^3 - \frac{\Delta q}{L^2}\left(\frac{L^4}{16} \times \frac{L}{2} - \frac{L^3}{6} \times \frac{1}{2} \times \frac{L^2}{4} + \frac{1}{3} \times \frac{1}{5} \times \frac{L^5}{32}\right)$$

$$= \frac{q_0 L^3}{48} - \frac{\Delta q L^3}{16}\left(\frac{1}{2} - \frac{1}{3} + \frac{1}{30}\right)$$

$$= -\frac{\Delta q L^3}{80} + \frac{q_0 L^3}{48}$$

$$\int_0^{L/2} M'z\,\mathrm{d}z = \int_0^{L/2}\left\{\frac{q_0}{2}\left(\frac{L}{2} - z\right)^2 - \frac{\Delta q}{L^2}\left[\frac{L^3}{2}\left(\frac{L}{8} - \frac{z}{3}\right) + \frac{z^4}{3}\right]\right\} \cdot z\,\mathrm{d}z$$

$$= \frac{q_0}{2}\int_0^{L/2}\left(\frac{L}{2} - z\right)^2 \cdot z\,\mathrm{d}z - \frac{\Delta q}{L^2}\int_0^{L/2}\left(\frac{L^4}{16} - \frac{L^3}{6}z + \frac{z^4}{3}\right) \cdot z\,\mathrm{d}z$$

$$= \frac{q_0}{2}\left(\frac{L^2}{4} \times \frac{1}{2} \times \frac{L^2}{4} - L \times \frac{1}{3} \times \frac{L^3}{8} + \frac{1}{4} \times \frac{L^4}{16}\right) -$$
$$\frac{\Delta q}{L^2}\left(\frac{L^4}{16} \times \frac{1}{2} \times \frac{L^2}{4} - \frac{L^3}{6} \times \frac{1}{3} \times \frac{L^3}{8} + \frac{1}{3} \times \frac{1}{6} \times \frac{L^6}{64}\right)$$

$$= \frac{q_0 L^4}{16}\left(\frac{1}{4} - \frac{1}{3} + \frac{1}{8}\right) - \frac{\Delta q L^4}{16}\left(\frac{1}{8} - \frac{1}{9} + \frac{1}{72}\right)$$

$$= \frac{q_0 L^4}{384} - \frac{\Delta q L^4}{576}$$

第二积分项

$$\int_0^{b/2} M''M_0\,\mathrm{d}z = -\int_0^{b/2} \frac{p}{2}\left(\frac{b}{2} - z\right)^2\left(\frac{L}{2} - z\right)\mathrm{d}z$$

$$= -\frac{p}{2}\Big[\frac{L}{2}\int_0^{b/2}\Big(\frac{b}{2}-z\Big)^2\mathrm{d}z - \int_0^{b/2}\Big(\frac{b}{2}-z\Big)^2\cdot z\mathrm{d}z\Big]$$

$$= -\frac{p}{2}\Big[\frac{L}{2}\Big(\frac{b^2}{4}\times\frac{b}{2}-b\times\frac{1}{2}\times\frac{b^2}{4}+\frac{1}{3}\times\frac{b^3}{8}\Big)-\Big(\frac{b^2}{4}\times\frac{1}{2}\times\frac{b^2}{4}-b\times\frac{1}{3}\times\frac{b^3}{8}+\frac{1}{4}\times\frac{b^4}{16}\Big)\Big]$$

$$= -\frac{p}{2}\Big[\frac{L}{2}\times\frac{b^3}{8}\times\frac{1}{3}-\frac{b^4}{8}\Big(\frac{1}{4}-\frac{1}{3}+\frac{1}{8}\Big)\Big]$$

$$= -\frac{pb^3L}{96}+\frac{pb^4}{384}$$

综上得出

$$f_{1M}=\frac{1}{E_1I_1}\Big[\frac{L}{2}\Big(-\frac{\Delta qL^3}{80}+\frac{q_0L^3}{48}\Big)-\frac{q_0L^4}{384}+\frac{\Delta qL^4}{576}-\frac{pb^3L}{96}+\frac{pb^4}{384}\Big]$$

$$=\frac{1}{E_1I_1}\Big[\frac{q_0L^4}{96}\Big(1-\frac{1}{4}\Big)+\frac{\Delta qL^4}{32}\Big(\frac{1}{18}-\frac{1}{5}\Big)-\frac{pb^3L}{96}+\frac{pb^4}{384}\Big]$$

$$=\frac{1}{E_1I_1}\Big(\frac{q_0L^4}{32\times4}-\frac{13\Delta qL^4}{32\times90}-\frac{pb^3L}{96}+\frac{pb^4}{384}\Big)$$

将 $q_0=\bar{q}+\frac{1}{3}\Delta q$ 和 $P=\bar{q}L=pb$ 代入，得出弯矩引起的挠度为

$$f_{1M}=\frac{1}{E_1I_1}\Big[\frac{\Big(\bar{q}+\frac{1}{3}\Delta q\Big)L^4}{32\times4}-\frac{11\Delta qL^4}{32\times90}-\frac{\bar{q}b^2L^2}{96}+\frac{\bar{q}b^3L}{384}\Big]$$

$$=\frac{1}{E_1I_1}\Big(\frac{\bar{q}L^4}{32\times4}+\frac{\Delta qL^4}{32\times12}-\frac{13\Delta qL^4}{32\times90}-\frac{\bar{q}b^2L^2}{96}+\frac{\bar{q}b^3L}{384}\Big) \qquad (4\text{-}13)$$

$$=\frac{1}{E_1I_1}\cdot\frac{L^4}{32}\Big[\frac{\bar{q}}{4}-\frac{11\Delta q}{180}-\frac{\bar{q}}{3}\Big(\frac{b}{L}\Big)^2+\frac{\bar{q}}{12}\Big(\frac{b}{L}\Big)^3\Big]$$

$$=\frac{2}{\pi E_1}\Big(\frac{L}{D_1}\Big)^4\Big[\bar{q}\Big(\frac{1}{4}-\frac{b^2}{3L^2}+\frac{b^3}{12L^3}\Big)-\frac{11\Delta q}{180}\Big]$$

接下来计算由剪力引起的挠度，q_x 和 p 引起的剪力分别为

$$Q'=-\int_z^{L/2}q_x\mathrm{d}x=-\int_z^{L/2}\Big[q_0-\Delta q\Big(\frac{2x}{L}\Big)^2\Big]\mathrm{d}x$$

$$=-\Big[q_0\Big(\frac{L}{2}-z\Big)-\frac{4\Delta q}{L^2}\cdot\frac{1}{3}\Big(\frac{L^3}{8}-z^3\Big)\Big]$$

$$=-q_0\Big(\frac{L}{2}-z\Big)+\frac{\Delta q}{3L^2}\Big(\frac{L^3}{2}-4z^3\Big)$$

$$Q''=\int_z^{b/2}p\mathrm{d}x=p\Big(\frac{b}{2}-z\Big)$$

单位力引起的剪力为 $Q_0=-1$，根据莫尔积分有

$$f_{1Q}=\frac{K}{G_1F_1}\int_0^{L/2}Q'Q_0\mathrm{d}z+\frac{K}{G_1F_1}\int_0^{b/2}Q''Q_0\mathrm{d}z$$

$$= \frac{K}{G_1 F_1} \left\{ \int_0^{L/2} \left[q_0 \left(\frac{L}{2} - z \right) + \frac{\Delta q}{3L^2} \left(\frac{L^3}{2} - 4z^3 \right) \right] dz - \int_0^{b/2} p \left(\frac{b}{2} - z \right) dz \right\}$$

$$= \frac{K}{G_1 F_1} \left(\frac{q_0 L}{2} \times \frac{L}{2} - q_0 \times \frac{1}{2} \times \frac{L^2}{4} - \frac{\Delta q L}{6} \times \frac{L}{2} + \frac{4\Delta q}{3L^2} \times \frac{1}{4} \times \frac{L^4}{16} - p \times \frac{b}{2} \times \frac{b}{2} + p \times \frac{1}{2} \times \frac{b^2}{4} \right)$$

$$= \frac{K}{G_1 F_1} \left(\frac{q_0 L^2}{8} - \frac{\Delta q L^2}{16} - \frac{pb^2}{8} \right)$$

将 $q_0 = \bar{q} + \dfrac{1}{3} \Delta q$ 和 $P = \bar{q} L = pb$ 代入得出

$$f_{1Q} = \frac{K}{G_1 F_1} \left(\frac{q_0 L^2}{8} - \frac{\Delta q L^2}{16} - \frac{pb^2}{8} \right)$$

$$= \frac{K}{G_1 F_1} \left[\frac{\left(\bar{q} + \dfrac{1}{3} \Delta q \right) L^2}{8} - \frac{\Delta q L^2}{16} - \frac{\bar{q} L b}{8} \right]$$

$$= \frac{K}{G_1 F_1} \left(\frac{\bar{q} L^2}{8} + \frac{\Delta q L^2}{24} - \frac{\Delta q L^2}{16} - \frac{\bar{q} L b}{8} \right)$$

$$= \frac{K}{G_1 F_1} \cdot \frac{L^2}{8} \left[\bar{q} - \frac{\Delta q}{6} - \bar{q} \left(\frac{b}{L} \right) \right]$$

$$= \frac{K}{2\pi G_1} \left(\frac{L}{D_1} \right)^2 \left[\bar{q} \left(1 - \frac{b}{L} \right) - \frac{\Delta q}{6} \right] \tag{4-14}$$

由此得出

$$f_1 = f_{1M} + f_{1Q}$$

$$= \frac{2}{\pi E_1} \left(\frac{L}{D_1} \right)^4 \left[\bar{q} \left(\frac{1}{4} - \frac{b^2}{3L^2} + \frac{b^3}{12L^3} \right) - \frac{11}{180} \Delta q \right] + \frac{K}{2\pi G_1} \left(\frac{L}{D_1} \right)^2 \left[\bar{q} \left(1 - \frac{b}{L} \right) - \frac{\Delta q}{6} \right] \tag{4-15}$$

式中　D_1——工作辊辊直径，mm；

$\bar{q}$——辊间接触压力均值，kN/mm，$\bar{q} = \dfrac{P}{L}$（P 为轧制压力）；

L——工作辊辊身长度或辊面宽度，mm；

Δq——辊间接触区中部与边部单位压力差，kN/mm；

E——轧辊弹性模量，kN/mm^2 或 GPa；

G——轧辊剪切模量，kN/mm^2 或 GPa。

4.3.2.2　辊身中央与板边缘的挠度（忽略剪力作用）

辊身中央与板边缘的挠度计算公式为

$$f_{1b} = \frac{1}{E_1 I_1} \int_0^{b/2} M_b' M_{b0} dz + \frac{1}{E_1 I_1} \int_0^{b/2} M_b'' M_{b0} dz$$

q_x 和 p 引起的弯矩分别为

$$M_b' = M' = \frac{q_0}{2} \left(\frac{L}{2} - z \right)^2 - \frac{\Delta q}{L^2} \left[\frac{L^3}{2} \left(\frac{L}{8} - \frac{z}{3} \right) + \frac{z^4}{3} \right]$$

$$M_b'' = M'' = - \int_z^{b/2} p dx (x - z) = - \frac{p}{2} \left(\frac{b}{2} - z \right)^2$$

单位力引起的弯矩为 $M_0 = \dfrac{b}{2} - z$，先求第一个积分项为

$$\int_0^{b/2} M'_{\mathrm{b}} M_{\mathrm{b0}} \mathrm{d}z = \int_0^{b/2} \left\{ \frac{q_0}{2}\left(\frac{L}{2} - z\right)^2 - \frac{\Delta q}{L^2}\left[\frac{L^3}{2}\left(\frac{L}{8} - \frac{z}{3}\right) + \frac{z^4}{3}\right]\right\}\left(\frac{b}{2} - z\right)\mathrm{d}z$$

$$= \frac{b}{2}\int_0^{b/2} \frac{q_0}{2}\left(\frac{L}{2} - z\right)^2 - \frac{\Delta q}{L^2}\left[\frac{L^3}{2}\left(\frac{L}{8} - \frac{z}{3}\right) + \frac{z^4}{3}\right]\mathrm{d}z -$$

$$\int_0^{b/2} \left\{ \frac{q_0}{2}\left(\frac{L}{2} - z\right)^2 - \frac{\Delta q}{L^2}\left[\frac{L^3}{2}\left(\frac{L}{8} - \frac{z}{3}\right) + \frac{z^4}{3}\right]\right\} \cdot z\,\mathrm{d}z$$

对各小项分别求解

$$\int_0^{b/2} \frac{q_0}{2}\left(\frac{L}{2} - z\right)^2 - \frac{\Delta q}{L^2}\left[\frac{L^3}{2}\left(\frac{L}{8} - \frac{z}{3}\right) + \frac{z^4}{3}\right]\mathrm{d}z$$

$$= \frac{q_0}{2}\left(\frac{L^2}{4}\times\frac{b}{2} - L\times\frac{1}{2}\times\frac{b^2}{4} + \frac{1}{3}\times\frac{b^3}{8}\right) - \frac{\Delta q}{L^2}\left(\frac{L^4}{16}\times\frac{b}{2} - \frac{L^3}{6}\times\frac{1}{2}\times\frac{b^2}{4} + \frac{1}{3}\times\frac{1}{5}\times\frac{b^5}{32}\right)$$

$$= \frac{q_0 L^3}{16}\left[\frac{b}{L} - \left(\frac{b}{L}\right)^2 + \frac{1}{3}\left(\frac{b}{L}\right)^3\right] - \frac{\Delta q L^3}{16}\left[\frac{1}{2}\left(\frac{b}{L}\right) - \frac{1}{3}\left(\frac{b}{L}\right)^2 + \frac{1}{30}\left(\frac{b}{L}\right)^5\right]$$

$$\int_0^{b/2} \left\{ \frac{q_0}{2}\left(\frac{L}{2} - z\right)^2 - \frac{\Delta q}{L^2}\left[\frac{L^3}{2}\left(\frac{L}{8} - \frac{z}{3}\right) + \frac{z^4}{3}\right]\right\} \cdot z\,\mathrm{d}z$$

$$= \int_0^{b/2} \left\{ \frac{q_0}{2}\left(\frac{L}{2} - z\right)^2 \cdot z - \frac{\Delta q}{L^2}\left[\frac{L^3}{2}\left(\frac{L}{8} - \frac{z}{3}\right) + \frac{z^4}{3}\right] \cdot z\right\}\mathrm{d}z$$

$$= \frac{q_0}{2}\left(\frac{L^2}{4}\times\frac{1}{2}\times\frac{b^2}{4} - L\times\frac{1}{3}\times\frac{b^3}{8} + \frac{1}{4}\times\frac{b^4}{16}\right) -$$

$$\frac{\Delta q}{L^2}\left(\frac{L^4}{16}\times\frac{1}{2}\times\frac{b^2}{4} - \frac{L^3}{6}\times\frac{1}{3}\times\frac{b^3}{8} + \frac{1}{3}\times\frac{1}{6}\times\frac{b^6}{64}\right)$$

$$= \frac{q_0 L^4}{16}\left[\frac{1}{4}\left(\frac{b}{L}\right)^2 - \frac{1}{3}\left(\frac{b}{L}\right)^3 + \frac{1}{8}\left(\frac{b}{L}\right)^4\right] - \frac{\Delta q L^4}{16}\left[\frac{1}{8}\left(\frac{b}{L}\right)^2 - \frac{1}{9}\left(\frac{b}{L}\right)^3 + \frac{1}{72}\left(\frac{b}{L}\right)^6\right]$$

$$\int_0^{b/2} M''_{\mathrm{b}} M_{\mathrm{b0}} \mathrm{d}z = \int_0^{b/2} \frac{p}{2}\left(\frac{b}{2} - z\right)^2\left(\frac{b}{2} - z\right)\mathrm{d}z$$

$$= \frac{p}{2}\int_0^{b/2}\left(\frac{b}{2} - z\right)^2\left(\frac{b}{2} - z\right)\mathrm{d}z$$

$$= \frac{p}{2}\left[\frac{b}{2}\int_0^{b/2}\left(\frac{b}{2} - z\right)^2\mathrm{d}z - \int_0^{b/2}\left(\frac{b}{2} - z\right)^2 \cdot z\,\mathrm{d}z\right]$$

$$= \frac{p}{2}\left[\frac{b}{2}\left(\frac{b^2}{4}\times\frac{b}{2} + \frac{1}{3}\times\frac{b^3}{2} - b\times\frac{1}{2}\times\frac{b^2}{4}\right) -\right.$$

$$\left.\left(\frac{b^2}{4}\times\frac{1}{2}\times\frac{b^2}{4} + \frac{1}{4}\times\frac{b^4}{16} - b\times\frac{1}{3}\times\frac{b^3}{8}\right)\right]$$

$$= \frac{p}{2}\left(\frac{b^4}{48} - \frac{b^4}{192}\right)$$

$$= \frac{pb^4}{128}$$

综上计算得出辊身中央与板边缘的挠度为

$$f_{1b} = \frac{1}{E_1 I_1} \left\{ \frac{q_0 b L^3}{32} \left[\frac{b}{L} - \left(\frac{b}{L} \right)^2 + \frac{1}{3} \left(\frac{b}{L} \right)^3 \right] - \frac{\Delta q b L^3}{32} \left[\frac{1}{2} \frac{b}{L} - \frac{1}{3} \left(\frac{b}{L} \right)^2 + \frac{1}{30} \left(\frac{b}{L} \right)^5 \right] - \right.$$

$$\left. \frac{q_0 L^4}{16} \left[\frac{1}{4} \left(\frac{b}{L} \right)^2 - \frac{1}{3} \left(\frac{b}{L} \right)^3 + \frac{1}{8} \left(\frac{b}{L} \right)^4 \right] + \frac{\Delta q L^4}{16} \left[\frac{1}{8} \left(\frac{b}{L} \right)^2 - \frac{1}{9} \left(\frac{b}{L} \right)^3 + \frac{1}{72} \left(\frac{b}{L} \right)^6 \right] - \frac{pb^4}{128} \right\}$$

合并同类项

$$\frac{q_0 b L^3}{32} \left[\frac{b}{L} - \left(\frac{b}{L} \right)^2 + \frac{1}{3} \left(\frac{b}{L} \right)^3 \right] - \frac{q_0 L^4}{16} \left[\frac{1}{4} \left(\frac{b}{L} \right)^2 - \frac{1}{3} \left(\frac{b}{L} \right)^3 + \frac{1}{8} \left(\frac{b}{L} \right)^4 \right]$$

$$= \frac{q_0 L^4}{16} \left[\frac{1}{2} \left(\frac{b}{L} \right)^2 - \frac{1}{2} \left(\frac{b}{L} \right)^3 + \frac{1}{6} \left(\frac{b}{L} \right)^4 - \frac{1}{4} \left(\frac{b}{L} \right)^2 + \frac{1}{3} \left(\frac{b}{L} \right)^3 - \frac{1}{8} \left(\frac{b}{L} \right)^4 \right]$$

$$= \frac{q_0 L^4}{32} \left[\frac{1}{2} \left(\frac{b}{L} \right)^2 - \frac{1}{3} \left(\frac{b}{L} \right)^3 + \frac{1}{12} \left(\frac{b}{L} \right)^4 \right] - \frac{\Delta q b L^3}{32} \left[\frac{1}{2} \frac{b}{L} - \frac{1}{3} \left(\frac{b}{L} \right)^2 + \frac{1}{30} \left(\frac{b}{L} \right)^5 \right] +$$

$$\frac{\Delta q L^4}{16} \left[\frac{1}{8} \left(\frac{b}{L} \right)^2 - \frac{1}{9} \left(\frac{b}{L} \right)^3 + \frac{1}{72} \left(\frac{b}{L} \right)^6 \right]$$

$$= \frac{\Delta q L^4}{16} \left[-\frac{1}{4} \left(\frac{b}{L} \right)^2 + \frac{1}{6} \left(\frac{b}{L} \right)^3 - \frac{1}{60} \left(\frac{b}{L} \right)^6 + \frac{1}{8} \left(\frac{b}{L} \right)^2 - \frac{1}{9} \left(\frac{b}{L} \right)^3 + \frac{1}{72} \left(\frac{b}{L} \right)^6 \right]$$

$$= \frac{\Delta q L^4}{32} \left[-\frac{1}{4} \left(\frac{b}{L} \right)^2 + \frac{1}{9} \left(\frac{b}{L} \right)^3 - \frac{1}{180} \left(\frac{b}{L} \right)^6 \right]$$

由此得出

$$f_{1b} = \frac{1}{E_1 I_1} \left\{ \frac{q_0 L^4}{32} \left[\frac{1}{2} \left(\frac{b}{L} \right)^2 - \frac{1}{3} \left(\frac{b}{L} \right)^3 + \frac{1}{12} \left(\frac{b}{L} \right)^4 \right] + \right.$$

$$\left. \frac{\Delta q L^4}{32} \left[-\frac{1}{4} \left(\frac{b}{L} \right)^2 + \frac{1}{9} \left(\frac{b}{L} \right)^3 - \frac{1}{180} \left(\frac{b}{L} \right)^6 \right] - \frac{pb^4}{128} \right\}$$

$$= \frac{1}{E_1 I_1} \left\{ \frac{\bar{q} L^4}{32} \left[\frac{1}{2} \left(\frac{b}{L} \right)^2 - \frac{1}{3} \left(\frac{b}{L} \right)^3 + \frac{1}{12} \left(\frac{b}{L} \right)^4 \right] + \right.$$

$$\frac{\Delta q L^4}{32 \times 3} \left[\frac{1}{2} \left(\frac{b}{L} \right)^2 - \frac{1}{3} \left(\frac{b}{L} \right)^3 + \frac{1}{12} \left(\frac{b}{L} \right)^4 \right] +$$

$$\left. \frac{\Delta q L^4}{32} \left[-\frac{1}{4} \left(\frac{b}{L} \right)^2 + \frac{1}{9} \left(\frac{b}{L} \right)^3 - \frac{1}{180} \left(\frac{b}{L} \right)^6 \right] - \frac{pb^4}{128} \right\}$$

$$= \frac{1}{E_1 I_1} \left\{ \frac{\bar{q} L^4}{32} \left[\frac{1}{2} \left(\frac{b}{L} \right)^2 - \frac{1}{3} \left(\frac{b}{L} \right)^3 + \frac{1}{12} \left(\frac{b}{L} \right)^4 - \frac{1}{4} \left(\frac{b}{L} \right)^3 \right] + \right.$$

$$\left. \frac{\Delta q L^4}{32} \left[\left(\frac{1}{6} - \frac{1}{4} \right) \left(\frac{b}{L} \right)^2 + \frac{1}{36} \left(\frac{b}{L} \right)^4 - \frac{1}{180} \left(\frac{b}{L} \right)^6 \right] \right\}$$

$$= \frac{1}{E_1 I_1} \left\{ \frac{\bar{q} L^4}{32} \left[\frac{1}{2} \left(\frac{b}{L} \right)^2 - \frac{1}{3} \left(\frac{b}{L} \right)^3 + \frac{1}{12} \left(\frac{b}{L} \right)^4 - \frac{1}{4} \left(\frac{b}{L} \right)^3 \right] + \right.$$

$$\frac{\Delta qL^4}{32}\Big[-\frac{1}{12}\Big(\frac{b}{L}\Big)^2+\frac{1}{36}\Big(\frac{b}{L}\Big)^4-\frac{1}{180}\Big(\frac{b}{L}\Big)^6\Big]\Big\}$$

$$=\frac{1}{E_1I_1}\Big\{\frac{\bar{q}L^4}{64}\Big[\Big(\frac{b}{L}\Big)^2-\frac{7}{6}\Big(\frac{b}{L}\Big)^3+\frac{1}{6}\Big(\frac{b}{L}\Big)^4\Big]+$$

$$\frac{\Delta qL^4}{64}\Big[-\frac{1}{6}\Big(\frac{b}{L}\Big)^2+\frac{1}{18}\Big(\frac{b}{L}\Big)^4-\frac{1}{90}\Big(\frac{b}{L}\Big)^6\Big]\Big\}$$

$$=\frac{L^4}{\pi E_1D_1^4}\Big[\Big(\frac{b^2}{L^2}-\frac{7b^2}{6L^2}+\frac{b^4}{6L^4}\Big)\bar{q}+\Big(-\frac{b^2}{6L^2}+\frac{b^4}{18L^4}-\frac{b^6}{90L^6}\Big)\Delta q\Big]$$

$$f_{1b}=\frac{L^4}{\pi E_1D_1^4}\Big[\Big(\frac{b^2}{L^2}-\frac{7b^2}{6L^2}+\frac{b^4}{6L^4}\Big)\bar{q}+\Big(-\frac{b^2}{6L^2}+\frac{b^4}{18L^4}-\frac{b^6}{90L^6}\Big)\Delta q\Big] \tag{4-16}$$

式中　D_1——工作辊辊直径，mm；

　　　$\bar{q}$——辊间接触压力均值，kN/mm，$\bar{q}=\dfrac{P}{L}$（P 为轧制压力）；

　　　L——工作辊辊身长度或辊面宽度，mm；

　　　Δq——辊间接触区中部与边部单位压力差，kN/mm；

　　　E——轧辊弹性模量，kN/mm^2 或 GPa。

4.4　冷轧过程控制模型

冷轧过程机工艺控制模型为基础自动化提供轧制过程和板形的预计算设定值。通过与测量值的比较，设定值不断得到优化。改进后的设定值发送到基础自动化系统直接对轧机实施控制。一般，过程计算机主要包括以下几项基本功能：

（1）确定轧制策略与负荷分配；

（2）轧制过程设定计算；

（3）对轧制过程参数不断进行优化。

4.4.1　轧制策略与负荷分配

轧制策略为设定计算准备所需要的数据。当过程机中物料跟踪模块确认钢卷到达轧机前相应位置后，物料跟踪模块发出传输计算所需数据的请求，物料跟踪数据包、神经元数据和其他相应技术数据经计算后得到轧制策略部分最终计算结果，它将作为预计算的输入值发送到下一个计算模块。

（1）物料跟踪数据包括：当前卷和上卷数据、标准轧制指令和相关板形描述、操作者轧制指令和相关板形描述、轧辊数据等。它们分别存储在相应的数据库表中。

（2）技术数据包含：摩擦数据、材质数据、轧机数据等。

（3）最终计算结果包括：当前卷和上卷数据、材质数据、有效轧制指令和相关板形描述、轧辊数据和摩擦数据、平直度预设定策略、轧机极限数据和常量等。

4.4.1.1　轧制指令简介

轧制指令的确定主要是指压下分配，也可以称之为轧制规程的计算。它是根据原料的厚度、宽度以及钢种、轧辊辊径、电机容量限制条件、轧制负荷限制条件来设定连轧机各机架的目标厚度，并由此计算各机架辊缝和轧辊速度。在计算轧制规程时有以下几个基本原则：

（1）在考虑各机架的电机负荷、机械设备限制等基础上，确定各机架入口和出口的板厚。

（2）轧制过程中，为避免断带或机架间产生活套，在速度分配时必须坚持秒流量恒定的原则。

（3）根据轧机自身各机架的参数限制，在考虑轧机变形的同时，设定出能够得到目标厚度的辊缝。

事实上轧制规程的计算，是根据给定的入口和出口厚度制定轧制过程中可行的减薄途径，并由此决定辊缝和轧辊速度。

压下分配有绝对压下和分配比压下。绝对压下有绝对压下率分配、绝对轧制力分配两种方式。对于绝对指令，某个机架的压下值可以直接转化为厚度。

如果第二机架压下为

$$\varepsilon_2 = \frac{h_1 - h_2}{h_1}$$

这样只要知道机架入口或出口的厚度，则机架另一侧的厚度可以求得。

给出轧制压力的绝对值，以轧制压力为已知条件可以得到压下绝对值从而可以在已知一侧厚度的情况下求出另一侧厚度。

对于分配比压下，几个机架的压下值是为取得总的压下率而分配的相互影响的比例值。有三种不同方式的分配比指令：分配比压下率方式、分配比轧制力方式和分配比功率方式。由于分配比压下给出的是分配比例，所以要换算到压下分配率必须反复迭代直到得到满意解为止。轧制指令的分配必须遵循以下原则：

（1）绝对指令必须分配在第一或最末机架，即分配比指令的机架间不允许存在绝对指令。

（2）必须有至少两个机架是相对指令以便预计算能进行由于机架过载引起的压下重新分配。

（3）一个轧制指令中最多只能有一种相对方式。

（4）末架的轧制力分配不能大于一个临界值（相对于较薄、较硬的轧材）。

当轧材较薄、较硬时，轧辊的弹性压扁会过大（$R'/R \geqslant 4$），致使带钢两侧轧辊互相接触，此时对应的轧制压力为临界值。

以下也是轧制指令的一部分：单位张力、附加单位张力（用于降低低速轧制的轧制力，并在整个速度变化范围内得到较平稳的轧制力）、最大压下、最大单位轧制力、厚头值（定义穿带计算的出口厚度）、机架前后的带钢温度、机架前后的冷却因子、最大带钢入口速度、最大轧机出口速度、末架张力控制模式。

有三种结构相同但是来源不同的轧制指令即：自动轧制指令、标准轧制指令、操作者轧制指令。

标准轧制指令分级存储在数据库表中并根据相应的卷数据从材质跟踪模块中选取。它按四个指标进行分级：硬度、入口厚度、出口厚度、宽度。它们可以分别从相应的表中读取。

硬度级别大致分为Ⅰ（软）、Ⅱ（一般）、Ⅲ（较硬）、Ⅳ（最硬）四个等级；对于轧制硬度范围较宽的轧机和某些特种钢轧机还可以在此基础上进行扩充。

入口厚度级别根据热轧带钢厂来料可分为 1.8~2.00mm、2.01~2.2mm、2.21~2.70mm、2.71~3.5mm、3.51~4.3mm、4.31~6.0mm 六个等级。

出口厚度级别分为 0.15~0.3mm、0.31~0.7mm、0.71~1.0mm、1.01~2.0mm、2.01~3.3mm 五个级别。

带钢宽度分为 0.9~1.25m、1.26~1.5m、1.51~1.65m 三个等级。

操作者轧制指令是指操作者对轧制指令进行修改从而获得更好的设定值。

如果没有上述两种指令，则自动建立自动轧制指令，它存储在数据库表中，它仅可以是分配比轧制指令，但对末机架可以是绝对轧制力指令。

4.4.1.2 不同压下方式对应的厚度计算方法

A 采用绝对压下率方式时的厚度计算

当第一机架采用绝对压下方式时，入口厚度 H_0 已知，出口厚度 $h_1 = H_0(1-\varepsilon_1)$；第五机架如果采用绝对压下方式，则如果出口厚度 h_5 已知，那么 $h_4 = h_5/(1-\varepsilon_5)$。

绝对压下率方式一般用于第一、第五机架来加大压下或者改进表面质量，所以上述两式可以满足一般需要。其他机架可以以此类推。

B 采用绝对压下轧制力方式时的厚度计算

这种方式常用于 C 方式轧制，也就是将末机架作为平整机架从而控制表面粗糙度和板形。这时出口厚度和绝对轧制压力已知，可以求出入口厚度。由于轧制力为

$$P = B \times l_c \times Q_p \times K_T \times K \tag{4-17}$$

首先不考虑压扁，即 $R^l = R$，同时可以假设 $K_T = 1$，$Q_p = 1$

则有
$$P = B \times l_c \times K \times \sqrt{R \times \Delta h}$$

所以 $\Delta h_5 = \left(\dfrac{P_5^l}{B \times K}\right)^2 \Big/ R$，其中 P_5^l 为不考虑压扁而计算的轧制力值。

由此可以求出 h_4，再把 h_4、h_5 代入轧制力公式算出 K_T、Q_p、压扁半径 R^l 和 P_5（考虑轧辊压扁时得到的轧制力）。

这时可以对考虑压扁和不考虑压扁时算得的轧制力进行比较，二者的相差比例小于某定值时可以结束迭代，这时 h_4 就是所求厚度。否则取轧制力为 P_5，用迭代方法重新计算 Δh_5 并进而算得 h_4。反复迭代最终可以得到满意的 h_4。

如果这一方式用于第一机架，可以用相同的办法进行计算。

C 采用分配比压下率方式时的厚度计算

这种分配方式集中在相邻的中间机架，所以可以在绝对分配方式算出这几个相邻机架组成的机架序列的入口和出口厚度。例如，对于五机架轧机，可以是 1，2，3，4 机架采用分配比压下率方式而末架采用绝对分配方式。此时一架入口厚度 H_0 已知，四架出口厚度 h_4 可以用绝对分配方式求出而作为分配比压下率方式的输入值，进而可以算出中间机

架的厚度。

设这种方式下第 i 机架的压下参数为 $M(i)$。

首先要算出机架序列的平均压下率

$$\lambda_1 \times \lambda_2 \times \lambda_3 \times \lambda_4 = \frac{h_0}{h_4}$$

这里 $\lambda = \frac{1}{1-\varepsilon}$，$\varepsilon$ 为某机架的压下率。则可以假设 $\lambda_1 = \lambda_2 = \lambda_3 = \lambda_4 = \frac{1}{1-\varepsilon_m}$，其中 ε_m 为各机架的平均压下率。就可以得到

$$\varepsilon_m = 1 - \frac{1}{(h_0/h_4)^{1/4}}$$

则各机架近似出口厚度为

$$h_1 = h_0 \times (1 - \varepsilon_m)$$
$$h_2 = h_1 \times (1 - \varepsilon_m)$$
$$h_3 = h_2 \times (1 - \varepsilon_m)$$
$$h_4 = h_3 \times (1 - \varepsilon_m)$$

$$\varepsilon_i = M(i) \times \frac{\sum_{j=1}^{4} \varepsilon_{mj}}{\sum_{j=1}^{4} M(j)} \tag{4-18}$$

式中，$i = 1, 2, 3, 4$。

求得 ε_1、ε_2、ε_3、ε_4 近似值后，在入口厚度 H_0 已定的情况下可以用迭代方法修正各机架的压下率。设迭代次数为 n，n 的初始值为1，直到迭代计算得到的四架出口厚度与最初计算得到的四架出口厚度的差小于某一定值，才可以结束迭代；否则使 $n = n + 1$，再用迭代计算得到的四架出口厚度与最初计算得到的四架出口厚度的差来修正各机架压下率。所用的迭代方法如下：

考虑到

$$\lambda_m = \frac{1}{1 - \varepsilon_m}$$

则

$$\lambda_m^4 = \frac{1}{(1 - \varepsilon_m)^4} = \frac{h_0}{h_4}$$

所以

$$1 - \varepsilon_m = (h_4/h_0)^{1/4}$$

当第 $n-1$ 次迭代时获得的四架出口厚度仍然与计算值 h_4 不相等，可以认为

$$1 - \varepsilon_{m,n-1} = (h_{4,n-1}/h_0)^{1/4}$$

所以

$$(1 - \varepsilon_{m,n-1})/(1 - \varepsilon_m) = (h_{4,n-1}/h_4)^{1/4}$$

所以可以对 $\varepsilon_{m,n}$ 作如下的修正：

$$(1 - \varepsilon_{m,n}) = (1 - \alpha_n \varepsilon_{m,n-1}) \times (h_{4,n-1}/h_4)^{1/4}$$

其中的 α_n 为一待调系数，可以取 0.95 进行试算，获得 $\varepsilon_{m,n}$ 后再计算各机架出口厚度，获得 $h_{4,n}$ 后再判别，一旦满足判别条件则可以同时计算各机架出口厚度。

D 采用分配比的轧制力方法

用前面 A 节中的步骤计算出第一机架的出口厚度 h_1 作为后序机架的入口厚度，又用前面 B 节中的步骤计算出第五机架的压下率 Δh_5，在给定 h_5 的情况下，容易计算出 h_4 作为机架序列的出口厚度，由此可求出各机架的平均压下率 ε_m，又有 ε_m 可初步求出 $h_i(i = 2,3,4)$，通过 h_i 和 h_{i-1} 即可计算出第 i 机架的轧制力 $p_i(i = 2,3,4)$。而后进行轧制力分配如下

$$p_{i,n} = M(i) \times \frac{\sum_{j=2}^{4} p_j}{\sum_{j=2}^{4} M(j)} \tag{4-19}$$

求得各机架近似的 $p_{i,n}(i = 2,3,4)$ 后按照绝对轧制力方式的迭代算法计算出各机架的出口厚度，然后根据下式进行判别

$$\left| 1 - \frac{h_4}{h_{4,n}} \right| < \Delta \tag{4-20}$$

如果条件不满足可令 $n = n+1$，再次迭代计算 $p_{i,n}$。如果设应力状态系数 Q_p 不受出口厚度影响，则轧制力与接触弧长 l_c 成正比，亦可看作与 $\sqrt{\Delta h}$ 成正比。因此可得到轧制压力的迭代算法公式：

$$p_{i,n} = p_{i,n-1} \left(\sqrt{\frac{h_{0i} - h_{1i,n-1}}{h_{0i} - h_{1i}}} \right)^{\alpha_p} \tag{4-21}$$

式中，α_p 取小于 1 的数，可初选 0.9 计算，反复迭代计算，直到判别式满足。

E 采用分配比的功率方法

采用分配比的功率方法与上述采用分配比的轧制力方法完全一致。只需将式（4-19）、式（4-20）中的压力 $p_{i,n}$ 换为功率符号 $N_{i,n}$ 即可。

4.4.2 辊缝设定与速度设定

4.4.2.1 轧制力模型及辊缝设定

辊缝设定是轧制过程中最为重要的设定参数。它首先需要各机架负荷分配后的出口目标厚度，由选定的轧制压力模型计算出预轧制压力，在通过各机架弹跳方程计算后可得到辊缝设定值。各机架弹跳方程为

$$S_i = h_i - \frac{P_i}{C_{bi}} + \frac{P_{0i}}{C_{0i}} - O_i - S_{0i} \tag{4-22}$$

式中，S_i 为第 i 机架的相对辊缝，即含有机架和辊系弹跳的辊缝，不是绝对辊缝；P_i 是第 i 机架的预轧制压力；P_{0i} 是第 i 机架的预压靠力；C_{0i} 是第 i 机架的预压靠时的机架自然刚度；C_{bi} 是第 i 机架带宽为 B 的机架轧制时在线刚度；O_i 是第 i 机架油膜轴承的油膜厚度；S_{0i} 是第 i 机架的辊缝零位。

从弹跳方程式可以看出辊缝设定的计算步骤，其中轧制压力模型的选定和计算更为重要。在冷轧生产过程中，过程计算机关于辊缝的设定计算所使用的轧制压力模型大体有三种，这三种压力模型是 Bland-Ford 模型、W. L. Roberts 简化了的摩擦锥模型（称为 Roberts 模型）和 M. D. Stone 模型。

通过大量冷轧生产过程可以总结出这些公式在带钢小压下量时的情况下，它们具有一定精度的近似。对于三个轧制力模型系数的假定和计算可总结出几条结论。对每个模型采用同样的屈服强度计算公式；对各个模型推导的摩擦方程系数不一样，不同模型中的摩擦系数根据经验公式计算，公式中含有采用现数据回归分析得到的常数，还包括了带钢屈服强度、压下率、带钢张力、厚度和给定工作辊及速度等参数；在不同的模型中采用了不同的工作辊压扁半径公式。发现采用 Hitchcock 压扁半径公式的 Stone-Hitchcock 模型在带钢压下率大于 3%、小于 5% 时给出好的估算值，建议不要将它用于压下率小于 3% 的情况。在 Roberts 模型中需要根据情况选用不同的压扁半径公式，这决定于带钢的压下率和带钢的厚度。当带钢厚度大于 0.5mm 和压下率大于 3% 的时候，采用 Hitchcock 压扁半径公式，对于厚度小于 0.5mm 的很薄的带钢和压下率小于 3% 的情况，建议采用 Roberts 压扁半径公式。在带钢 h_1 厚度不大于 5.08 且各机架压下率大于 3% 的情况下，建议使用 Bland-Ford 模型的 Hill 简化公式，即（4-17）式的一种简化形式。而大部分正在生产的冷连轧机可满足 Bland-Ford 模型的 Hill 简化公式所要求的条件。重写 Bland-Ford 模型的 Hill 简化公式如下

$$P = Bl_c Q_P K \tag{4-23}$$

$$l_c = \sqrt{R'\Delta h} \tag{4-24}$$

$$R' = \left(1 + 2.2 \times 10^{-5} \frac{P}{B\Delta h}\right)R \tag{4-25}$$

$$K = 1.15\sigma \tag{4-26}$$

$$Q_P = 1.08 + 1.79\mu\varepsilon\sqrt{1-\varepsilon}\sqrt{\frac{R'}{h}} - 1.02\varepsilon \tag{4-27}$$

式中　μ——摩擦系数；

R——轧辊半径，mm；

R'——压扁状态下的轧辊半径，mm；

P——轧制压力，N；

B——轧件宽度，m；

Δh——绝对压下量，mm；

ε——变形程度，$\varepsilon = \dfrac{h_0 - h_1}{h_0}$；

K——平面变形抗力，见式（4-23）。

使用式（4-23）和式（4-25）两式反复迭代计算，直到获得满意精度的稳定轧制压力值。

4.4.2.2　轧制速度的设定

在计算轧制速度设定值之前，首先要计算出各机架的前滑值，工艺参数和轧制力矩和

轧制功率所决定的末架最大轧制速度，再使用秒流量相等公式计算出各架速度。多数控制系统中选用的前滑模型为 Bland-Ford 简化的公式：

$$f = \frac{1}{2} \frac{\Delta h}{h} \left(1 - \frac{1}{2\mu} \sqrt{\frac{\Delta h}{R}} \right)^2 \tag{4-28}$$

式（4-28）是由式（4-26）推导出来的。通过大量的计算和实际生产过程数据的回归总结知道影响前滑值的主要因素是变形程度 ε，当 ε 从 0.1 到 0.5 时，f 将从 2.6% 变到 16.8%，而 h 变化和 μ 变化的影响仅为前滑值的 2% 左右。为此，在实际应用中可以使用 Bland-Ford 模型的统计公式，它与使用 Bland-Ford 模型公式计算，误差小于 2%。

$$f = 0.0015 + 0.222\varepsilon + 0.222\varepsilon^2 \tag{4-29}$$

A 穿带速度设定

设 v_{th} 为末机架的穿带速度，有

$$h_i v_{ti} = h_5 v_{th}$$

穿带的轧辊线速度应为

$$v_{t0i} = v_{ti} / (1 + f_i) \tag{4-30}$$

式中 v_{th}——由轧制规程确定的末机架带钢出口穿带线速度，m/s；

v_{t0i}——第 i 机架轧辊穿带线速度，m/s；

v_{ti}——第 i 机架带钢穿带线速度，m/s；

f_i——第 i 机架前滑系数。

B 最大末架出口速度的确定

最大末架出口带钢的线速度 v_{max} 通常由末机架主电机功率和允许轧制力矩所决定。或由操作员经验确定。各机架最大带钢允许的线速度为

$$v_{max,i} = KD_i N_i \eta_i (1 + f_i) / M_i \tag{4-31}$$

式中 $v_{max,i}$——第 i 机架最大带钢允许的线速度，m/s；

N_i——第 i 机架主电机功率，kW；

M_i——第 i 机架的轧制力矩，kN·m；

D_i——第 i 机架工作辊辊径，mm；

η_i——第 i 机架传动系统效率；

K——与各变量单位有关的系数。

对于机组最大出口线速度的确定应当考虑一定的裕量，此时的主令速度应为 95% 的最大允许速度。主令速度是指基准机架的设定速度，它包括穿带、加减速、稳态轧制和过焊缝任何运行状态时刻的基准机架的设定速度。

C 各机架相对速度设定值的确定

在得到各机架的目标厚度和基准机架任何运行状态的速度设定值后，就可以得到各机架的速度设定值。假定现以第五机架为基准机架，第 i 机架轧辊穿带线速度 v_{0i} 为

$$v_{0i} = v_{05} \frac{h_5 (1 + f_5)}{h_i (1 + f_i)} \tag{4-32}$$

4.4.3 板形（凸度）设定模型

冷轧带钢的出口断面形状虽然一般要用四次多项式描述，但由于其主要部分还是二次凸度 CR_2，而且用于执行板形预设定模型计算结果的弯辊或 CVC（新 VC 辊等）辊的调节能力亦主要是二次凸度，因此预设定模型将忽略断面形状曲线的细节，以总的凸度（板宽中心点厚度与边部标志点厚度之差）为目标来建立模型。

采用凸度方程

$$CR = \frac{P}{K_P} + \frac{F}{K_F} + E_\omega(\omega_W + \omega_0) + E_H\omega_H + E_C\omega_C + K_{CR}CR_0 \tag{4-33}$$

现对此式分析如下：

（1）式子右边第一项表述了由于轧制力引起的辊系弯曲（压扁）变形对有载辊缝形状的影响，其中 K_P 称为与轧制力有关的横向刚度，K_P 与辊系尺寸及带宽有关，考虑到对已定的轧机来说可变的仅是支撑辊直径 D 和带宽 B，因此需对具体轧机建立下述函数式：

$$K_P = f(D, B)$$

严格说 P/K_P 应改为 $\frac{P/B}{K'_P}$（单位宽度轧制力沿带宽的分布，即 $p(x)$ 是影响辊系弯曲（压扁）变形的主要因素）考虑到 $K'_P = f(D, B)$，如设 $K_P = BK'_P$，则 $K_P = f(B, D)$，因此亦可用 $\frac{P}{K_P}$ 表示。

（2）式子右边第二项表述了弯辊力引起的辊系弯曲变形对有载辊形状的影响，弯辊力可为绝对值，但一般常采用百分率，即最大弯辊力的百分之多少。K_F 亦与辊系尺寸有关，并与支撑辊和工作辊的有效接触长度有关，因此支撑辊两端的修形以及 HC 轧机中间辊的抽动都将影响 K_F 值，为此需对具体轧机建立下述函数式：

$$K_F = f(D, \Delta d)$$

其中，D 为支撑辊直径，Δd 为修形长度或 HC 轧机支撑辊抽动量。

（3）综合辊型（$\omega_W + \omega_0$），其中 ω_W 为磨损辊型，ω_0 为原始辊型，E_ω 为与带宽有关的影响系数。

（4）轧辊热辊型 ω_H，由于冷连轧在末架采用了分段冷却对热辊型进行调节，因此在式中单独列项 E_H 为与带宽有关的影响系数。

（5）可调轧辊辊型 ω_C，可以是 CVC 技术，亦可以是其他可调轧辊辊型的技术（新 VC 辊、DSR 辊等）；E_C 为与带宽有关的影响系数。

由于凸度 CR 是指带宽中点与带边标志点之差，因此，所有的辊型（$\omega_W, \omega_0, \omega_H, \omega_C$）都需乘上与宽度有关的系数 E。式中右边最后一项为轧机入口处带钢凸度 CR_0 对出口凸度 CR 的影响，K_{CR} 为凸度转移系数，用此凸度方程可反推出弯辊力与凸度的数学关系式：

$$F = K_F CR - K_\Sigma$$

$$K_\Sigma = f(P, \omega_H, \omega_C, \omega_W, \omega_0, CR_0, B)$$

同样可建立 CVC 辊窜动量 Δl 与凸度的数学关系式。

由于
$$\omega_C = \alpha \Delta R B^2 \cdot \Delta l = K_l \cdot \Delta l$$

式中 B——带宽；

ΔR——辊形曲线（最大及最小直径之差）；

α——系数。

则
$$\Delta l = \frac{1}{E_C K_l} CR - K'_\Sigma$$

$$K'_\Sigma = f(P, \omega_H, \omega_W, \omega_0, CR_0, B)$$

确定 F，Δl 设定值的准则是保持每个机架出口相对凸度恒等，即

$$\frac{CR_i}{h_i} = \frac{\Delta}{H_0}$$

式中，Δ 为热轧来料凸度；H_0 为热轧来料厚度，由于分段冷却留作反馈控制用，设定模型不对其计算，仅仅根据带钢温度确定冷却剂量总量。

此外，为了留有前馈控制的能力，对弯辊力的设定要留有余地。

由于弯辊力及 CVC 辊抽动都可用来改变出口凸度，因此需制订一个分配的原则：

（1）对于 $C_1 \sim C_4$，一般仅设置正弯辊，为了留出弯辊在前馈板形控制时的能力，可以首先设定弯辊力为 50%，然后再设定 CVC 辊窜动量。当 CVC 辊窜动量达到 80% 仍不能满足凸度要求时再返回来变动弯辊设定。

（2）对于 C_5 由于设置了正负弯辊，可以首先设定 CVC 辊抽动量为 50%，然后再设定弯辊来满足凸度的要求。由于要用弯辊进行前馈 ASC，以及要用弯辊及 CVC 辊进行平坦度反馈控制，因此希望都留有余地，如使用过多表明轧辊原始凸度没有设计好，应加以改进。

由于凸度方程（有载辊缝形状）涉及多种因素，计算复杂又无法实测加以验证，$C_1 \sim C_4$ 由于没有凸度检测仪及平坦度检测仪，因此无法进行自适应，目前不少冷连轧对弯辊及窜辊的设定往往采用经验值存于轧制规范中，设定时取出经验值乘上一些修正系数后直接用于设定，或由操作人员作修正后用于设定。

随着凸度仪的采用，哪怕只是两点测厚（带宽中心点及一侧边部标志点），使板形（凸度）设定模型得到检验，并可投入模型自适应和自学习，必将可使设定精度提高到更高的水平。

一般来说，不同规格（厚度和宽度不同）的带钢，5 号机架工作辊弯辊力和 CVC 位置是不一样的。在动态规格改变时，若前后两根带钢的规格不同，就要在恰当的时间内及时调节弯辊力和 CVC 位置值。在什么时候进行 CVC 位置和工作辊弯辊力的调节，要根据是常规轧制还是全连续轧制而定。

（1）全连续轧制。在全连续轧制时，带钢在轧机中是不间断轧制的，因此要在完成动态变规格的同时完成弯辊力和 CVC 位置值的预设定。

当动态规格变化中的带钢焊缝到达 1 号机架前的 2 号探孔位置时，计算机将为下一根带钢预计算出新的工作辊弯辊力和 CVC 位置值。但这时仅把 CVC 位置值发给基础自动化控制器，这是因为 CVC 位置的调节要求轧辊具有一定的速度，并且 CVC 调节装置

本身的调节速度较慢。因此当焊缝到达 1 号机架前的 3 号探孔位置且轧线降速时就必须进行第 5 号机架 CVC 位置的调节。此期间内带钢板形由工作辊弯辊来控制。当焊缝通过第 5 号机架时，计算机才把新带钢的弯辊力设定值传送给基础自动化控制器，由于工作辊弯辊的响应速度极快，因此工作辊弯辊能够及时地从前一带钢状态切换到新带钢状态上来。

（2）常规轧制。在常规轧制时，一卷带钢轧制完成后，第 5 机架处于静止状态。由于 CVC 位置调节要求轧辊转动并具有一定的速度（300m/min 以上），因此当前面一卷带钢的带尾通过 5 号机架后，轧机入口侧不能马上穿带，而应让带头停在 1 号机架前，然后仅使 5 号机架升速至 300m/min，5 号机架轧制力加大到 1.2MN 左右。当满足上述条件时，CVC 位置开始从前一带钢位置调节到新带钢位置上来。上述调节过程大约需要 1 分钟。当调节结束后，计算机发出 5 号机架停车命令，并给出预设定结束信号，这时轧机才可以开始穿带。

通常，当前后两条带钢的 CVC 位置值相差不足 5mm 时，上述预设定可不进行。反之，当超过 5mm 时，必须进行 CVC 位置的预设定。

根据钢种、带厚、带宽、5 号机架轧制力、5 号机架支撑辊使用时间（以轧制的吨位计）的不同，5 号机架工作辊弯辊力和 CVC 位置的预设定值的组合共有上万组。

一般来说，工作辊弯辊力和 CVC 位置的设定值都是经验值，是由工艺工程师按经验在计算机终端上通过相应的预设定画面逐个输入的。同样，工艺工程师也可在计算机终端上通过预设定画面显示已经输入到计算机中的弯辊力和 CVC 位置值并对其进行修正。由于这些设定值对板形控制起着重大的作用，故不能随意改变，更要防止由于疏忽而破坏这些数据。为此，在输入新的预设定数据或对预设定数据进行修改以前，必须给计算机输入相应的密码，如果计算机检查输入密码准确，才准输入或修改。

预设定值的优化有两种方法：一是由工艺工程师每隔一段时间把在实际轧制中积累的经验通过计算机终端上的预设定画面进行修正；二是由计算机控制系统根据实际轧制过程中获得的工作辊弯辊力和 CVC 位置值自动地按一定方法对存储在计算机中的预设定值进行修正。通过上述两种办法，随着轧制过程的不断进行，5 号机架工作辊弯辊力和 CVC 位置将不断得到优化，并且与实际的轧制条件越来越吻合，保证带钢具有良好的板形。

4.4.4　轧制规程的优化

（1）轧辊数据。它存储在表中，主要包括：上下辊的 ID 号、直径、粗糙度、辊形状因子、温度和磨损凸度、润滑数据。

（2）材质数据。它存储在表中，主要包括：轧材强度初值、增量值、指数值、温降斜率、合金组分、热传导系数、热容、密度等。

（3）摩擦数据。它按润滑级别、粗糙度级别存在表中并根据轧机实际状况提取，具体包括：低速摩擦因子、速度摩擦因子、磨损摩擦因子、摩擦因子基准值。

（4）板形描述。板形描述包含板形控制信息。板形描述是由基础自动化的板形控制系统进行预描述后经由一个计算请求传送到过程计算机，轧制策略只是将它传递给板形计算程序（与轧制指令相同，存在标准板形描述和操作者板形描述）。

（5）板形预设定策略。为进行板形调节因子的预设定计算，必须决定单个调节因素（弯辊、横移等）的哪种策略用于得到参考辊缝曲线。预设定策略由以下参数描述：调节因素初值，该调节因素是否被使用的标志、在带钢存在缺陷条件下是否使用该因素的实际值、若可能此实际值是否应该被保留，调节因素的优先级，控制保留值。

（6）实现轧制策略计算的三个子程序包。

上述数据的准备通过以下三个函数来实现：

（1）MATERIAL_DATA_PREPARATION：它根据物料跟踪模块的请求决定哪一卷数据的数据包应该被收集并收集这些数据。如果这个数据包不存在，则建立它。其中的材质硬度值从神经元网络中检索出来。如果这些值与上卷得到的值（短时间模型因子）相似，则短时间模型因子将被存储到模型因子结构中。

（2）OPERATOR_AND_CLASS_DATA：除了材质数据外，此函数包含了所有的按级别分类和操作者设定数据的处理。平直度指令相关数据从 PLANT_DATA 表中得到。

摩擦数据从 TECH_DATA 表中根据润滑和辊的粗糙度级别选取。通过三种不同类型的轧制指令的编译处理在这个函数中建立有效的轧制指令。

（3）PLANT_AND_CONTROL_PREPARATION：此函数读入所有轧机极限、常量、控制信息（从 PLANT_DATA 和 TECH_DATA 表）。

4.5 轧制过程计算步骤和内容

4.5.1 预计算

预计算具体分为以下几个部分：

（1）入口绝对指令的压下设定计算。

（2）出口处绝对压下指令的设定值计算。

（3）分配比轧制指令的压下设定计算。

（4）平直度设定值计算。

（5）其余压下设定值的计算。

（6）穿带和动态变规格的计算。

预计算得到在轧制策略部分决定的有效轧制指令对应的各机架出口厚度。而整个过程机计算的目的就是在考虑到轧机极限和技术条件极限的前提下得到轧制指令所规定的压下分配。

共有五种类型的压下指令，详细内容已在前节中叙述。它们是：压下百分比类型的绝对压下指令（%）、单位轧制力绝对指令（N/m）、分配比压下百分比指令（%）、分配比轧制力指令（N/m）、分配比功率指令（Nm/s）。

轧机极限包括：最大轧制力、最大压下、轧制力矩、轧辊转速、绝对张力、单位张力、弯辊力、横移。

技术极限包括：轧制力、压下、带钢入口出口速度。为留有控制裕度，技术极限值首先要乘以小于1的系数。

4.5.1.1 轧制模型的神经网络计算

与材质硬度相关的神经元网络数据已经由轧制策略提供，在预计算过程中每个机架的设定值与各机架相关的数据被读入，机架相关数据具体包括：轧制力系数、轧制力矩系数、前滑系数。而每个模型因子是由神经网络读到的如下三个系数的乘积：长期模型因子、短期模型因子、速度相关模型因子。

4.5.1.2 入口绝对指令的压下设定计算

首先，如果入口存在绝对压下指令，那么带钢在该机架的出口厚度是可以计算出来的。而后轧制力、力矩、压下、前滑等设定值可以被计算出来。上述参数可以用辊缝中变形抗力分配的数值积分方法求出：轧制力是变形抗力在垂直方向的积分值，轧制力矩是变形抗力在垂直方向分量与相应力臂乘积的积分值并由张力影响进行修正。

在上述计算过程中必须考虑绝对张力限制。如果需要，单位张力将被限制到绝对张力极限值对应的单位张力、带钢宽度、厚度共同决定的值。同样，其他的轧机极限、技术条件极限也应考虑；如果超出，将被限制在极限值范围内。

4.5.1.3 出口处绝对压下指令的设定值计算

这一计算从末架开始，其具体计算过程与入口绝对指令的压下设定计算相似。

4.5.1.4 分配比指令的压下设定计算

其余没有用绝对指令计算的机架的设定，都采用机架间分配比指令计算完成。入口处采用绝对指令计算后，其轧后厚度即为分配比指令计算的入口厚度；出口处采用绝对指令计算后，得到的该机架入口厚度值是分配比指令的出口厚度。

对于每次道次计算，只能采用一种类型的分配比指令。如果带钢在分配比指令开始处的厚度初值知道了，则轧制力、轧制力矩、前滑等可求。与绝对指令一样，绝对张力的限制要被考虑。如果单位张力计算值超过绝对张力极限的限制，则要被带钢宽度、厚度、绝对张力共同决定的值取而代之。同样，在轧制策略中考虑的其他轧机极限、技术数据极限也要被考虑。如果这些极限被超越，则它们一定会被限制到极限允许的范围以内。

如果总的压下值没有达到，分配比指令得到的压下值将会按照轧制策略得到的压下分配比例重新进行各机架出口厚度值的调整。这一调整同样要受到轧机极限和技术条件极限的限制。

4.5.1.5 平直度设定值计算

考虑到各种工艺因素对板形的可能影响，用数学模型的方式为板形闭环控制得到最优的设定值和有效因子。下列输入数据与板形预设定相关：

（1）板形参考值（包括入口和卷取带钢端面轮廓、边降，而板形目标曲线是板形调节因素计算的目标值）。

（2）预设定策略（各种调节因子的优先级、初始值和极限值是进行调节因素计算的基础）。

（3）轧辊数据：轧辊的尺寸、几何形状、材质是弯辊模型的输入值。

（4）道次计算的负荷分配：道次计算的厚度分配、轧制力是辊缝和弯辊模型的输入值。

4.5.1.6 道次计算

为了计算板形设定，道次计算使用了四个不同的模型：

（1）辊缝模型：道次计算给出了沿辊缝端面的平均单位轧制力，这一轧制力代表着板形计算的工作点。对于弯辊模型和各调节因子的计算，我们还需要带钢宽度方向的轧制力分配。而辊缝模型正是在入口和卷取带钢断面、边降、平直度目标曲线基础上得到的张力分配的基础上得到轧制力的端面分配，并进一步作为弯辊和平直度调节因子的计算输入值。

（2）弯辊模型：根据弯辊力矩、辊压扁分配计算弯辊曲线形状和辊缝断面分配，而弯辊力矩、辊压扁分配的影响因素有：轧制力、弯辊力、辊间压力分配状况、辊与带钢间压力分配状况、辊的几何尺寸等。计算由数值积分完成，实际的压力分配由迭代方法完成。

弯辊模型计算所有决定辊缝的因素有：

1）工作点的辊缝形状取决于过程机计算轧制力、辊缝模型计算得到的轧制力分配、弯辊力、辊凸度、辊直径、辊长度、辊弹性模量等等。

2）轧制力对辊缝的影响系数。

3）辊横移对辊缝的影响系数。

4）轧制力断面分配对辊缝的影响系数。

在上述影响系数的基础上，计算平直度模拟曲线。这一模拟曲线为板形控制系统所需要。

（3）轧辊温度和磨损模型：在各种测量值（轧制力、辊速度、冷却分配、冷却温度）的基础上，可以计算辊的热凸度分配，它是弯辊模型的输入值，并为后来的后计算和自适应存储起来。

（4）辊磨损模型：在各种测量值（轧制力、辊速度）的基础上，计算实际的磨损凸度。

（5）调节因子计算：在弯辊模型计算结果的基础上，计算调节因子的设定值。可以计算调节因子的有效系数（弯辊、横移、轧制力）来描述调节因子值与辊缝的二次、四次方部分变化值的关系。弯辊模型计算的有效系数应用于辊缝计算的实际工作点。

在以实际工作点为起点的二次、四次方（调节因子的校正范围），利用调节因子的手段得到目标辊缝。在带钢入口辊缝和压下的基础上可以计算目标辊缝。

计算调节因子设定值时，应考虑它们的优先级。得到目标板形最少需要两个调节因子。设定值计算总是使用一对调节因子。调节因子的范围被限定，一旦一个越限，两个值都被调节以保证不越限，即操作总在目标板形和板形实际状态之间完成。这种方法在下一个调节因子以更低的优先级进行。这种方式保证整个调节过程的协调一致。

如果轧制力作为板形的调节手段，则过程计算的轧制力值会被板形计算降低。这时会重新进行过程计算来分配压下分配。

4.5.1.7 其余压下设定值的计算

如果轧机压下分配已经知道，以下压下设定值可以被计算：

（1）前滑：在轧制模型中计算，它用来描述带钢速度超过轧辊转速的比例。

（2）补偿张力：计算补偿张力从而保证穿带速度时和正常生产速度时轧制力恒定。

（3）绝对张力：在有效轧制指令的单位张力的基础上，计算绝对张力，自动限制在轧机允许的范围内。

（4）机架速度关联：在带钢厚度和前滑的基础上，计算每机架的速度。

（5）最大轧制速度：它是最大旋转速度、机架和卷取最大功率决定速度、轧制指令最大速度的最小值。

（6）机架刚度：轧制力变化和机架变形量的比值。

（7）带钢刚度：厚度变化和轧制力变化的比值。

（8）轧辊梭形计算：所有机架都要进行此计算。如果前后两卷相同或相似，则轧辊压扁、横移、弯辊用原来值，否则重新调用弯辊模型计算。如果末机架的轧制力的轧辊梭形部分超过一限度，末机架的压下被限制以限制辊梭形（所谓辊梭形是指当轧制硬料和薄料时，可能出现带钢外侧上下轧辊两端互相接触的现象）。

（9）带钢温度模型计算：计算带钢温度增加和机架间带钢的温度降。温升在轧制模型中计算，温降是由于辊与带钢间热传导、带钢表面热辐射、带钢与冷却润滑液之间的热交换。操作者可以调整轧制指令中的压下或最大轧制速度来改变此温度。

（10）冷却液流量计算：每机架后带钢温度可以被操作者预设定。如果出口温度没有给出，则按照最大流量计算。

（11）冷轧过程轧制力、力矩、前滑的计算：轧制力计算是在前述数学模型的基础上进行。辊缝中带钢被沿轧制方向分成垂直的小条，由于带钢的加工硬化其屈服应力逐条增长并且逐机架增长。带钢的屈服应力 σ_s 可以认为是累计变形程度 ε_Σ 和三个参数 a_1、a_2、a_3 的函数。

$$\sigma_s = a_1 (\varepsilon_\Sigma + a_2)^{a_3} \tag{4-34}$$

三个参数将会根据化学成分由神经元网络估算。在这些参数和进一步的过程机计算的帮助下，数学模型会计算出轧制力、力矩、前滑。为了得到神经元网络的训练值，首先要根据实测轧制力计算出每个机架的屈服应力，而后由五个机架的屈服应力进行回归，从而得出三个参数。

在上述材质变形抗力神经元网络计算的基础上，还有几种神经元网络为数学模型提供校正因子。神经元网络将按一定次序训练。首先是材质变形抗力神经元网络，而后它将被冻结而机架校正网络开始训练，如此继续下去。每个网络将会修正上一个网络留下的错误。

4.5.1.8 穿带设定值计算和变规格设定值计算

穿带设定值计算在轧机压下分配的基础上，每机架穿带值计算出轧制力、前滑、机架压下（指机架的螺丝压下）。此时特别处在于出口张力为零，穿带速度摩擦因子。

螺丝压下取决于穿带轧制力、出口厚度、机架变形、温度磨损和压扁、弯辊、轴承油膜浮动。

对连轧机来说，动态变规格计算包括楔形位置、楔形长度的计算。轧制程序是根据计算相关于带钢的运动来改变的，以便于每机架在带钢的相同位置利用预计算来调节。焊缝的位置跟踪是贯穿轧机始终的。实际焊缝位置在程序中被描述为一个楔形区域。计算重置是在楔形位置到达后而在到达下一个机架时终止。

首先，楔形段在第一机架由一机架厚控的设定值控制产生。后续机架的计算重置是由速度关联决定的，而且带钢的厚度和张力将会与带钢运动相应比例地改变。

4.5.2　后计算

过程机的任务是用模型因子去调节技术模型并在带钢进入轧机后在工作点为基础自动化系统保持设定值。轧制过程中过程机周期性地得到带钢某一段的测量值。过程机模型将用模型因子和测量值对设定值进行调节，这部分计算称为后计算。通过后计算，轧制模型可以更接近轧机的实际状态和材质的实际硬度特性。

后计算一般每3s激活一次。如果后计算的结果与预计算相差过大，就可能需要重新进行负荷分配，否则有可能超越基础自动化允许的调节范围。计算后的设定值（轧制力、轧制力矩、压下）将进行校验是否超过轧机设备极限和技术条件极限。如果超过，将减少压下值以保证不再超越这些极限值。

一旦后计算模式被选定，新的设定值将被发送到基础自动化系统，如：带钢厚度、速度关联、最大轧制速度、前滑、弯辊、横移。绝对张力一定要保持恒定。如果带钢厚度发生变化，单位张力需要进行调整。后计算与预计算包含有相同的函数，只是在下列方面不同：

（1）不同的轧机极限值。后计算采用与预计算不同的最大轧制力、最大轧制力矩、最大轧辊转速，因为后计算的控制目标明确。

（2）没有穿带计算。后计算过程是穿带完毕后开始，所以不需要穿带计算。

（3）动态变规格及压下重新分配。如果轧机需要重新进行压下分配，它将会按照和冷轧机连续操作的动态轧制程序变换（动态变规格）相似的方式进行。对于基础自动化来说不同的是，动态轧制程序变换必须重置厚度控制闭环，而重新进行压下分配需要厚度控制闭环恒定。这一方法的优点是会达到尽可能小的厚度偏差。后计算中压下的重新分配是在轧机测量值的基础上进行的。过程机发出重新进行压下分配的指令后，基础自动化要立即进行压下重新分配。

在轧机中同一时间只可能进行一次压下重新分配。所以只有在先前的压下重新分配结束的情况下才可能进行新的压下重新分配。

（4）需要判断是否需要压下重新分配。如果后计算中轧制力、压下、带钢厚度值偏离相关测量值超过某个值，则需要重新进行压下分配。

（5）平直度后计算。平直度后计算决定平直度调节因子的设定值。它与平直度预计算大致相似，后计算中由于计算时间的原因弯辊模型不再被调用，而且弯辊模型已经被模型自适应部分调用（正是模型自适应激活了后计算功能），所以轧辊的热凸度和磨损可以说在后计算时已经被考虑。后计算中使用和预计算相同的调节因子有效系数。

后计算中调节因子的预设定策略与预计算不同。平直度调节因子的优先级别被改变，更快的调节因子（弯辊）具有更高的优先级。平直度调节因子的初值被设为轧机的实际值。

（6）对各函数的说明。轧制过程计算要在轧制策略、温度磨损、神经元网络数据的基础上计算设定值。

1）压下分配计算。它由程序模块 Reduction-Distribution-Calculation 在如下数据基础上完成：有效轧制指令、卷数据、辊数据、材质数据、轧机极限、轧制模型因子、机架相关神经元网络的输入数据。

2）弯辊模型。每机架辊缝形状和板形控制因子的有效系数要用程序模块 Reduction-Distribution-Calculation 的结果和温度凸度磨损的结果来计算。

弯辊模型的结果（轧制力断面分配）存储起来并用于温度和磨损的计算。

3）平直度设定值计算。为基础自动化中平直度控制闭环的调节因子的预调整做准备。平直度设定值用下述数据来计算：平直度调节因子预设定策略、操作者平直度指令、轧制设定值、平直度模型的机架相关神经元网络的输入数据。

4）其余轧制设定值计算。压下分配、卷数据、辊数据、材质数据和摩擦数据是计算其他设定值的基础。这个函数具体计算：轧制速度、压下、穿带设定值、辊梭形、材质常量、机架常量、变规格设定值。

压下重新分配：如果由于轧制力的原因没有达到总压下，则需重新计算压下分配。

辊梭形限制：如果末机架轧制力的辊梭形部分超过一定限度，末机架的压下会限制到一个范围内。

4.6　模型自适应和神经元网络训练

4.6.1　技术描述

过程计算机的任务是用模型因子调整技术模型来为基础自动化系统保持最佳设定值。过程计算机在轧制过程中周期性地搜集测量值。过程计算机中的模型被测量值和模型因子不断调整。最终的模型因子将被继承用于随后的设定值计算。利用新的模型因子，对当前带钢进行周期性的运算，这样来保证工作点的稳定控制。最重要的轧制模型有：轧制力、力矩、前滑、辊缝、压下、板凸度和平直度模型。

对每个机架存在一个更正过程。对长时间学习，可以使用神经元网络。神经元网络可以把学习结果从一个已知的轧制范围用到未知的轧制范围。而且，它可以用学习后的模型更正用在后续带钢的轧制。自适应过程的任务也包含训练神经元网络。这部分包含三个部分。

（1）模型自适应。这部分搜集测量值并适应模型至工作点。针对每组测量值，建立相应的修正值。经过一定的自适应步骤，修正因子的神经元训练将被完成。模型自适应进一步的任务是用测量值来调整已定义的设定值。比如说，自适应能够重新调节入口厚度而同时又能保证工作点的各个参数不超出轧机允许的状态。进一步它能重新调整末架的单位张力和压下值。改进后的模型因子以两种不同的方式提供给后续计算。材料硬度和模型因子将被存储并应用于随后轧制的相同类型的带钢；对于硬度厚度不同的带钢，将会利用神经元网络决定的因子。神经网络的计算在后计算中完成。改进后的神经网络结构将用于预设定。

（2）设定值计算。此函数的目的是用自适应后的因子保证控制在优化的工作点进行。

（3）神经元网络训练。此函数的作用是根据长时间训练原则训练神经元网络并可以在一定的时间周期激活并能用整个轧制范围内的数据训练神经元网络。需要的数据将从卷结果的时间数据存储中获得。神经元的结果将被存储。每种材质类型搜集到的数据将被存在长时间存储中。

4.6.2　模型自适应部分

4.6.2.1　技术描述

轧制模型和平直度模型中存在的不准确性需要在模型因子的帮助下得到校正。模型因子校正轧制力、前滑、力矩、螺丝压下、辊缝形状（二次、四次项）的设定值。计算后得到的新的因子数值用于随后的相似卷的运算。长时间继承要用到神经元网络。

A　模型因子的自适应

在当前卷完成，通过设定值与实测值的比较，决定全局自适应因子。

B　自适应的原则

首先通过设定值与实测值之间的比率得到未限制因子。为避免测量值误差带来失误，未限制因子通过使用限幅控制器与老的模型因子比较并受到限制，所得结果为新因子。限幅控制器的增幅取决于用于后计算的测量值的信任区间。如果此测量值经一定过程后认定为较准确，则增幅值较高，否则相反。

C　轧制过程长期继承

轧制过程长期继承由神经元网络完成，分为以下四部分：

（1）材质影响 NN-MAT 网络。前工序影响到的材质类型、化学元素等因素和冷轧机压下等因素是此网络的输入值。

利用此网络，基本材料强度和其增量 MSO、MSI 被确定。训练成功后可识别新材质。此结果用于后来的过程机计算。

（2）机架相关影响 NN-STAND 网络。轧辊类型、润滑，压下等影响因素影响到轧制力，力矩、前滑等。对每架每个纠正值，都有网络训练行为。网络在工作点的基础上产生纠偏值。

（3）每日相关影响 NN-DAY-STAND。实践证明在轧机中存在每日影响因素。这种因素在此网络的帮助下得到补偿。在上述两个网络的基础上，一种经过处理后较能反映规律的来源于近期的信息被存储起来。更高级的网络应继承这种信息并充分利用但不能盲从它。每日相关影响只是反映了近期行为的特殊性。

（4）速度相关网络 NN-SPEED。轧制过程当中很多因素取决于速度，所以此网络非常必要。

D　轧制模型的神经元学习原则

设定值预计算使用 NN-MAT 和 NN-STAND。而近期行为在 NN-DAY-STAND 中考虑。带钢最终速率确定后 NN-SPEED 将被使用。利用以上网络协助完成最终（预计算和后计算）计算。

带钢轧制过程中要经过不同的速度阶段。自学习过程存储了带钢在不同速度阶段的最终模型因子。这些因子最初包含着错误，但每卷带钢都要进行一次对模型因子进行处理的运算，所以最终的因子和对应的速度级别会被确定。为训练 NN-SPEED，使用规范化的速度级别。

工作点模型因子的修正通过测量值和实际值的对比来实现。材质硬度包含着材质描述和机架定义的错误。材质因子（MSO、MSI、MSE）将会通过回归得到，回归后的因子用于训练网络 NN-MAT。完整的工作点描述需要机架因子的描述。这一因子将通过回归前后计算结果的比较完成。利用这一新的因子，NN-STAND 将被训练。

上述训练过程对每卷带钢都存在。利用这种训练，在 NN-MAT 和 NN-STAND 中的与实际轧制过程相关的经验会被反复估算。神经网络将忘记很长时间前学习的东西。为避免这种遗忘，上述两个网络将在一定时间周期内被后训练。神经网络将在整个轧制范围内训练，所以它将反映整个轧制运行期间的平均状态。但为了不忘记 NN-DAY-STAND 的结果，对最近轧制的钢卷要进行训练。这意味着先前的两种网络经验将最终转移到 NN-DAY-STAND 中。而 NN-DAY-STAND 将只在这种情况下运行并且其结果在一定的周期内保持不变。

E　轧制模型的短时间继承

短时间继承是将要先后轧制的同样钢卷的继承。这些因子会在每段带钢的后计算过程中的自适应功能中被找到，速度相关部分将被略去。对每卷带钢将会在一定数量的自适应计算后进行回归，回归的目的是用材质因子替换机架因子。自适应得到新的材质因子（MSO、MSI、MSE）并存储到短时间继承缓冲区中。NN-SPEED 由最后一卷训练并在上述前提下使用。

F　自适应的其他任务

模型自适应还可以调节带钢入口厚度。在误差大于测量值一定范围的时候，将带钢入口厚度设定值以平滑的方式调整至测量值。在绝对张力和主速度偏差超过一定范围时，以平滑的方式调整绝对张力至测量值。当压下偏差超过一定范围时，调整压下到测量值。

4.6.2.2　函数描述

模型自适应分为轧制模型自适应、平直度模型自适应、神经网络的后调整三个主要部分。模型自适应需要可靠的测量值和预计算或上一次后计算的结果。在一定数量的自适应后会进行回归，回归的结果将被存储在长时间存储中。每个自适应周期得到的速度相关模型因子和实际压下校正值将被存储在短时间存储中。模型自适应部分会从神经元网络的存储结构中读取实际的权值，新的神经元网络的训练和获取新的权值将会在回归后开始。

A　轧制模型自适应

这一函数把模型结果与测量值比较，模型因子将被调整。这一函数读取实际的神经元网络权值。每个自适应周期发出对应相应速度的新的模型校正。这些中间结果存储在卷结果的短时间存储中为回归作好准备，回归结果将被存储在卷的长时间存储中。相同的轧制卷的模型因子将会为后来的计算过程存储在短时间模型因子存储中。轧制模型自适应的任务是做设定值的后调整，结果将用于随后的计算过程。

B　平直度模型自适应

此函数的任务是把板形预设定模型调整到机架的实际工作点来改进平直度控制的设定值。它不仅读入板形辊的测量值，而且读入轧机的所有测量值，而后计算出实际的平直度模型结果。通过这个结果与测量值的比较计算模型因子。自适应过程中的模型因子将会存储在短时间模型因子存储中，为尺寸、性能相近的带钢做准备。模型的长时间知识存在神经网络中。神经训练过程将在每一个自适应步骤后实施。

C　神经网络的后调整

神经网络的在线训练将在 NEURO-NETWORK-TRAINING 中进行。在每次回归后，材质相关和机架相关神经网络将被重新初始化。训练将为当前卷进行。神经网络训练的进一步的任务是训练速度相关神经网络，结果将在每一个自适应步骤后存储在卷的短时间存储中。速度相关网络训练每卷启动一次。

4.6.3　设定值后计算

后计算周期性地为当前轧制卷计算设定值。数学轧制模型被模型系数自适应到实际轧机状况和实际的轧件抗力状态。预计算的设定值被测量值周期性地修正。后计算每 2 ~ 10s 被模型自适应修正。如果预计算与后计算间差别过大，可能有必要重新进行负荷分配，否则可能超越基础自动化的调节范围。计算设定值（轧制力、轧制力矩、压下）将被检验是否超过轧机极限或技术条件极限。如果超过，则相应压下设定值减小以使其不再超限。如果后计算模式被选定，（厚度、速度关联、最大轧制速度、前滑、弯辊、横移）新的设定值将被送到基础自动化。绝对张力要保持恒定。

4.6.4　神经网络训练

4.6.4.1　技术描述

模型校正的长时间记忆是靠神经网络的帮助来实现的。神经网络分为三部分：

（1）材质相关网络 NN-MAT。材质类型、化学成分、上工序影响、冷轧机压下分配是该网络的输入值。依靠这一网络，材质的基本变形抗力 MSO，压下相关增量 MSI、MSE 被确定。经过较成功的训练后，此网络可以识别新材质。其输出值 MSO、MSI、MSE 将用做后续运算的输入值。

（2）机架相关网络 NN-STAND。轧辊类型、润滑、压下影响到轧制力、力矩、前滑的修正。对每个机架、每个修正值都由此网络进行训练。

（3）每日相关机架修正网络 NN-DAY-STAND。实践证明，近期轧制行为（如近几天轧制的钢种、规格、轧机状态）对轧制过程的参数有一定的影响。利用这个网络的帮助，可以进一步改进轧机的相关技术参数。由前两个网络存储了近期未受到此网络处理的信息。而后此网络可以利用这些信息学习近期轧制过程的特殊性。为了归纳网络行为长期网络要进行后训练。归纳意味着根据轧机的运行时间描述轧机的状态。轧机的实际状态要用每日相关机架修正网络来描述。而前两种网络是长期网络。在长期网络被训练后，每日相关机架修正网络被调整到新的长期网络。

4.6.4.2　函数描述

A　神经元数据排序

轧机轧制范围的代表性部分存储在钢卷结果长时间存储内。一定量的卷数据将按照材质、入口厚度级别、出口厚度级别被存储。这些存储的卷数据应代表轧机轧制钢卷的顺次发展规律。因而某一时间的某一卷将被从短期存储拿到长期存储。不是每一卷都要拿过来，只是要反映轧制顺序的规律。利用神经元数据排序这个函数由短期存储实现长期存储。代表某一个级别的数据将被按照时间先后顺序存在长时间存储中用来进行长期网络的训练。

B　长时间神经元网络训练

长时间训练将要在材质相关网络、机架相关网络中进行。整个轧制数据排列将被发送到神经元网络，而很少被轧制的品种、规格将被遗失。必需的回归数据和训练需要的机架精确修正对一个文件中的每卷带钢都是有效的。

这些数据将在回归过程中被求值并存储在一个带钢特定文件中。每一个神经元网络输入数据也将被存储。

训练过程中的神经元权值将被求出并存储起来。平均材质强度将依据某存储中的实际值被调整。

C　每日相关训练网络

整个轧制范围的神经网络训练保证了所有轧制信息的归纳。近期轧制数据将会单独处理以进一步改进轧制状态。对短时间存储内的每卷带钢都要进行模型计算，这一计算是利用前两个网络中的新的神经元网络权值进行的。在此次计算中不使用每日相关网络的输入值。描述工作点需要的修正值将被计算并用于每日网络的训练。

第5章

冷轧生产过程综合自动化

5.1 钢铁企业综合自动化系统概述

5.1.1 生产过程综合自动化系统概述

钢铁企业的生产过程兼有连续和间歇性断续的性质，它有别于石油、化工等连续生产过程，也有别于机械制造业的离散制造过程，是介于二者之间的混合型生产过程。由于钢铁企业自身的生产工艺流程和生产过程特点，其生产综合信息不能完全照搬机械行业自动化系统的结构和理论方法。另外，现代化钢铁企业的发展趋势是设备的大型化，生产过程的连续化、高速化和自动化，竞争的焦点在于敏捷的市场反应能力、产品的多元化、产品的质优价廉、准时投产交货。为此，国内外许多钢铁企业近年来都在设备及过程自动化的基础上，致力于建设企业的产销一体化综合自动化系统，以实现从库料进厂到成品出厂整个过程的全面监督和优化控制。

所提出的产销一体化综合自动化系统可总结为"四层体系，一个关键，12 字方针"。具体内容是指综合自动化系统从结构上分为四层：即企业资源计划（ERP，Enterprise Resource Planning）管理层；制造执行层（MES，Manufacturing Execution System）；过程控制层（PCS，Process Control System）；设备控制层（DCS，Device Control System）。一个关键是指产销一体化。12 字方针是指管控衔接、产销一体、三流同步（信息流、资金流、物质流）。

钢铁企业的生产过程与机械制造业的生产过程有很多相同之处，也有明显的区别。前者被认为是典型的大型流程工业过程，是以连续生产过程为主导的工艺过程，但存在离散事件触发的制造过程。例如依据合同的生产计划管理就是事件触发的，还有在每个流程传递过程中也可能使用事件触发来控制生产节奏。连续生产过程与离散生产过程所关注的问题将有所区别。表 5-1 初步显示了它们的区别。后者是以离散事件触发的制造过程为主的机械制造业，在国际上成功地应用综合自动化系统就是计算机集成制造系统（CIMS，Computer Integrated Manufacturing System）。二者虽然有区别，但所追求的目标基本上是一致的。

表 5-1 连续生产方式与离散生产方式比较

相比较的对象	连续生产方式	离散生产方式
生产方式	大量生产为主	小批量、单件生产
工艺流程	基本稳定	随机可变
物料流动	连续、自动	间断、搬运
成品规格	稳定	多变
设计延续	批量设计	单件设计
对象模型	牛顿动力学、数学物理方程	离散事件动态系统、Petri 网络
优化目标	均衡生产、高产、低耗、优质	缩短供货周期、提高设备利用率
优化结果	控制设定值、调整工况和工艺参数	优化排序、调整计划、负荷分配
信息类型	参数变量为主	符号、图形为主

在机械制造业的离散制造过程中，计算机集成制造系统（CIMS，Computer Integrated Manufacturing System）已有成熟的应用范例。所谓 CIMS 就是一种利用计算机和通信技术，通过对企业的信息和知识资源的综合，以提高企业优化配置和运作所有资源的能力，从而取得最高效益的生产综合自动化系统。冷轧生产过程自动化系统是连续型为主的流程工业生产过程综合自动化系统。ERP 下面的制造执行系统 MES 是一个承上启下的面向生产过程监督与控制的系统。

5.1.2 冷轧薄板企业的生产及运作特点

钢铁工业是国民经济发展的基础产业，冷轧薄板是钢铁工业中凝聚着高新技术的深加工产品，是汽车、机械制造、建筑和电气等行业必需的原材料。冶金冷轧薄板企业是一个非常复杂的混合型流程企业，通常都有数十套生产装置。生产过程错综复杂，年产各种冷轧薄板近百万吨，可能的规格品种多达数千种，通常的产品种类有 200 种左右，产值达数十亿乃至上百亿元。冷轧工艺过程属于钢铁产品生产的末端工艺过程，它在钢铁行业供应链上特殊的位置使它具有独特的经营特点。

5.1.2.1 产品特点

（1）冷轧薄板是钢铁行业的深加工产品，品种规格繁多。工厂可能的规格品种多达数千种，通常的产品种类有 200 种左右，如考虑到用途要求则更为复杂。

（2）产品生产标准化程度高，但是各种品种规格的产品工艺要求不同。如不同硬度、宽度、压下比的物料要求不同的轧辊配备和不同的热处理工艺。

（3）产品的化学成分是在炼钢时确定的，物理性能和冷轧加工的工艺过程有关。

5.1.2.2 生产经营特点

（1）冷轧板生产属于资金、技术密集性产业，固定资产及流动资金巨大，原料费用和设备折旧费用在成本中所占比例较大。依据市场需求组织生产，主要是以销定产。一般由集团公司负责产品订货和销售。

（2）原料主要来自上游热轧厂。两厂紧密相连，形成了供应链关系。

5.1.2.3 生产特点

（1）冷轧薄板生产是带有中间库存的、半连续性的流程式批量生产，生产周期约7～14天，生产组织复杂。

（2）各个工序间设有中间在制品放置场，各种产品规格同时处于生产线中，生产具有一定的间断性，使得均衡生产和在制品量的优化更为重要。

（3）采取4班3运行的24小时连续生产方式。

（4）实行厂级计划制定，生产车间无计划权。

5.1.2.4 生产线和设备特点

冷轧薄板生产是一环接一环的串行生产线，但与串行生产线不同的是各工序有多台相同或不同型号的并行生产设备，另外还有少数产品并不完全遵循该生产流程，具有逆向流程和跳跃流程，比如二次轧制、二次退火、酸洗后直接剪切及一些异常情况处理等等。

5.1.2.5 冷轧薄板企业生产线和生产设备特点

（1）多级串行、多机并行。

（2）多品种规格同时处于生产线中，生产约束多（工作辊、支撑辊、工艺规则）等。

（3）产品生产路径复杂，和产品品种规格、质量等级、工艺要求相关紧密，部分产品具有逆向流程和跳跃流程特征。

（4）单体设备巨大，加工工艺复杂，要求工人协调一致操作，并要求设备有较高的自动化水平。

（5）国内目前的冷轧薄板企业大多是新老两套生产系统并存，新系统具有国际20世纪90年代先进水平，老系统相对落后。

（6）尾部工序剪切能力不足，热处理工序生产周期长是整个生产线的瓶颈。

上述特点使得冷轧薄板企业的均衡生产和生产优化计划与调度控制很困难。这是因为该冷轧薄板生产线既有串行生产线的均衡生产问题，也有离散生产的排产与调度问题；它既要协调相邻工序的产品规格混合比，也要考虑支撑辊的使用规则、工作辊的使用规则、工艺规则等工艺约束；它不仅涉及到企业内部的优化运作模式，而且还存在与上游企业的企业间协同计划问题；其复杂性还体现在既有离散计划调度的复杂度；还有流程工业过程对实时性的要求。为此，首先要确定冷轧薄板企业的多级计划调度系统体系结构、基于生产线闭环控制机制的生产计划系统和调度系统集成方法是十分重要的。对不同层次的计划与调度问题进行系统分类研究与开发同样重要。

5.2 冷轧薄板企业的多级计算机计划调度系统

5.2.1 多级计算机系统的集成模型

企业集成模型的四层结构见表5-2所示。它的原形来源于1995年美国的一个研究小组在对不同行业的调查分析基础上，在向美国国家标准技术研究所提供的先进制造研究咨询报告（AMRC）中，提出了COMMS（Custmer Oriented Manufacturing Management Systems）。该模型将企业的综合自动化系统分为三层，而将底层分为过程控制级和设备控制级之后，成为现在的四层结构。

表 5-2   企业集成模型的四层结构

系统层次	功 能	重 点	控制方式
企业资源计划 ERP	计 划	全局商业	信息集成
制造执行系统 MES	执 行	工厂控制	工厂信息系统
过程控制系统 PCS	设 定	产品控制	过程信息技术
设备控制系统 DCS	控 制	设备控制	实时控制设备

第一层为以企业资源计划（ERP）为代表的企业生产经营管理层，面向钢铁企业大公司层面的。主要内容包括：供应链管理、销售/服务管理、企业资源规划和产品设计/过程工程。其中供应链管理包括预测、分销、后勤管理、运输管理、电子商务和企业间的供应计划系统。第二层为工厂级的制造执行系统层，面向冷轧薄板厂生产控制层面的。其主要工作是根据低层控制系统中采集上来的与生产有关的实时数据，进行短期生产作业的计划调度、监控、资源配置和生产过程的优化等。第三层是车间级的生产过程控制系统，它的主要作用是对信息进行整理，控制系统中的数学模型计算，设定值输出。第四层是设备级的实时控制，包括 DCS、PLC、工控机以及现场总线等。上述企业集成模型的第二层是建立企业上层 ERP 系统和低层设备控制系统之间的中间桥梁，它克服了传统 ERP/MRPII 系统缺少工厂与车间级短期计划与调度功能、缺乏过程不断改进和优化功能等缺点，得到了广泛的采纳和应用。

目前国内的冶金企业，如部分大公司多采用多级计算机系统，一般可分为五级：一级为设备控制系统，二级为数据采集与过程控制系统，三级为工厂企业级执行制造系统，四级为分公司级信息系统，五级为集团公司级管理系统。其中一、二级主要对应控制系统层，目前有的二级系统不仅包括数据采集和生产工艺的过程控制，同时也具有局部生产作业安排与调度等功能，因此它处于二、三层之间。三级计算机综合系统覆盖了工厂企业的生产与经营的全部综合自动化功能，因此它处于三、四层之间。四、五级计算机综合自动化系统的划分主要与冶金企业的组织结构有关，它们都属于第一层。因此计划与调度体系在某些冷轧厂也处于三级计算机系统中。

5.2.2   制造执行系统

5.2.2.1   制造执行系统的定义与作用

制造执行系统（MES）的地位与作用根据国际 MES 协会的定义是：制造执行系统是指在开放的体系结构中，实现过程运行的综合自动化和企业级的信息系统与低层生产数据的集成，是连接上层计划与低层设备的桥梁。其目标是降低在制造产品时，缩短产品制造周期，分析并找出生产中的瓶颈，改进生产线运行，提高生产效率并控制生产成本。MES在整个工厂综合自动化系统中的地位是起到了 ERP/MRPII 和车间自动化系统间承上启下的作用。其主要表现在为 ERP/MRPII 系统及时、准确地提供数据和信息；提高系统的运行能力，维持计划与运行能力的平衡；解决实际生产过程中的计划运行波动对制定生产计划的影响，提高 ERP/MRPII 系统适应性。同时，通过低层数据的采集和分析，为改进生产线的运行提供依据和保证，适应敏捷制造模式对生产敏捷性的要求。

MES 功能以及与其他信息系统的信息交互关系是在工厂综合自动化系统中起着中间层的作用。因而，它在 ERP 产生的长期计划的指导下，根据低层控制系统中采集的与生产有关的实时数据，进行短期生产作业的计划调度、监控、资源配置和生产过程的优化等工作。具体包括以下一些功能：过程、人力资源、维护、质量、产品跟踪和产品谱系的管理、资源分配和状态、工序详细调度、生产单元分配、数据采集、性能分析、文档管理等功能模块。图 5-1 表示了 MES 的功能模型。在 MES 上层，主要有供应链管理、销售和服务管理、企业资源规划和产品设计/过程工程。其中供应链管理包括预测、分销、后勤管理、运输管理、电子商务和企业间的供应计划系统；销售和服务管理包括网络营销、产品配置设计、产品报价、货款回收、质量反馈与跟踪等功能；产品和过程工程包括计算机辅助设计和计算机辅助制造、过程建模和产品数据管理。在 MES 下层，则是低层生产控制系统，它的主要作用是对信息进行整理，控制系统中的数学模型计算，设定值输出以及设备级的实时控制，包括 DCS、PLC、工控机以及现场总线等，或这几种类型的组合。在信息交互关系上，MES 向上层 ERP/供应链提交周期盘点次数、生产能力、材料消耗、劳动力和生产线运行性能、在制品（WIP）的存放位置和状态、实际订单执行等涉及生产运行的数据；向底层控制系统发布生产指令控制及有关的生产线运行的各种参数等。同时分别接受上层的中长期计划和底层的数据采集、设备实际运行状态等。总之，MES 接收企业综合自动化系统的各种信息，以便充分利用各种信息资源实现优化调度和合理的资源配置。

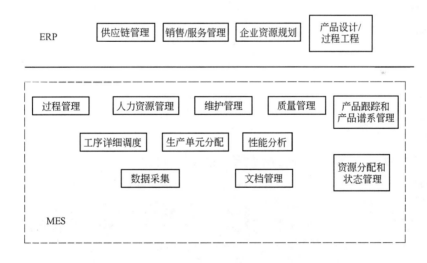

图 5-1 MES 的功能模型示意图

5.2.2.2 可集成制造执行系统发展过程

传统 MES 的发展历程伴随信息控制技术（ICT）的发展可分为三个阶段：一是层次结构中过程是预先设定的，并自上而下基于程式的信息控制；二是扁平化的（或虚拟的）组织结构中过程是随机的，在模块化应用组件环境（Module Application Component Environment，MACE）下的信息控制；三是组织结构和过程是具有自组织、自适应的自治 Agent 信息控制。目前，信息技术处于第二阶段的成长、发展期，技术已相对成熟，并逐步得到应用。第三阶段还处于研究期。

　　传统的 MES（Traditional MES，T-MES）是指在第一阶段上发展起来的信息系统。T-MES从20世纪70年代的零星车间级应用发展到复杂的具有一定集成能力的大系统，并占据了一定的市场份额。可以简单地将 T-MES 分为两大类：第一类是专用的 MES 系统（Point MES），这类系统是自成一体的应用系统，它只解决某个特定的领域问题，如车间维护、生产监控、有限能力调度或是 SCADA 等；第二类是集成的 MES 系统（Integrated MES），该类系统起初是针对一个特定的、规范化的环境而设计的，如航空、装配、半导体、食品和卫生等行业，目前已拓展到整个工业领域。在功能上它已实现了与上层事务处理和下层实时控制系统的集成，但此类系统依然是针对一个特定的行业，缺少通用性和广泛的集成能力。由于 T-MES 系统是基于预先设定的程式进行系统开发的。因此，开发此类系统成本高、效率低，并隐含着较大的风险，如过程有微小变化，就可能导致系统不能正常运转，系统的稳定性差，具体表现在以下几方面：

　　（1）通用性差。目前市场上的 T-MES 系统，无论其功能多么复杂，均是针对特定的行业、特定的领域问题开发的。由于没有一定的技术规范指导，针对不同行业的 MES 功能基本上无法借鉴和使用，因而使得系统的开发周期长、投资大，限制了 MES 市场的快速发展。

　　（2）可集成性弱。从技术发展角度和用户需求来看，软件结构本身应能与其他应用系统集成，做到相辅相成，相得益彰，不仅提高了企业遗产系统（legacy system）的生命周期，降低对信息系统的投入，同时也为用户选择较为合适的各种软件提供了更大的空间。目前，某些具有集成功能的 MES，虽能实现与上层事务处理和下层控制系统的集成，但也仅仅局限于某个特定的系统或功能，使得用户在选择 MES 产品时受到很大的制约，限制了 MES 软件产品的推广。

　　（3）缺乏互操作性。互操作性是系统敏捷性的一个重要标志。企业采用的数据库、操作系统是异构的，在分布式生产环境下，需要从不同的 MES 系统中裁剪不同的功能，以满足某个特定任务的需要，实现互操作。目前 T-MES 基本上没有此类功能。

　　（4）重构能力差。重构能力是指系统具有随业务过程的变化进行功能配置和动态改变的能力。不同的行业、不同的企业其生产组织模式不尽相同，信息系统必须具有可重构能力，即根据不同的需求搭建相应的系统。

　　（5）敏捷性差。敏捷性是所有先进制造模式的核心。在生产中表现为对市场的快速响应和对实际生产环境的应变能力，在信息系统中表现为系统的可重构、可重用和可扩展（3R 特性）。对于 T-MES，由于系统结构本身和采用的开发技术，一个微小的过程改变，系统就会无所适从，甚至不能正常运转。随着信息技术的发展和市场竞争的加剧，具有高度敏捷性的制造执行系统日益成为市场的热点，国际 MES 协会的成立为可集成 MES 系统的研究与开发提供了技术保证。

5.2.2.3　可集成 MES 技术体系

　　可集成 MES（Integratable MES，I-MES）这一概念是由 AMRC 研究小组在分析信息技术的发展和 MES 应用前景的基础上提出来的。它将模块化应用组件技术应用到 MES 的系统开发中，是两类 T-MES 系统的结合。从表现形式上看，具有专用的 MES 系统的特点，即 I-MES 中的部分功能作为可重用组件单独销售。同时，又具有集成的 MES 的特点，即能实现上下两层之间的集成。此外，I-MES 还能实现客户化、可重构、可扩展和互操作等特性，能方便地实现不同厂商之间的集成和遗产系统的保护，以及即插即用等功能。

　　I-MES 体系结构从严格意义上来讲，可集成 MES 结构分为以下三个层次：领域层（domain-specific layer）、对象层（object layer）和基础架构层（low-level infrastructure layer）。三层之间相互独立，从而为可集成的 MES 的实现提供了技术保证。在该体系结构中，基础架构层包括 CORBA 服务、OMG-Jflow 接口、工作流引擎（workflow engine）、ERP-MES接口和 STEP 标准等，它们为实现软构件提供了底层基础设施。由于该层是基于 CORBA、RMI（Remote Method Interface）和 DCOM 等公共标准规范而建立的，是一种理想的软总线，尤其 CORBA 的分布对象技术，可以通过装配或扩展对象实现一个特定的应用软件系统，对象可以在不影响系统中的其他对象交互关系的前提下被修改，真正实现软件构件的即插即用。有关遗产系统可以通过封装成一个对象，而有效地实现与其他系统的交互。在基础架构层之上的对象层和领域层，则是采用构件技术进行的具体业务描述。其中，领域层是对特定领域事务对象的抽象描述，解决了特定行业对 MES 功能的需求。同时，由于整个领域设计是在公共的基础结构上进行的。因而，领域与领域之间的通信、交互极为容易。在对象层，建立分布式 MES 业务对象模型，支持不同开发工具建立的业务对象和应用对象。

　　分布式对象结构及对象层次的划分可集成 MES 应能支持不同开发工具建立的业务对象和应用对象。因而，在 MES 业务对象模型池中应具有分布式功能的结构，用以支持目前市场上流行的主要开发工具（Java、C + +）建立的对象。在对象模型中，又分别从客户端、服务器和遗产系统三方面将对象分为三个层次，如图 5-2 所示。

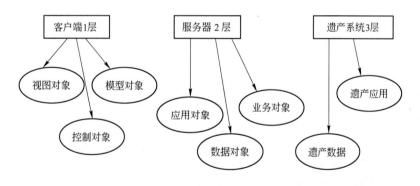

图 5-2　三层对象图

　　客户端由视图对象、模型对象和控制对象组成。视图对象为操作者提供可视化的模型对象接口界面；控制对象在视图对象与操作者之间起解释作用；模型对象则是业务对象和应用对象在客户端的一个代理。

　　服务器端由业务对象、应用对象和数据对象组成。其中业务对象是对业务活动应用的抽象描述，是与数据无关的应用操作；应用对象则是特定的事务处理；数据对象则是数据一致性定义接口存贮的代理机制。

　　遗产系统由遗产数据和遗产应用组成。遗产数据通常存贮在数据库综合自动化系统中；遗产应用是一个业已存在的应用系统或应用模块。

Agent 运行机制在 I-MES 体系结构中存在两类 Agent：一类是活动 Agent，另一类是信息契约 Agent。这两类 Agent 在系统中具有创建事件、消息发送和任务/活动等功能。其中活动 Agent 是检查工作流活动的运行操作关系，并根据机器/设备的运转情况、资源池（resource repository）中资源的分配，将相关的工作项（work item）分配到相应的设备上。同时，实时监控任务的执行和设备的状态，监督工作项的运行。而信息契约 Agent 是建立协作团体之间的信息契约关系，监控、分析相关指标的完成和事件状态的改变。同时，根据信息契约，自动地将信息传送到信息接受器中。

5.2.2.4   可集成 MES 的开发方法

由于采用了公共的协议规范，屏蔽了底层细节，使开发基于对象的大型应用系统的过程得到较大的简化。无论具体系统采用哪一类 ORB（Object Request Broker），其基本开发过程是相似的。

A   基本开发过程

（1）定义 IDL。对于系统中需要利用 ORB 进行交互的对象，首先应定义对外的接口。

（2）将 IDL 映射为具体语言的框架（stub/skeleton）。IDL 独立于具体编程语言，而应用程序则一定由具体语言完成。因此，必须将 IDL 进行映射，产生由具体语言表示的接口，以供调用。

（3）编写实现具体服务功能的代码。ORB 提供的仅是对象间互操作的支持，至于对象的功能，则必须由编程人员实现。

（4）编译、链接，产生服务器程序。

（5）编写调用具体服务功能的客户端代码。

（6）编译、链接，产生客户程序。

B   基于构件的开发过程

（1）构件的设计。在抽象层描述系统中，构件包括接口、属性及其关联等信息。

（2）构件的部署。根据实际运行环境，决定构件的分布和构件的实现等细节。

（3）具体化构件。将逻辑建立转化为物理连接，将构件间的连接以代码的形式表示出来。

（4）产生代码。包括对象的初始化、对象实例间的链接，链接库指定，以及编译开关的设置等。

（5）编译、链接，产生最终代码。

可集成制造执行系统作为连接企业上层事务处理和低层设备控制的中间层，在保护和利用企业现有信息资源，充分拓展信息技术在工业领域中的应用，发挥重要的桥梁作用，是未来工厂综合自动化过程必不可少的组成部分。而工作流综合自动化技术、智能 Agent 和面向对象技术，都是可集成制造执行系统中重要的组成部分。

5.2.3   多级计划与调度体系结构

5.2.3.1   多级计划体系

冷轧薄板企业属于冶金生产企业的尾部工序，鉴于冶金企业产品结构的倒三角特性，且在尾部产品生产的组织和运作控制上的相似性，使得对其生产计划与调度体系的研究变得十分重要，同时它也成为集成整个企业生产组织执行与运作控制的主线。

在图5-3中给出了冷轧薄板企业生产计划与调度系统的体系结构及与其他系统的关联示意图。在该多级计划与调度体系结构中，企业级ERP的计划体系主要包括：基于销售用户合同和库存补充预测的经营计划；按批量和工艺质量要求组批生成的主生产计划；根据成品库信息制定的企业间要料计划以及根据用户订单组织生成的发运计划等。工厂级制造执行系统的计划与调度主要包括各机组作业计划的制定和在线实时优化调度。为建立企业计划级和执行计划调度级的衔接，确保整个多级计划与调度体系的一致性，进而实现从原料组织、生产线加工过程监控、在制品控制直至最终的成品发运全过程的闭环控制，保证生产线的均衡生产和全局优化目标与局部优化目标的一致性，可引入生产线闭环控制层，它的作用是实现整个计划调度体系纵向和横向集成。纵向集成主要保证计划分解过程中由上至下优化目标的一致性，和计划执行过程中由下至上反馈的实时性。横向集成主要实现整个生产线生产过程的均衡生产和物流、信息流的畅通，进而保证要料计划、车间机组作业计划、发运计划的相互衔接和计划的一贯性。控制机制是由一系列的控制策略和反馈机制构成的。生产线控制策略作为一个研究热点一直受到很多学者的研究和关注，这些策略包括Kanban、最小阻塞（Minimalblocking）、基库存（Basestock）、常数WIP（CONwip）和各种混合控制（Hybrid Control）策略，如Kanban与CONwip混合控制策略。要解决冷轧薄板生产线这种整体串行、局部具有并行、并带有有限中间库的半连续性生产线的优化控制机制和均衡生产问题，需要从整体和局部两方面考虑。对不同的控制对象和目标，采用

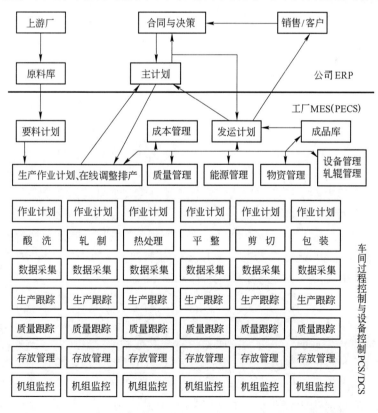

图5-3　冷轧薄板厂生产执行控制系统与计划与调度体系结构图

不同的策略或不同策略的混合，达到的效果也有较大的差别。如在某冷轧薄板厂 CIMS 工程中对生产线的控制策略采用了以瓶颈工序为分界点，上游工序车间机组作业计划的制定采取以主生产计划、要料计划为源头的"推"的方式；下游工序采取以交货期为目标"拉"的方式。另外，根据下道工序的投料比、放置场的库存情况和下道工序的生产要求等对在制品（WIP）的控制也采用了"拉"的方式。从实施情况来看，对整个生产线的均衡生产和在制品控制起到了很好的作用。

5.2.3.2 计划与调度方法分类

为了更好地研究不同层次不同类别的生产控制优化问题，以便提出更为有效的解决方法，在上述体系结构的基础上，对多级优化计划调度控制方法进行了分类，对有些具体问题已给出了问题的求解方法，但还有许多问题有待于进一步的研究，具体分类如下。

A 企业间优化协同生产方法（ERP 级）

（1）公司和企业级的产品结构优化决策方法：产品结构优化是指企业根据市场需求在有限资源约束的情况下生产适销对路的产品，并尽可能使企业可获得的利润最大。产品结构优化考虑的因素主要包括市场需求信息、企业生产能力、制造资源约束、生产成本等多个方面。由于市场需求波动的不可预见性，企业的生产可能由订单、市场预测、订单及市场预测混合三种方式驱动。研究不同生产驱动方式下的产品结构优化决策，实现对产品结构的优化控制是实现企业经营目标的重要保证。

（2）企业间上下游供应链协同计划方法：虽然冷轧薄板企业上下游供应链关系相对比较单一，但与企业内部的计划与调度体系的关联度十分密切。从协同的角度看，主要分三个层次：决策层，计划层和生产过程执行层。决策层主要制定企业之间的长期供料策略，形成企业间的战略联盟，共同赢得市场竞争的优势地位。计划层主要是建立冷/热轧上下游计划的动态协调模型，提出冷/热轧双方计划变更的动态协调策略和调整方法。生产过程执行层主要根据热轧厂实际的供料情况对生产作业计划安排进行调整，同时对原料和冷轧生产过程中由于质量等原因产生的补料情况进行处理。

B 企业级基于能力约束的优化主生产计划方法（ERP/MES 级）

（1）基于能力约束的主生产计划优化：主生产计划是企业生产组织的源头，它依据合同的交货月份及执行情况而制定的下一生产周期的滚动式合同产品交付计划，其重点是研究考虑交货期、最佳批量、工艺路径和能力约束等因素的用户合同优化组批方法。

（2）选料优化：品种规格的产品，采用不同品种规格的原材料生产时，与其生产成本、生产效率和产品质量等多方面都有一定的关联。因此，选料优化重点考虑与上游热轧厂之间的供应链关系和可提供原料规格，研究具有钢质、规格及投料比、生产机组等多种因素在内的要料、选料、投料优化方法，以提高成材率。

（3）发运优化：产成品发运计划实质上是对待发货产成品和企业发货能力的协调，它直接关系到发货系统能否实现快速及时发货的目标，同时也是企业服务水平和企业形象的重要标志之一。其优化内容包括产成品发货的有序调拨、发运能力的优化配置和两者之间的有机平衡。相关的优化问题包括：有限能力下的发货数量和品种的确定、库存转库优化、运输车辆的优化配置等。

　　C　整个冷轧生产线均衡生产控制方法和各车间机组优化作业计划方法（MES 级）

　　（1）冷轧薄板生产线均衡生产控制方法：生产线均衡生产是保证生产效率和设备有效利用的关键。它以生产线瓶颈工序（热处理工序）为切入点，研究基于推拉控制相结合的生产线控制方法；同时，研究保证生产线均衡生产的在制品库存优化保有量和生产投料混合比的确定方法。

　　（2）机组优化排产方法：各生产车间的机组作业计划，根据厂级下达的生产任务，在车间范围内根据实际机组及不同工艺要求对作业进行优化排序，并将生产作业指令传给二级生产机组。相关的优化问题包括路径规划、生产组批、机组产品最佳匹配、负荷平衡、任务排序等。

　　D　实时在线生产调度方法（MES 级）

　　实时在线生产调度是为了应付生产过程中可能发生的各种意外情况，如生产订单变化、质量问题带来的产品工艺流程变化、设备及轧辊突发故障等。由于意外事件的产生具有随机性和突发性的特点，与事件源有密切的关系，因此不同事件的处理方法和调度策略也有很大的差别，而且对响应速度也有很高的要求。在实际问题的解决上，一般采取启发式算法或规则、基于仿真的方法和基于事件的智能调度方法。启发式算法或规则的优点是直接、简单、具体，算法灵活且实时响应能力强，但其求解结果与精确解的误差较大。随着人工智能技术的发展，基于事件的智能调度技术得到了广泛应用。智能调度技术的优点可克服启发式算法或规则的单一性和处理复杂问题时的局限性，但它需要相关领域的专家提供相应的经验和知识。仿真技术是验证算法有效性和可行性的重要手段，同时也可作为提取调度策略和领域知识的重要来源和渠道。因此，为了取长补短，发挥各自优势，对上述方法进行有机的结合研究成为新的研究热点。根据冷轧薄板企业的生产与运作特点，结合四层企业集成模型和钢铁企业的分级系统模型，冷轧薄板工厂可以应用多级计划与调度体系结构，并要引入以生产线控制机制为核心的企业经营生产全过程闭环优化集成模式。同时要对企业生产组织中的各级优化问题及方法进行全面的面向问题的研究，使得冷轧薄板企业相关优化计划与调度方法的研究与实际生产过程相结合，促进冷轧薄板企业 MES 系统的广泛应用。

5.3　冷轧薄板厂 PECS 系统软件架构模型及机组作业计划中的任务分配

　　在冷轧薄板厂，实施 MES 工程实际上主要工作是围绕生产过程控制而展开，目前企业已有的生产经营活动与生产执行控制系统(Production Execution Control System, PECS) 的是企业综合自动化系统一部分，它是在流程工业计算机集成制造系统中的关键组成部分。而对冷轧厂这样大型复杂的企业而言，开发出有效、实用的 PECS，将覆盖全厂所有生产活动，全面实现计算机管理，需要攻克几个关键技术难关。其中软件架构模型及机组作业计划中的任务分配是最为关键的问题。

5.3.1　软件架构模型

　　所谓软件架构模型，是指完整地描述企业全部生产活动过程（包括管理模式和生产流程）的方法。完整性是指企业的任何一个生产活动都包含于该模型所描述的方法中。显然，软件架构模型所描述的生产活动集，将包含企业的实际生产活动集。软件架构模型是软件程序功能设计和程序接口设计的基础，一个好的软件架构模型，其软件功能设计应是合理且容易实现的，接口设计也是方便而简单的，尽可能少地占用网络资源和数据库资源。

所谓机组生产任务分配，就是对各生产车间（工序）的生产任务具体指定一个生产机组进行生产。关于生产任务分配方法，特别是生产路径规划方法必须满足易于实现、有效的实用方法。机组生产任务分配是机组排产作业计划过程中的重要内容之一。一个好的生产任务分配方法，可使软件程序易于实现，生产任务分配合理，可最大限度地达到机组和生产任务的最佳匹配，使机组负荷平衡，提高产品质量和成品率，提高生产设备利用率和生产效率，降低生产成本。反之，如果任务分配方法不得当，即使软件程序能够实现，也无法满足用户要求，使用户满意。

5.3.1.1　冷轧薄板厂实际生产线生产流程

软件架构模型是基于实际生产过程的，典型的冷轧薄板厂实际生产流程如图 5-4 所示。

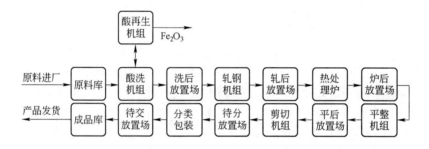

图 5-4　冷轧厂实际生产流程图

图 5-4 所描述的生产流程只适应 90% 左右的产品，约 10% 的产品并不完全遵循该生产流程，主要特征是具有逆向流程和跳跃流程，比如二次轧制、二次退火、酸洗后直接剪切及一些异常情况处理等等。从该生产流程可以看出，冷轧生产是带有有限中间库的半连续性的流程式生产，总体可看成是一个串行生产线，但与串行生产线不同的是，各车间有多台相同或不同型号的并行生产设备，这就是冷轧生产线。其特点是：多机串行；多机并行；部分产品具有逆向流程和跳跃流程的特征；多品种规格同时处于生产线中；生产约束多（工作辊、支撑辊、生产工艺规则等）；产品生产路径复杂。上述特点使冷轧生产线难以做到完全的均衡生产和优化生产，因为该冷轧生产线既有串行生产线的均衡生产问题，也有离散生产的排产与调度问题，这一点在软件功能设计时必须予以重视。

5.3.1.2　冷轧生产线软件功能架构模型设计

冷轧生产线的生产流程符号图如图 5-5 所示。其中，圆圈表示原料库、中间放置厂和成品库，矩形分别表示酸洗机组、轧钢机组、热处理机组、平整机组、剪切机组和包装机

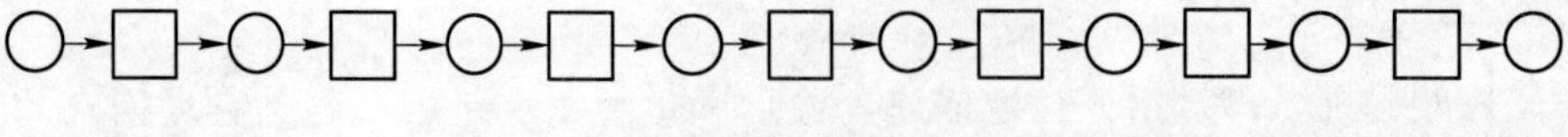

图 5-5　冷轧生产线的生产流程符号

组，即把多机组并行简化为一个机组。该图很像近年来比较多用的建模工具 Petri 网，由于生产流程的可逆和可跳跃的特征。经分析，应用 Petri 网建立冷轧生产线的生产活动过程模型更有效。

A　符号定义

$$(k_i, s_i, p_i, g_i, j_i) \longrightarrow token \tag{5-1}$$

式中　token——实际生产钢卷；

　　　i——第 i 道工序前的放置场，即 token 所在位置；

　　　k_i——token 号，实际表示生产卷号，在原料入库时生成，在不进行拆卷并卷时，k_i 不随 i 的变化而变化；

　　　s_i——token 颜色，实际表示生产组批号（主生产计划号），在原料厂家携带或在配生产合同时生成。为提高生产效率，冷轧生产要求对用户合同进行分类组批，每一批按合同交货期赋予一个序号，该序号为生产合同号，所有生产合同号的集合为主生产计划。依据主生产计划生成要料计划，并以生产合同号作为要料计划单号，传送给联网的供料厂家，来料时携带回要料计划单号。如供料厂家没有联网，则在配生产合同时生成。该号在生产过程中如不进行产品改制，则 s_i 不随 i 的变化而改变；

　　　p_i——token 流向，实际表示工艺路线。对每一个生产钢卷，如不进行改制或出现质量问题，则不改变；

　　　g_i——组批号，实际表示热处理后的炉批号，在生产过程中要求同炉批号的要组批生产；

　　　j_i——token 状态，实际表示生产钢卷的处理状态，$j_i = 0$，1，2，3，4，5。这里：0 表示正常生产状态；1 表示待处理状态，即该卷出现了问题，待有关人员进行处理；2 表示改制处理（更改 s_i 处理）；3 表示废品处理；4 表示改工艺码（p_i）处理；5 表示拆批（更改 g_i）处理。

B　转换定义

$$F(i, n, t) \cdot (k_i, s_i, p_i, g_i, j_i) \longrightarrow (k_i^0, s_i^0, p_i^0, g_i^0, j_i^0) \tag{5-2}$$

式中　$F(i, n, t)$——触发。实际表示机组生产或是一个处理；

　　　i——第 i 道工序，注意这里的 i 与 token 中的下标 i 有一定区别，由于第 i 道工序与第 i 个放置场一一对应，所以我们可以这样来使用，$i = 1$，2，3，4，5，6（1 为酸洗车间工序；2 为轧钢车间工序；3 为热处理车间工序；4 为平整车间工序；5 为剪切车间工序；6 为包装车间工序）；

　　　n——各车间工序的机组序号，在冷轧生产线中，各车间工序的机组数量由具体厂家而定；

　　　t——触发时间，不同的工序、不同的机组触发不同的生产卷号，其触发时间是不同的。

其中，当 $j_i = 0$ 时，F（通过机组作业计划程序界面）表示机组对钢卷的生产，i^0 由 p_i（工艺路线）给出，即由 p_i 确定 token 的流向。当生产正常情况下，k_i^0，s_i^0，p_i^0，g_i^0，j_i^0 都不改变。当生产出现异常情况，则由质量监督人员确定 j_i^0 的值（j_i^0 不等于 0），k_i^0，s_i^0，p_i^0，g_i^0，j_i^0 的值由下次触发确定。

当 $j_i = 1$ 时，$i^0 = i$，j_i^0 的值由触发 F（通过程序界面由质量控制人员）确定，k_i^0，s_i^0，p_i^0，g_i^0 的值不变。

当 $j_i = 2$ 时，s_i^0，p_i^0 的值由触发 F（通过程序界面由质量控制和生产调度人员）确定，i^0 的值由 p_i^0 确定，其他不变。

当 $j_i = 3$ 时，由触发 F（通过程序界面由质量控制和生产调度人员）确定，将该 token 移出该系统，实际表示该卷报废。

当 $j_i = 4$ 时，p_i^0 的值由触发 F（通过程序界面由质量控制和生产调度人员）确定，i^0 的值由 p_i^0 确定，其他不变。实际表示该卷在生产过程中没有达到质量要求，但可以重新生产。

当 $j_i = 5$ 时，g_i^0 的值由触发 F（通过程序界面由生产调度人员）确定，其他的值不变。

上述定义，我们用圆圈表示 Petri 网的位置，用矩形表示 Petri 网的转换，那么，第 i 道触发可由图 5-6 所示的 Petri 网描述。将 $i = 1$，2，3，4，5，6 触发的 Petri 网全部迭加起来，就形成了冷轧生产线全部生产活动过程的 Petri 网描述方法。该 Petri 网（指迭加后的 Petri 网，以下均指该 Petri 网）描述的生产流程包括任何逆向流程和跳跃流程，所描述的生产线中的生产活动过程是完备的，即任何一个生产活动过程均可由该 Petri 网描述。需要指出，Petri 网中的触发与生产线中的机组概念完全不同，Petri 网中的触发只有当 $j_i = 0$（$i = 1$，2，3，4，5，6）时，才与生产线中机组概念相同，表达的是机组按排产计划生产钢卷，而当 $j_i \neq 0$（$i = 1$，2，3，4，5，6）时，触发所描述的是各类调度处理。由于该 Petri 网可表达冷轧生产线的任何一个生产活动过程，所以该 Petri 网可为冷轧生产线的软件架构模型。

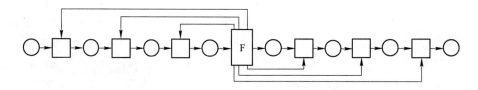

图 5-6 第 i 道触发 Petri 网络例

5.3.1.3 冷轧生产线软件功能设计

从软件的架构模型可以得出，在生产线中，其触发功能就是软件的程序功能。依触发功能，可得如下软件功能设计：

（1）各车间机组排产作业计划功能当架构模型中 token 的状态 $j_i = 0$（$i = 1$，2，3，4，5，6）时，其转换为机组生产钢卷的转换，表示机组对钢卷的正常生产，但若是对诸多 token（生产钢卷），那么，哪些生产钢卷在哪个机组生产，以什么顺序生产，这些就都是机组排产作业计划内容，所以设计各车间机组排产作业计划功能，可产生各车间机组的排产作业计划，各机组将按此计划进行生产。由于钢卷在不同机组的生产时间和生产质量不同，且在不同工序，其生产工艺约束不同，所以机组排产作业计划存在诸多生产优化控制问题。

（2）各车间生产调度功能当架构模型中 token 的状态 $j_i \neq 0$（$i = 1, 2, 3, 4, 5, 6$）时，其转换为调度处理转换，依 j_i 的状态，我们设计如下调度功能：

1）待处理功能。当 token 的状态 $j_i = 1$（$i = 1, 2, 3, 4, 5, 6$）时为待处理状态，设计待处理功能，使调度人员通过该功能界面，查看待处理原因，按照转换定义规则，更改待处理状态为 0（正常生产）、2（改制产品规格）、3（废品）、4（改工艺码）、5（拆批）中之一。

2）改制。当 token 的状态 $j_i = 2$（$i = 1, 2, 3, 4, 5, 6$）时为改制状态，设计改制功能，使调度人员通过该功能界面查看改制原因，按照转换定义规则，确定改制产品规格，并自动处理原料平衡问题。

3）废品处理。当 token 的状态 $j_i = 3$（$i = 1, 2, 3, 4, 5, 6$）时为废品处理状态，设计废品处理功能，使调度人员通过该功能界面查看报废原因，按照转换定义规则，确定报废方式，并能够自动处理原料平衡问题。

4）改工艺流程。当 token 的状态 $j_i = 4$（$i = 1, 2, 3, 4, 5, 6$）时为改工艺流程状态，这种情况多出现在正常生产没能达到生产指标，某些工序需重新生产时，则需修改工艺流程码。设计工艺流程码更改程序，使调度人员通过该界面查询改工艺码的原因，按照转换定义规则，确定如何更改工艺码。

5）拆批。token 的状态 $j_i = 5$（$i = 1, 2, 3, 4, 5, 6$）时为拆批状态，由于冷轧生产要求热处理后，在钢卷上附有炉批号，生产时同炉批号须批处理，即同炉批号须组批生产，不能掉队，一旦有些卷出现质量问题，跟不上同批生产，将影响该批所有生产卷的生产。因此需进行拆批处理，才能使无质量问题的生产卷继续生产。设计拆批处理功能，使调度人员通过该界面查看拆批原因，按照转换定义规则，确定拆批卷号和拆批号。

（3）各车间机组生产跟踪功能：

1）各车间机组生产跟踪功能。当 token 的状态 $j_i = 0$（$i = 1, 2, 3, 4, 5, 6$）时，其转换实际表达机组对生产卷的生产加工，为了记录生产卷的各种生产状态、质量情况，以及制作各种生产统计报表、执行机组生产操作、控制生产卷的物流流程等，在各机组设计生产跟踪功能，查看机组排产作业计划，执行机组作业生产，完成各种生产数据记录（生产前的生产卷的钢质、规格、卷号、重量、标准和质量等，以及生产后的生产数据，同时也记录上机时间、下机时间、生产质量、生产班组等），维护在制品库存，按照转换定义规则，控制生产卷的物流流向等，使机组生产人员通过该功能界面完成上述功能。

2）在制放置场管理功能。在制放置场与生产密切相关，实时性很强，所以在制放置场的管理非常重要。放置场管理包括对放置场中生产卷的生产状态、放置场号、放置场位置、质量情况等进行查询、修改、统计、出入库管理。对各放置场设计管理功能，使其管理人员通过该功能界面完成上述功能。

非生产线程序软件功能。通过软件架构模型，设计出上述全部生产线的软件程序功能，这些软件程序功能将完成从出原料库到进入成品库前的所有生产活动过程，这部分软件功能实时性强，实施复杂，是整个冷轧薄板企业生产综合自动化软件的核心。除上述生产线核心软件程序功能外，还有很多软件功能需要设计。例如：用户合同制定；主生产计划；要料计划；原料和成品库管理；辅助生产车间——轧辊车间生产管理；厂级生产统计和报表；设备物资管理；财务管理；人员工资管理等。这些软件功能实时性要求不那么高，有些具有通用性，但在冷轧厂的 PECS 工程中是不可缺少的。

5.3.2 冷轧生产线软件功能接口设计

从软件的架构模型可以得出，在冷轧生产线中，其触发功能就是软件的程序功能，其接口就在触发功能的触发过程中。依触发过程设计如下接口和数据库基表。各车间机组排产作业计划、各车间生产调度以放置场数据为基础，设计生产计划生产调度与放置场接口规则（确定对哪些记录、哪些字段进行查询和增、删、改），并设计放置场基表，所有放置场用一个基表，用放置场号字段，区分不同的放置场，放置场的每一个记录对应一个实物生产卷和记录其所有需求信息。各车间机组生产由各车间生产与跟踪程序具体执行，其执行按照各车间机组排产作业计划进行。设计生产跟踪与机组排产作业计划的接口规则，并设计机组作业计划基表，其每一条记录对应一个生产卷的任务队列序号、其卷的基本生产信息及所有生产控制参数设定值。放置场由生产跟踪来进行维护，设计生产跟踪与放置场管理的接口规则。生产调度将更改放置场的字段内容、设计生产调度与放置场的接口规则等。接口和详细的接口规则比较复杂和繁琐，需要在编程过程中不断完善。

5.3.3 机组作业计划中的任务分配法

5.3.3.1 特定机组生产钢卷分配方法

在冷轧生产过程中，部分产品（10% 左右）质量要求高，有些工序必须在特定的机组生产。为了解决这一问题，我们引入工艺码来处理。所谓工艺码是用来描述产品的生产工艺流程的。由于该厂有 10% 左右的产品不完全遵循标准的生产流程，为开发软件程序，须设计引用工艺码，以规范生产流程过程，解决软件程序的控制流程关系。对每一个生产钢卷，都将依用户合同要求生成一个工艺码，其形式为：

$$x0z1r0p0j0b0$$

这里，英文字母代表生产工序（x 为酸洗，z 为轧钢，r 为热处理，p 为平整，j 为剪切，b 为包装），英文字母后的数字则代表生产机组（0 为未指定特定机组，1 为指定 1 机组，2 为指定 2 机组，$\cdots$，n 为指定 n 机组）。显然，英文字母和数字的任意可重复组合，可描述所有产品生产流程过程和指定生产机组。在机组任务分配时，先查看工艺码，当该工序的数字不为 0 时，则按数字分配给相应的生产机组。

5.3.3.2 非特定无质量差别机组生产钢卷分配方法

所谓非特定机组生产是指在工艺码中没有指定特定的生产机组，即工艺码中该工序后的数字为 0。所谓无质量差别是指对该生产钢卷加工的机组，其质量标准都相同。这样的生产任务，在生产过程的某些车间，可能有多个机组能够对其进行加工，具体分配给哪个机组进行加工，存在优化分配问题。为说明机组任务分配方法，定义如下符号。针对某一个车间（工序），设：有 n 个任务 $W(i,t)$ 等待生产加工。其中，W 为生产钢卷；i 为钢卷序号（$i = 1, 2, \cdots, n$）；t 为钢卷重量。将生产钢卷按钢卷重量从大到小排列，记为

$\{W(i,t)\}$，$W(i,t)$表示$\{W(i,t)\}$中的元素。$P(j)$为机组生产能力，其中j为机组号。机组生产能力表达机组单位时间最大生产产品重量，在机组无故障情况下该量是常量。$L(i,j)$为机组即时负荷，其中j为机组号，i为生产卷号的队列序号。机组即时负荷表达当时已分配给该机组，且尚未进行生产的钢卷的重量合计。$M(i,j)$为机组j生产加工生产钢卷$W(i,t)$的特征函数，即当机组j能够生产加工生产钢卷$W(i,t)$时，$M(i,j)=1$。当机组j不能够生产加工生产钢卷$W(i,t)$时，$M(i,j)=+\infty$。

$$\text{令}\qquad F(i,j)=(L(i,j)+t\times M(i,j))/P(j) \tag{5-3}$$

其中$j=1,2,\cdots,j$（j为该车间机组总数），i和t为$W(i,t)$中的i和t。

$$\text{令}\qquad f=\min\{F(i,1),F(i,2),\cdots,F(i,j)\} \tag{5-4}$$

如果$f=F(i,j0)$，则分配$W(i,t)$到$j0$机组生产加工（$i=1,\cdots,n$）。

下面说明这种任务分配方法能够保证机组负荷平衡。从特征函数$M(i,j)$和式（5-3）可得出结论：当特征函数不为1时，任务$W(i,t)$不可能分配给机组j。因为这时$F(i,j)$的值也为$+\infty$，并且由于该道工序工艺码的数字为0，所以至少有一台机组可以加工该生产钢卷$W(i,t)$，至少存在一个$F(i,j)$的值不为$+\infty$。不失一般性，设有$j0(j0\leqslant j)$个$M(i,j)$的值为1，即有$j0$个机组可以生产加工$W(i,t)$，所以有$j0$个$F(i,j)$的值不为$+\infty$，该值的实际意义其实就是机组的时间负荷。由于同一个生产钢卷的重量虽然不变，但在不同机组生产加工的时间由机组的生产能力不同而不同，因此无法用重量来度量机组的负荷，但经过式（5-3）的转换，就可把各机组的负荷度量统一到机组生产加工时间上。因此，所谓机组负荷平衡，就是任务分配方法，在满足条件约束下能够最大限度地使$F(n,1)$，$F(n,2),\cdots,F(n,j)$的值相接近。用数学符号表达就是在满足条件约束下能够最大限度地使$\min\{\max\{|F(n,j1)-F(n,j2)|\}\}$成立，这里：$j1,j2\in K$，$j1\neq j2$，$K=\{1,2,\cdots,j\}$。

5.3.3.3　非特定有质量差别机组生产钢卷分配方法

所谓有质量差别，是指在生产过程中某些车间对该生产钢卷生产加工的机组可能有多台，但其生产质量所达到的标准不同。这样的生产任务在生产分配过程中不能单纯地考虑机组负荷平衡，也应考虑生产质量。为了说明机组任务分配方法，我们定义如下特征函数：

$M(i,j)=1$时机组j生产加工钢卷$W(i,t)$最合适；

$M(i,j)=2$时机组j生产加工钢卷$W(i,t)$次合适；

$M(i,j)=+\infty$时机组j生产加工钢卷$W(i,t)$不合适。对这种情况，首先采用上节的分配方法，当有些机组负荷超出计划时间段的负荷时，将调整负荷向特征函数为2的机组。

在机组作业计划功能软件应用中，使用上述生产任务分配方法，可实现了机组与生产任务的最佳匹配和机组的负荷平衡，能解决冷轧生产控制系统（PECS）环境下机组排产作业计划的在线生成问题，可实现生产线的生产路径优化控制，提高生产质量和设备利用率。

5.4   冷轧薄板厂 **PECS** 系统的工程实施

在冷轧薄板厂实施 PECS 工程是十分必要的。它将为企业提供先进的综合自动化手段，改善企业生产管理模式，实现从合同制定、主生产计划、要料计划、各车间机组排产作业计划、生产物料单卷跟踪、异常处理、生产调度、在产品生产质量跟踪分析、原料库存管理、在制品管理、成品管理到交货的生产全程综合自动化。实现生产系统与设备、备件、轧辊管理系统的集成。面向全面集成的生产监控模式和软件功能实施过程及其集成方案设计首先要在充分理解企业的生产工艺和企业领导的经营理念的基础上，结合较先进的计划调度方法，建立冷轧厂的生产综合自动化模式，并在该模式的基础上去设计了 PECS 软件，实施其集成方案。

5.4.1   冷轧企业生产综合自动化模式设计

5.4.1.1   冷轧企业生产综合自动化系统功能运作模式设计

企业的生产综合自动化系统功能运作模式是基于实际生产流程的。根据实际生产流程，考虑生产组织的合理性和科学性，与生产线相关的生产综合自动化功能进行了运作模式设计，如图 5-7 所示。

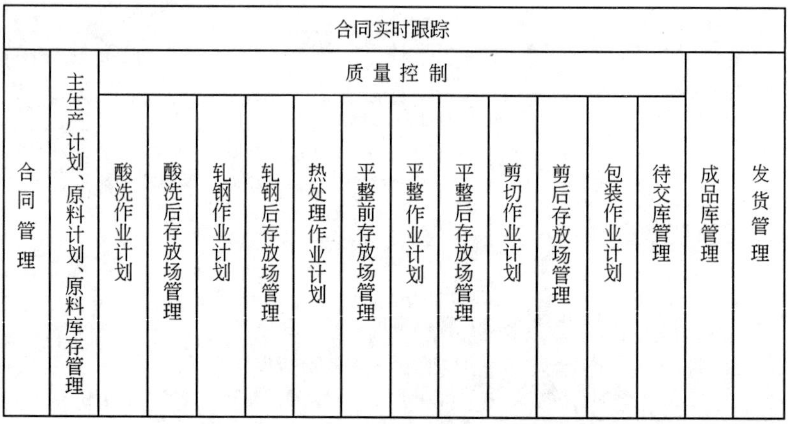

合同实时跟踪													
		质 量 控 制											
合同管理	主生产计划、原料计划、原料库存管理	酸洗作业计划	酸洗后存放场管理	轧钢作业计划	轧钢后存放场管理	热处理作业计划	平整前存放场管理	平整作业计划	平整后存放场管理	剪切作业计划	剪后存放场管理	包装作业计划	待交库管理	成品库管理	发货管理

图 5-7   典型冷轧厂生产综合功能图

5.4.1.2   冷轧企业生产综合自动化模式内涵设计

冷轧薄板厂的生产综合自动化模式可用"订单驱动，库存补充；组批采购，组批投产；来料有户，发货有主；现货充料，及时补充；同炉送钢，单卷跟踪；推拉结合，优化控制；调度监控，及时处理"来描述。

（1）订单驱动，库存补充。是指依据用户订单（用户合同）确定生产。当订单不足时，对市场常需的产品采用假订单方式组织生产，以保证生产不会间断。当新订单符合该产品规格时可直接销售。

（2）组批采购。是指对用户合同进行按类组批，生成主生产计划，按主生产计划查看库存（包括成品库、在制品库和原料库），生成要料计划，统一要料。

（3）组批投产。是指对库存的原料按主生产计划组批，按批投产，以提高生产效率和生产质量。

（4）来料有户。是指原料入库时就已经确定了该料是为哪个用户或哪几个用户生产的。

（5）发货有主。是指发货时严格按照原料指定的用户供货，如有改变必须经有关领导批准。

（6）现货充料。是指当有新的订单处理时，首先查成品库是否有该订单所需求的产品规格的非计划（即没有指定用户）成品。如果有，则可直接将该类成品配给该用户合同；如果数量已够配给该用户合同，则不再组织生产。当数量不够时，查看在制品库和原料库的非计划料，当在制品库和原料库的非计划量依然不够时，应对不足部分要料，组织生产。

（7）及时补充。是指在生产过程中已指定用户的生产料卷发生了质量问题，并确认已成废品时，首先查成品库、在制品库和原料库。如果存在与该料卷钢质规格相同的非计划库存，则按其数量将某非计划料卷作为该生产料卷所指定的用户合同，如果库存没有，则补充要料。

（8）同炉送钢。是指机组排产作业计划约束。为提高生产效率和产品质量，冷轧生产要求在热处理前（含热处理）各工序，以热轧厂的炉罐号为标识进行组批，按批排产（安排在同机组相继生产）。

（9）单卷跟踪。是指在生产过程中对每一个卷都将记录生产数据、班组数据和质量数据，以查询卷的任何生产状态和生产情况，也可生成各种统计报表。

（10）推拉结合。是指在做机组作业计划时首先按照上道工序推下来的生产料卷进行组织生产。当然，头道工序是以原料库的原料进行组织生产。在冷轧生产线中，每道工序完成的生产料卷都将首先进入该道工序后的放置场，下道工序将依据放置场的生产料卷情况，进行各机组的排产作业计划，各机组将依据其作业计划进行生产。

（11）优化控制。包括优化选料、生产料卷与机组最佳匹配、优化排序等多个优化环节。

（12）调度监控，及时处理。是指在生产过程中出现异常问题，如改制、报废、二次轧制、二次退火、计划更改等，均可通过调度功能及时处理。

5.4.2　软件功能实施过程及其集成方案设计

5.4.2.1　用户合同制定功能实施过程及集成方案设计

在 ERP 和 PECS 环境下，接用户订单后，首先要进行用户合同制定，除通常的综合自动化功能外，对每个用户合同必须添加或明确"工艺码"、"标准码"、"用途码"字段，其具体含义如同 5.3.3 节中描述。对每一个用户合同，设计"工艺码"字段，其形式为：

$$x0z1r0p0j0b0$$

这里，x 表示酸洗工序；z 表示轧钢工序；r 表示热处理工序；p 表示平整工序；j 表示剪切工序；b 表示包装工序。字母后面的数字表示指定的生产机组，其中 0 表示没有指定特定的机组生产，在哪个机组生产均可以，可考虑机组的负荷平衡；1 表示指定 1 机组生产；

2 表示指定 2 机组生产，依次类推。这主要是满足特殊产品的生产要求。当然，字母和数字的任意组合，可描述所有产品生产流程。在生产时，该码携带在卷上，生产跟踪系统将按该码确定其下一道工序。如果生产卷不进行改制，则该码不变。该码将在主生产计划、机组排产作业计划、生产调度、生产跟踪等功能模块中应用。对每个用户合同，设计"标准码"字段，其形式为：GB-253，意为国标 253 号。当然标准也有很多。在生产时该码携带在卷上，将按该标准执行生产公差、质量控制等。该码将用于主生产计划、机组排产作业计划和二级过程机的生产控制。对每个用户合同，设计"用途码"字段，其形式为一字符串，如涂油/剪边/，每一斜杠表明一个意思。在生产时将该码携带在卷上，按其说明进行操作。该码将用于主生产计划、机组排产作业计划和二级过程机的生产控制。

5.4.2.2　主生产计划功能实施过程及集成方案设计

对用户合同按产品钢质规格、工艺码、标准码和用途码等进行分类组批，并按交货期赋予一个序号，该序号称为生产合同号。其组成形式包括年、月、日和流水码。所有生产合同号及其以生产合同号为主键携带的信息的集合为主生产计划，这一过程为主生产计划形成过程，依据主生产计划可生成要料计划，进行组批采购、组批生产。其生产合同号为要料单号，通过网络传送给供料厂家，并在来料卷上携带要料单号。在主生产计划生成过程中，生成了生产合同号与用户合同号对照表，即一个生产合同号是由几个用户合同合并而成。由此可知该料是为哪几个用户生产的。这样，可实现来料有户，发货有主，并可通过用户合同的交货优先级实现产品自动调配用户合同进行发货。

5.4.2.3　要料计划功能实施过程及集成方案设计

由于主生产计划对用户合同所需产品的钢质、规格和数量进行了合并，因而可统一要料。其过程如下。对一个新生成的主生产计划，首先按机组产品最佳分配表和轧钢机组的负荷平衡分配机组码（因为不同的机组生产同一种产品，其最佳原料匹配是不同的），然后查看成品库、在制品库和原料库的非计划库存，如果有所需的钢质、规格，则对该卷赋予这个主生产计划号，这个过程叫非计划配合同；如果库存没有或者数量不够，则将根据"产品原料最佳匹配表"进行要料。

5.4.2.4　原料库存管理功能实施过程及集成方案设计

原料库存管理，除一般的管理功能外，还将具备配生产合同功能。它是对原料库中生产合同号是"空"值（原料库中的原料，如果来自联网厂家，则生产合同号自动携带过来；如果某料已是非计划料时，则在原生产合同号前加"f"，只有来自非联网厂家的料，其生产合同号字段的值为"空"值）的料，按照钢质和规格赋予一个生产合同号，表示该料就是为该生产合同生产的。

5.4.2.5　机组排产作业计划功能实施过程及集成方案设计

一般冷轧生产线包括六道工序（酸洗、轧钢、热处理、平整、剪切和包装），由于处理模式相近，只是处理方法不同，现就酸洗工序进行说明。

（1）查询"放置场状态"，筛选上道工序"推"下来的能够生产的料卷（对原料库为已配生产合同的料卷），然后按照"投料混合比"、"交货期优先级"及"支撑辊生产约束"等"拉"的方式，确定该道工序该次排产作业计划所生产的料卷。

（2）查看生产卷的"工艺码"，确认是否指定了特定的生产机组，如果指定了，则按指定的机组安排生产。如果没有指定，则按"产品机组最佳匹配表"和机组负荷平衡进行机组任务分配，确定该卷由哪个机组生产。

（3）对各机组的任务按照"同炉送钢（包括生产合同号、钢质、规格、钢卷温度等）"规则组批、工作辊优化生产（先宽后窄、先厚后薄等）原则进行排序，并且按照该排序确定并卷、拆卷和是否剪边等。

（4）按照"标准码"和"用途码"等组织二级机生产控制参数，包括原料、产品、工艺、生产标准等参数。

（5）将任务队列的卷号传送给二级过程机，二级过程机按照卷号提取所需控制参数进行生产。

5.4.2.6 生产调度功能实施过程及集成方案设计

这里，仅就酸洗工序进行说明。

（1）查询"待处理码"。筛选出有问题的料卷。

（2）查看"质量原因"。确定处理意见，并添加处理意见码。

（3）查询"废品处理码"。筛选出报废的料卷，然后对每一料卷查询全部非计划库存，确定是否需要追加要料，如需要，则进行追加要料处理并清理放置场；不需要，则直接清理放置场。

（4）查询"改制处理码"。筛选出改制的料卷，进行改制处理。然后查询全部非计划库存，确定是否需要追加要料，如需要，则进行追加要料处理并清理放置场，不需要，则直接清理放置场。

（5）查询"改工艺码处理码"。筛选出改工艺码的料卷，进行更改工艺码处理。

5.4.2.7 生产跟踪功能实施过程及集成方案设计

这里，仅就酸洗工序进行说明。

（1）接收该机组的生产任务队列，执行生产。

（2）记录每个卷的生产信息，包括重量、剪边重量、时间、班组等。

（3）记录每个卷的生产质量信息，包括质量级别、质量原因等。

（4）完成放置场管理，生成放置场号、放置场状态码及放置场位置。

（5）对出现质量问题的料卷，添加待处理标识，以便调度处理。

（6）接收机组自动采集的各种数据，并进行分析，制作各种统计报表。

5.4.2.8 成品库管理功能实施过程及集成方案设计

成品库存对于能否实现生产线的闭环监控非常重要，对系统数据的自动维护也很重要，将完成如下功能：

（1）正常的库存管理。

（2）自动配用户合同。按照生产合同号、生产合同号与用户合同号对照表和用户优先码，便可实现自动配用户合同。

（3）发货管理，完成质量保证书和请车管理。

（4）数据维护。对一个生产合同号，当所有的用户合同都配完以后，将对该生产合同号的所有原料库、在制品库和成品库的料卷，更改生产合同号，在原生产合同号的前面加"f"，即将多余的料卷改为非计划。同时对相关的表添加标识，譬如"主生产计划表"、

"放置场表"等，以便程序自动清理该数据，将该数据写进历史表中。只有这样，才能实现真正的信息集成。

上述 8 项就是 PCS 全面地实现了生产全过程综合自动化，数据自动维护的冷轧薄板生产流程的制造执行系统 MES。此外，还有非生产线计算机管理功能的设计，其管理功能主要包括工资、人员档案、备件、能源物资、财务、生产统计报表、轧辊车间管理等方面。这些功能要求数据的实时性和严格的时间序列，相对比较简单，在此不再赘述。

第 6 章

冷轧处理线自动化控制系统

在冷轧薄板生产线上，处理线工艺过程包括酸洗线，热处理的连续退火线，平整线，镀层生产线，包装、重卷、剪切过程。处理线工艺过程十分复杂，设备众多，自动化控制系统所涉及的范围非常广泛，但控制方法和应用的理论并不像冷连轧机那样复杂。各个工艺段存在共同的自动化控制功能，它们是：带钢跟踪功能、速度控制、带钢张力控制、设备顺序控制、逻辑联锁控制、数据采集与处理、数据库管理、设定值计算与控制。本章的主要篇幅将立足于简单介绍这些控制功能在酸洗、热处理的连续退火、平整生产线中应用情况。

6.1 酸洗机组自动化控制系统

典型的冷轧联合机组中酸洗部分与冷轧机是全连续无头轧制。酸洗机组自动化控制系统可使用标准的四级控制：即 3 级为生产执行控制级；2 级为过程自动化控制级；1 级为基础自动化级；0 级为现场级，包括数字传动，传感器仪表等等；还有一套 HMI（人机接口）系统，以便于生产人员使用，酸轧机组有自己单独的 HMI 系统可供使用。

6.1.1 酸洗机组主要设备

典型的酸洗生产线中连续酸洗机组由入口段、酸洗工艺段、出口段三部分组成。入口段主要设备有步进梁、开卷机、矫直机、切头剪、焊机、入口活套、拉矫机等设备组成，主要用途是进行带钢开卷、切去不合格头尾、焊接、拉矫等处理。出口段主要有出口活套、圆盘剪、碎边剪等设备组成，主要进行带钢切边等处理。酸洗工艺段主要设备有酸洗段、漂洗段、带钢干燥器、排酸雾系统等设备组成，主要进行带钢酸洗、漂洗、烘干等处理。酸洗段有三个酸洗槽，用一对挤干辊及一个排放斗将酸洗槽互相分开。每一个酸洗槽对应有一个循环罐，供应酸液给酸洗槽。循环罐也作为酸液收集罐，如果一旦机组停车，酸洗槽的酸液就排放到循环罐内，并且各槽之间的酸液浓度梯度由循环罐保证。其中一个酸循环罐作为酸液供给罐，从酸再生站向该罐加入再生酸或新酸，以控制酸液达到所要求的浓度值。废酸从另一个酸循环罐排放到酸再生站废酸贮罐。漂洗段有一个漂洗槽，分为一个预清洗段和五个工艺漂洗段。漂洗段的特点是，各自单独循环回流，自带漂洗水收集箱和卧式离心泵。冷凝水用于漂洗槽最后一段的漂洗，借助溢流以相对带钢逆流的方向流到第一漂洗段。用于漂洗带钢的冷凝水从冷凝水收集罐中取出。从漂洗槽第一段循环管路中分出一个回路用来漂洗最后酸洗槽出口双辊挤干辊中间的带钢，以保证带钢的湿润。漂洗水排放（即使在机组停车情况下）到漂洗水罐中，然后再由水泵送到酸再生站。为了避免带钢在机组停车情况下产生表面锈蚀，在漂洗槽中设有一套专用的停车漂洗系统。漂洗系统的漂洗水质，是根据离子浓度，通过电导率来控制的。酸洗后的带钢用脱盐水漂洗，以去掉残留在带钢表面的酸液，尽量使带钢表面不产生"停车斑"。带钢干燥器布置在漂洗槽的出口，由两个独立的高压、热空气风机组成，对带钢进行烘干处理。酸洗和漂洗段产生的酸雾由排酸雾系统风机抽出，经过净化塔洗涤，去掉可溶解气体，纯净的烟雾蒸汽被排入大气中，以避免在酸洗机组区域产生有毒酸雾。

6.1.2 酸洗机组基础自动化系统

基础自动化系统可全部采用 PLC 控制，主要控制功能分为顺序控制、带钢跟踪控制、带钢张力控制、带钢速度控制、工艺段控制。

6.1.2.1 顺序控制

（1）钢卷运输。从 1 号和 2 号钢卷小车开始到入口活套的逻辑顺序控制。

（2）入口段的顺序控制功能。带头自动剪切、带头自动穿带到等待位置、带头自动穿带到焊机、带尾自动剪切、自动甩尾到焊机、带钢焊接。

（3）工艺段从入口活套到出口 2 号活套的逻辑顺序控制。入口活套部分、拉矫机部分、工艺段及酸洗段、出口 1 号活套、圆盘剪段、出口 2 号活套。

6.1.2.2 带钢跟踪控制

（1）酸洗入口段带钢定位检测点，如表 6-1 所示。

表 6-1 酸洗入口段带钢定位检测点

序　　号	定位检测点	检测点的设备位置
1	1 号开卷机剩余带钢长度	1 号张力辊
2	2 号开卷机剩余带钢长度	1 号张力辊
3	带钢甩尾到焊机间距离，大约 2m 处建立活套	1 号张力辊
4	带头到穿带导板	1 号和 2 号开卷机
5	带头在处理器夹送辊后	1 号和 2 号处理器夹送辊
6	带头到分切剪	1 号和 2 号处理器夹送辊
7	带头剪切	1 号和 2 号处理器夹送辊
8	带尾剪切	废料夹送辊
9	前材带头剪切废料长度	1 号处理器夹送辊上辊
10	前材带头到等待位置	1 号处理器夹送辊上辊
11	前材带头到焊机	1 号处理器夹送辊上辊
12	前材带钢焊缝在焊机内移动到月牙剪大约 2.3m	1 号处理器夹送辊上辊
13	前材带尾剪切	废料夹送辊
14	后材带头剪切废料长度	2 号处理器夹送辊上辊
15	后材带头到等待位置	2 号处理器夹送辊上辊
16	后材带头到焊机	2 号处理器夹送辊上辊
17	后材带钢（焊缝）在焊机内移动到月牙剪大约 2.3m	2 号处理器夹送辊上辊
18	后材带尾剪切	废料夹送辊

（2）入口活套控制功能。确定剩余带钢的处理时间（即根据活套小车的实际位置，计算完全充满和完全放空所需的时间）。监视活套位置（活套位置在正常情况下分三种位置：紧急停车位置、快速停车位置及计算机监视的运行位置）。不在"活套控制"操作方式下的机组速度，如联合点动，也需要进行活套位置监控。

控制活套位置有带钢定位控制，根据入口、出口带钢速度和加速度进行计算，实际活套位置应除以带钢股数（例如 4 股）。根据入口、出口速度和加速度提供预设定值。

（3）酸洗出口段焊缝跟踪。跟踪焊缝到月牙剪位置；跟踪焊缝到圆盘剪位置。

（4）酸洗机组的带钢跟踪。酸洗机组材料跟踪，如带钢厚度、宽度、钢卷号、延伸率等数据的处理；酸洗机组焊缝跟踪。

6. 1. 2. 3 带钢张力控制

酸洗机组有三种张力控制方式：额定或操作张力、穿带张力与临时停车张力。

（1）额定或操作张力。在入口段应设定足够的带钢张力以保证带钢绷紧及顺利运送带钢。其张力值仅取决于带钢横断面和材质。张力预设定值将由过程计算机或通过 HMI 传送给开卷机传动系统。在工艺段带钢张力必须保证带钢正常运行。拉矫机的张力和弯曲辊、矫直辊的压入深度值必须根据带钢横断面、材质及板形来设定。在过程计算机中由单独的数据表格或通过 HMI 由操作工来设定。其他张力值仅取决于带钢横断面和材质，其设定值将由过程计算机或通过 HMI 设定。设定输出将结合带钢跟踪系统去控制张力辊和活套传动系统。

（2）穿带张力。在穿带进入和穿带穿出过程中，一般以较小的张力操作，大约是额定张力的 30%。使用此张力值的目的是保证带钢基本绷紧就可以了。穿带进入张力值可手动输入或自动输入。

（3）临时停车张力。临时停车张力是当机组临时停车时由控制系统延时后自动进行。其张力值与穿带进入张力值一样，大约是额定张力的 30%。临时停车张力必须根据带钢张力自动功能投入，并且传动系统在稳定状态下执行，其实际带钢张力可能会大于临时停车张力设定值。

（4）酸洗入口段张力控制。带钢穿带到焊机时，必须使用穿带张力；焊接完成、机组启动时，张力必须逐渐加大到额定值张力。张力设定值既可设定单位张力，也可设定总张力。

$$总张力（N）= 单位张力（N/m^2）× 带钢宽度（m）× 带钢厚度（m）$$

如果手动微调设定值，其调整范围只允许严格按设定点的百分比调并在 ±10% 范围内。

6. 1. 2. 4 带钢速度控制

（1）酸洗入口段。在带钢未完成焊接之前，机组未联动起车时有三个速度被设定控制。其一是 1 号纠偏辊压辊、1 号张力辊及压辊为一个速度选择；二是 1 号开卷机和 1 号处理器为一个速度选择（穿带速度：最大 60m/min）；三是 2 号开卷机和 2 号处理器为一个速度选择（穿带速度最大为 60m/min）。三个速度选择可以有不同的带钢速度同时运行。当带钢焊接完成，机组联机启动后，只能有同一个带钢速度运行，入口段正常运行速度是以 1 号张力辊速度为基准，最大速度为 700m/min。

（2）酸洗工艺段的速度设定。传动转向辊、拉矫机及 4 号纠偏辊为同一个速度设定。在正常运行时工艺段速度是以拉矫机的 3 号张力辊速度为基准，同时也是整个酸洗机组的速度基准。

（3）酸洗出口段的速度设定。圆盘剪的碎边剪、4 号张力辊为同一个速度基准。在正常运行时出口段速度是以 4 号张力辊速度为基准。

6.1.2.5　工艺段控制

（1）拉矫机控制。拉矫机的张力是通过拉矫机前后张力辊，即 2 号和 3 号张力辊之间的速度差来产生的。其中 3 号张力辊的 3 号辊关联主传动电机的主令速度。拉矫机有三种操作方式，而实际延伸率的测量和显示与操作方式无关。

1）延伸率功能不投入方式。在这种操作方式下，延伸率传动的速度与变形程度一起进行预设定（设为 0）。此刻拉矫机的力矩严格控制在正常力矩的 5%。

2）张力方式。在这种操作方式下，延伸率传动的实际力矩将恒定，这意味着所得到的实际力矩作为设定力矩的锁定值。以张力传动方式实现负荷平衡控制来保持相应的规定力矩。在焊缝通过的情况下，给延伸率设定值增加一个附加值，用以消除拉矫机中带钢的张力波动。

3）延伸率功能投入方式。在这种操作方式下，延伸率传动的速度，应根据所要求的延伸率来预设定。以张力传动方式实现负荷平衡控制来保持相应的规定力矩。

（2）圆盘剪控制。碎边剪速度设定比机组速度稍大，即包含一个基本设定值加上偏移量，目的是使碎边剪有微量的牵引速度。

（3）出口 1 号活套控制功能。在带钢主令速度控制程序中，具有如下功能：

1）确定剩余带钢的处理时间（即根据活套小车的实际位置，计算完全充满和完全放空所需的时间）。

2）监视活套位置（活套位置在正常情况下分三种位置：紧急停车位置、快速停车位置及计算机监视的运行位置）。不在"活套控制"操作方式下的机组速度，如联合点动，也需要进行活套位置监控。

3）控制活套位置（带钢定位控制是根据入口、出口带钢速度和加速度进行计算，实际活套位置应除以带钢股数）。为圆盘剪段提供预设定速度和加速度值。

（4）出口 1 号和 2 号活套的操作。设置出口 1 号和 2 号活套的目的是吸收连轧机组因减速和停车而产生的带钢剩余套量。过程控制系统提供酸洗工艺段速度、连轧机入口速度、圆盘剪段最大速度以及活套内带钢张力的设定值。并且监视活套位置，根据合适的设定点，以保证活套不会达到极限位置。而且必须以这样的方式控制活套速度，以允许连轧机减速或停车，不影响工艺段的正常速度运行。通常两个活套作为一个装置来操作，即位置差等于 0。过程控制系统设定酸洗机组和连轧机的速度，考虑两个活套的充满状态以及任何计划停机（换卷、换辊）等。

6.1.2.6　酸洗与连轧机之间的关键联锁信号

在酸洗和轧机机组的基础自动化系统之间，有实时的关键联锁信号相互交换以保证联机的协调运行。例如：

（1）当出口活套紧急停车或活套下极限信号为真时，连轧机组必须停车。

（2）酸洗输出到连轧机的出口活套就绪信号。其状态用来启动和运行连轧机。出口活套的紧急停车按钮和安全充满开关硬连接到连轧机紧急停车控制系统，以尽快停止连轧机。

（3）出口活套和圆盘剪段就绪信号，其状态用来启动和运行连轧机。酸洗出口段的实际操作方式是在 1 号轧机前一个焊缝测量点下达的。也用来计算实际钢卷的减速点。

（4）连轧机输出到酸洗机组的穿带、停车信号。当连轧机以穿带速度运行，并且卷取张力已建立或整个连轧机已停车但酸洗机组还在运行，此时连轧机机组应当将操作方式传给酸洗机组。

6.1.3 过程自动化级主要功能

（1）速度优化：过程计算机根据连轧机组主令速度来决定酸洗机组的最佳速度，其目的是以最低能量消耗下获得最大产量为目标的速度优化计算。

（2）数据管理：过程自动化系统接受 3 级生产执行控制系统发送的钢卷基本数据，存入过程自动化系统的数据库中。当热轧钢卷放到酸洗机组入口步进梁的存放位置后，钢卷数据通过操作工在入口操作台手动输入，然后该数据与过程自动化系统中的钢卷数据进行比较。钢卷数据可由操作工在入口操作台终端上确认，然后被跟踪到开卷机。钢卷的数据和位置显示在酸洗机组入口和出口操作室的 HMI 监视器上。并且需要校核宽度、重量和直径。

（3）设定计算：在预设定方式下，轧制预计算启动，并且给一级基础自动化系统提供新带钢的速度、张力设定值。利用酸洗机组入口段确认的钢卷数据，自动开始第一次预计算。对连轧机的最终设定，应通过连轧机前的带钢跟踪系统，进行进一步的预计算。如果出现带钢断带情况，操作工可以要求进行新的计算。在下述情况下，可以由操作工对酸洗机组和连轧机进行新的计算。

1）酸洗机组速度为 0，钢卷位于入口段步进梁上，带头在焊机前的等待位置。

2）连轧机组速度为 0，当前钢卷的最后一次预计算已经用于连轧机。

一旦钢卷已经装到开卷机上，酸洗机组的设定值就下载到基础自动化系统。操作工启动设定值校对功能，确认基础自动化控制系统中现在的操作方向正确，从过程计算机来的相关设定值被封锁。所封锁的设定值既能用于当前带钢，也能用于后面同规格的几个带钢。该封锁与释放必须由操作工操作。

酸洗机组工艺数据库中具有的设定值如下：

1）处理器压入深度设定值。

2）分切剪剪刃间隙设定值。

3）拉矫机设定值，即延伸率及弯曲辊、矫直辊压入深度。

4）圆盘剪剪刃间隙、重叠量设定值。

5）碎边剪剪刃间隙设定值。

6）张力设定值。拉矫机张力与带钢延伸率、弯曲辊和矫直辊的压入深度值等有关，各单位张力值与带钢厚度及材质有关，由于带钢厚度越大，在转向辊上产生弯曲附加力也越大，会影响整个张力的设定。

7）全线速度设定值。根据全线带钢数据管理原则和全线秒流量相等原理，先由过程计算机计算确定连轧机速度，然后确定酸洗工艺段速度。酸洗工艺段速度受两个条件限制：最大加热能力和最大带钢速度。然后由带钢跟踪系统及数据管理跟踪系统，根据酸洗入口钢卷数据（带钢厚度、带钢宽度及钢卷重量），结合入口活套、出口 1 号活套、出口 2 号活套的具体位置，由活套位置控制系统来计算入口段最大速度，以及圆盘剪段的最大速度。

（4）带钢跟踪：酸洗入口段换卷时，入口活套充满以满足焊机焊接时间的要求。带尾停在焊机处，新的带头穿带到焊机，然后带头、带尾在焊机内焊接，焊接完成后入口段加速到设定速度。新带钢将自动输入到带钢跟踪系统中，该跟踪系统负责保证所要求的轧机操作定时启动。带钢参数和状态被显示在主控制台的显示器上。

当焊缝到达连轧机时，带钢必须减速。酸洗出口 1 号、2 号活套将被充满，以保证酸洗机组工艺段速度保持恒定。这时连轧机设定值（如果需要，可重新计算）被下载到基础自动化系统。其后，操作工才能以同样的方法，对酸洗机组基础自动化系统进行设定值改变。

在连轧机出口，焊缝被剪切，新的带头被导向进入空的卷取机卷筒。当卷筒在皮带助卷器帮助下，已经将带钢卷紧，并建立张力后，连轧机加速到所要求的轧制速度。这时前钢卷数据将从带钢跟踪系统中取消。

轧制后的钢卷将从卷取机上卸卷到出口钢卷运输系统，同时其轧制数据由过程计算机收集并整理。一些附加信息，如检查和其他特殊内容的数据，可以通过终端添加进来。

钢卷从连轧机出口步进梁上吊走后，其钢卷数据也从钢卷跟踪系统中移走。在适当的时候，所有轧制钢卷的数据将传送到全厂 3 级生产执行控制系统中。

6.2   连退线自动化控制系统

连退线自动化控制系统与酸洗线相同，也应用标准四级控制：3 级为生产执行控制级；2 级为过程自动化级；1 级为基础自动化系统；0 级为现场级，包括数字传动，传感器、仪表系统等等。并包括人机接口 HMI 系统，以便于生产人员使用。HMI 人机接口系统，对连退生产线的重要信息状态作可视化的监视管理，通过画面直接获得现场信息，输入数据和操作控制，如图 6-1 所示。

6.2.1   连续退火线基础自动化控制功能

6.2.1.1   连续退火线基础自动化系统的任务

连续退火线基础自动化系统的主要任务包括对数字传动、工艺功能和仪表仪器的数据处理等相关功能的控制，设定与反馈值处理，入口、出口的自动顺序控制，带钢跟踪，工艺设定值控制（如张力、延伸率等），可视化过程显示与操作。

基础自动化系统可由可编程逻辑控制器 PLC 组成。对于不同的功能，每一个控制器可独立地运行。在这些自动化装置之间的通信协议可应用高速工业以太网。每个控制器能连接到分别的仪表和传动系统。智能远程 I/O 使用现场总线。基础自动化接受来自过程自动化系统的输入数据和经由 HMI 的操作员输入的数据，并在 HMI 系统做必要的数据显示。

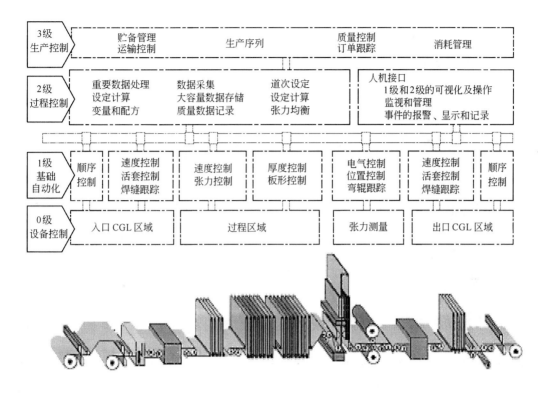

图 6-1　可视化的监视管理

6.2.1.2　材料跟踪

材料跟踪程序分为钢卷跟踪、带钢在线跟踪、带钢质量跟踪、产品生产数据采集。从带钢到入口步进梁，到出口吊走为止，对钢板各类特征进行跟踪。它的功能还包括处理和存储同二级计算机的通信数据。跟踪系统包含钢卷跟踪、带钢跟踪、生产数据设定、产品质量跟踪、生产数据采集。

材料跟踪和焊缝跟踪不仅仅跟踪入口和出口区域的钢卷，同样跟踪焊缝的焊孔。材料跟踪系统还对焊缝通过后，生产线的控制数据给出新的设定值并且开始执行，还要对如光整机这样的对焊缝通过时有特殊要求的设备给出焊缝位置数据。

材料跟踪系统的跟踪功能开始于入口钢卷的传输链上，截止到出口的钢卷运输链。

A　钢卷跟踪

（1）钢卷入口跟踪从步进梁的第一个鞍座开始到开卷机；出口跟踪从卷取机到出口步进梁的最后一个鞍座。

（2）对开卷机到卷取机之间的跟踪叫做带钢跟踪。

（3）钢卷跟踪的方法是利用钢卷步进梁上的鞍座上的光电检测开关或极限，再配合步进梁的移动和步进梁的极限或钢卷小车的检测极限完成。

（4）在吊车将钢卷放到步进梁的鞍座上，步进梁的光电开关或极限检测到钢卷后，跟踪在对应的跟踪位置放置一个没有标志的钢卷，钢卷号显示特殊符号，以便通知操作工做钢卷确认。

（5）操作工通过二级画面或跟踪 HMI，在三级下达的生产计划中选择一个同现场实际相符合的钢卷数据确认到正确的位置上。

（6）而后钢卷跟踪系统利用该钢卷号进行钢卷跟踪和以后到生产线上的钢卷焊缝跟踪。

（7）钢卷在入口的步进梁上的测宽、测径前部分固定位置确认和修改数据，包括钢卷号。

（8）入口区域的钢卷跟踪。

B　带钢跟踪

带钢跟踪是在基础自动化完成的，带钢穿过整个区域，跟踪包括焊缝变化、厚度变化、宽度变化等。

整条线被分割成不同的跟踪区和跟踪子区，这样做提高了焊缝的跟踪精度，跟踪区域有不同的特点。一种区域必须有恒定的长度，如连退炉区；另一种区域有恒定长度和变化长度结合，如活套跟踪区。

跟踪系统跟踪带钢的特点是当焊缝到达另一个区域时，带钢跟踪就转化到另一个跟踪区域。焊缝跟踪系统可以同时在线跟踪一定数量的焊缝（如定义 20 个焊缝），这样满足了实际需要。

带钢跟踪系统包括以下一些功能和完成方法：

（1）在开卷机和卷取机之间，不同区域有不同的速度，带钢跟踪系统通过每个区域的脉冲发生器，根据不同区域带钢速度计算出带钢头部和尾部的位置。为了保证特殊情况下的跟踪，在一个区域脉冲发生器发生故障时，可以用临近区域或生产线线速度来暂时代替该区域脉冲发生器进行跟踪。

（2）全线根据实际情况和张力辊数量，有一定数量的跟踪区，每个跟踪区内根据实际情况最多可分为 10 个跟踪子区，每个跟踪子区定义为一个 PTA 号，PTA 号从焊机开始排序，连续地排到尾部分卷剪子。根据 PTA 号可以识别焊缝位置。

（3）利用 PTA 号的位置可以完成焊缝具体位置计算，和焊缝距离某一 PTA 的距离。

（4）利用 PTA 还可以完成生产控制数据的设定，在带钢焊缝通过一个区域的起始 PTA 后，可以对前一个区域的控制数据（如张力等）进行重新设定。

（5）带钢生产顺序的信息和在区域内带钢焊缝分割位置信息，通过不同颜色在 HMI 上显示，这些信息同样也被过程计算机采用。

（6）通过焊孔标定来同步焊缝跟踪。

（7）带钢跟踪系统总共固定数量的数据区（如定义 20 个焊缝），每个数据区动态地可以放置一个焊缝的数据，每产生一个新的焊缝，跟踪区便增加一个焊缝数据，每在出口完成一个焊缝切割，跟踪区便删除该焊缝的数据和存在标记。

（8）为了保证焊缝的可靠，防止一个焊缝多次焊接产生错误信息，每当有一个新焊缝焊接完成后，跟踪系统比较焊缝移动距离，在焊缝距离焊机达到最小焊缝距离后确认该焊缝有效，记录到焊缝跟踪区。

（9）为了多个跟踪焊缝的计算，系统各执行每个周期扫描一次在线的焊缝跟踪区域的数据区，检查标志位是否被焊缝占用，如果占用便处理该数据区的焊缝数据，根据焊缝所在区域计算焊缝移动距离。

C 控制点

控制点是生产线上的一些固定位置，当焊缝通过时需要开始执行一系列功能。这些功能包括：

（1）从设定数据存储区设定值，到下一级的控制系统，同步整个生产带钢穿过生产线（如张力设定）。

（2）启动带钢位置定位，如光整机、剪子。

（3）触发生产线系统对焊缝产生反应。

（4）启动生产结果数据传输到过程控制计算机。

（5）记录数据的质量问题、带钢位置和问题代码。

D 材料跟踪同步

材料跟踪有可能被干扰，例如入口区域的人工干扰，人工用吊车将钢卷吊走。入口区域的这些问题需要在跟踪显示部分同步，这个功能由过程计算机来识别。

材料跟踪同步提供以下功能：

（1）从跟踪中删除一个钢卷。

（2）从跟踪位置移动一个钢卷。

（3）在跟踪位置增加一个钢卷。

（4）焊缝人工同步。

（5）断带后人工焊接后的处理。

E 检查台

出口检查台提供下列按钮操作：

（1）按钮作为材料问题的确认码。

（2）确认带钢电机侧、中部、传动侧。

（3）确认上表面、下表面。

首先选择表面和位置，然后才能确认问题质量代码，MTR（材料跟踪模块）发送质量问题开始报文到 L2，这时问题按钮指示灯点亮，如果同一个按钮再按一次，质量问题结束报文发送到 L2。

每一个质量问题单独记录，系统最多可以同时接受 16 个质量问题。如果问题延伸到下一个钢卷，开始报文自动再发送到 L2 作为新钢卷开始，对于前一个钢卷的结束报文同时发送到 L2。

根据表面检测仪通信完成同样的质量跟踪功能。

F 出口分卷

（1）切割焊缝：如果焊缝接近剪子时，MTR 自动给切割控制发出一个信号通知焊缝到达，出口控制系统无条件停车切割焊缝。

（2）根据产品钢卷重量切割：MTR 在从过程计算机接收生产计划时同时接收分卷计划。过程计算机从生产计划中接收最大最小钢卷重量，同时根据钢卷重量计算目标重量对应的带钢长度。根据焊缝位置或目标长度再计算剩余带钢长度，控制分卷切割。

（3）人工切割：线协调和运行驱动程序负责控制人工切割。

　　MTR 通知过程计算机带钢分切，过程计算机重新下达一个钢卷代码。随着材料跟踪系统，控制基础自动化。基础自动化请求新的设定数据，以前因此数据由于切割分卷发生变化。

　　G　跟踪区的划分

　　如图 6-2 ~ 图 6-8 所示为跟踪区划分的示范应用。

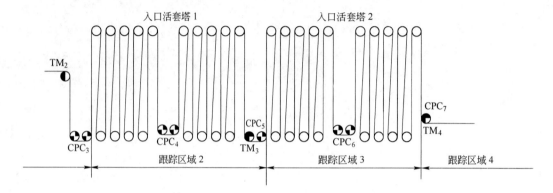

图 6-2　跟踪区域划分（一）

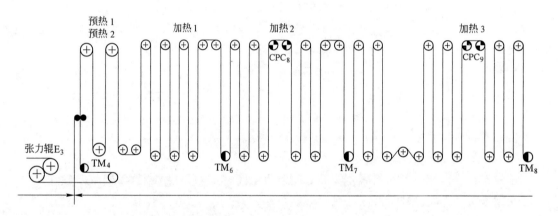

图 6-3　跟踪区域划分（二）

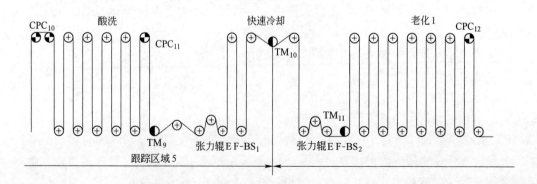

图 6-4　跟踪区域划分（三）

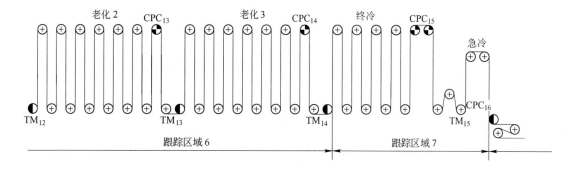

图 6-5　跟踪区域划分（四）

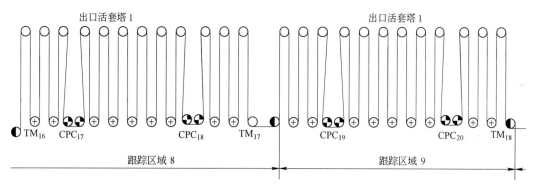

图 6-6　跟踪区域划分（五）

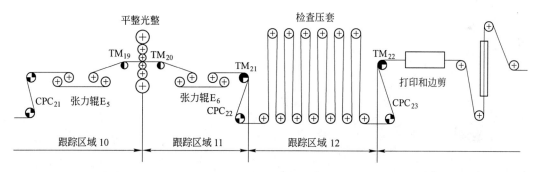

图 6-7　跟踪区域划分（六）

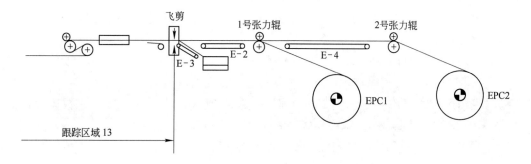

图 6-8　跟踪区域划分（七）

6.2.1.3　生产线协调和运行驱动控制

全线协调和运行控制（LRC）实现区域内（入口、过程段、出口）部分的设备控制，提供不同操作控制设备运行，保证每个设备的正确工作。该功能驱动区域内的变频设备协调一致的运行，同时发出指令控制辅助设备正确动作，包括了运行参数设定、启动停止斜坡、定位、切割等的控制。

对每个传动设备通过计算速度、加速度，然后根据辊径、齿轮比等转化成转速设定到传动，控制升速、降速曲线。根据二级计算机的计算或 HMI 操作工人工强制的区域张力设定值，根据张力辊的转矩动态分配原则或静态分配原则分配张力辊的转矩，根据炉区的各个辊的转矩分配原则分配转矩，调节区域张力转化，计算张力补偿，根据辊径齿轮比计算每个传动的转矩设定。完成开卷、卷取的卷径计算。

生产线协调和运行驱动控制功能包括：

（1）区域运行模式控制，包括运行、停止、保持、爬行、快停；

（2）带钢运行过程中的逻辑控制，启停、开关控制、组合送电；

（3）根据操作情况和带钢处于运行、穿带、抛尾等情况，设定传动运行参数；

（4）所有其他辅助必要设备如压辊、矫直、引带设备等的协调动作；

（5）控制带头、带尾的运行和自动定位；

（6）带钢的带头、带尾的定位计算；

（7）控制传动设备的单体点动；

（8）控制传动设备的组合联动；

（9）张力控制；

（10）活套自动控制；

（11）自动减速控制。

A　操作方式描述

操作方式由操作工进行选择，LRC 根据实际生产线运行情况确定选择的合理性和检查运行条件后实施运行。

（1）线运行：根据规定的升速斜坡，区域投入线运行状态，在达到限定速度后保持限定速度运行。运行状态可以被停止、爬行、恒速、引带/抛尾、快停、急停等中断。

（2）爬行：生产线以规定的加速度升速到爬行速度（30m/min）。爬行状态可以被停止、运行、恒速、引带/抛尾、快停、急停等中断。

（3）恒速/保持：可以被运行和停止模式中断，冻结生产线速度，保持速度，对于入口、出口区域，当活套满或空，或者入口抛尾、出口卷取达设定值或焊缝到达时，该模式可以被终止。该模式可以被停止、运行、爬行、引带/抛尾、快停、急停模式中断。

（4）引带/抛尾：传动以规定的斜坡速度加速到指定的引带/抛尾速度。

（5）停止：全线所有传动以规定的减速率减速到速度为零，停止模式可以被运行、爬行、恒速、引带/抛尾、快停、急停模式中断。

（6）快停：生产线区域以设定好的最快速度斜率从当前速度下停车，快停可以被自动或手动启动，可以被急停中断。

（7）急停是一种安全模式，当出现危险或涉及设备安全故障时启动，当其启动急停时，张力不再受控，详细表述在急停内容。

（8）组合联动：预先从本地操作台或主操作台选择好传动组，使用预先规定的运行速度联动运行，在组合联动时使用减传动的转矩方式。

（9）单独点动：从本地操作台操作单独点动，一般用于测试或维护。

B　速度选择

（1）建立运行速度的初始条件和中断事件如表6-2所示。

表6-2　建立运行速度的初始条件和中断事件

执 行	初 始 条 件	中 断 事 件
运 行	·张力建立 ·没有减速停车执行 ·本区域在爬行、引带/抛尾、保持或静止状态	·紧急停电 ·紧急停车 ·快停 ·停止 ·穿带 ·爬行 ·保持

（2）爬行的初始条件和中断事件如表6-3所示。

表6-3　爬行的初始条件和中断事件

执 行	初 始 条 件	中 断 事 件
爬 行	·张力建立 ·没有减速停车执行 ·本区域在运行、引带、保持或静止状态	·紧急停电 ·紧急停车 ·快停 ·停止 ·穿带 ·运行 ·保持

（3）保持的初始条件和中断事件如表6-4所示。

表6-4　保持的初始条件和中断事件

执 行	初 始 条 件	中 断 事 件
保 持	·张力建立 ·没有减速停车执行 ·本区域在运行、引带、爬行模式 ·区域速度大于最小值	·紧急停电 ·紧急停车 ·快停 ·停止 ·穿带 ·爬行 ·运行

（4）建立穿带速度的初始条件和中断事件如表6-5所示。

表6-5　建立穿带速度的初始条件和中断事件

执 行	初 始 条 件	中 断 事 件
穿 带	·没有减速停车执行 ·本区域在运行、爬行、保持或静止状态	·紧急停电 ·紧急停车 ·快停 ·停止 ·保持 ·爬行

C   停止模式

线协调和控制系统监视区域内的任何电气、机械或液压故障，这些故障将在 HMI 运行条件或报警信息显示。

（1）正常停车：当操作工操作或一些内部低级故障，运行条件丢失等引起区域设备停车，在停车期间保持一定时间所建立的张力，停止过程只能被急停、快停所中断。

（2）快停：操作工操作或一些内部故障引起区域设备停车，以快速停车速率停车，在停车期间保持一定时间所建立的张力。例如由于区域内断带将会引起快速停车，快速停车可以被急停中断。

（3）急停：急停是一个完全独立的控制系统，线协调运行驱动系统在传动设备发生硬件急停前使所控制区域停止运行。在 LRC 接收到控制区域急停信号后立即发出急停速度斜坡，减速所有传动以急停速度斜坡形式停止。

D   带钢传动控制

（1）点动：使用操作台或操作面板上的控制开关控制传动设备前进或后退。

系统检测点动的操作请求，并给传动控制设备发送运行脉冲。在点动执行过程中，程序也同样控制其他联锁条件。

基本的点动联锁条件为：

1）传动准备运行；

2）没有急停；

3）没有快停；

4）该设备没有其他组合联动或自动程序启动；

5）没有正常运行；

6）通信连接正常；

7）液压或润滑系统正常（如果需要）；

8）没有冲突命令请求。

（2）组合联动：使用操作台或操作面板上的控制开关执行组合联动。

系统检测联动的操作请求，并给传动控制设备发送运行脉冲。在联动执行过程中，程序也同样控制其他联锁条件。对于恒定的带钢速度需要考虑辊、卷取或开卷直径。

组合联动的另一个功能是自动功能，在顺序控制启动后，根据实际需要调用不同范围的组合联动，完成带钢的运动，在运动过程中如果考虑定位需要再启动定位计算控制程序，保证带钢在联动过程中实现定位。组合联动在出口和入口作为自动顺序控制的基础，对于组合联动控制一般采用减张力控制方式，保证带钢一定的平直程度。

基本的组合联动联锁条件为：

1）联动范围内传动准备运行；

2）没有急停；

3）没有快停；

4）该设备没有其他组合联动或自动程序启动，没有点动运行；

5）没有正常运行；

6）通信连接正常；

7）液压或润滑系统正常（如果需要）；

8）没有冲突命令请求。

（3）传动的协调控制：线协调运行控制可以管理独立速度斜坡，根据生产线的不同请求，传动系统使用这个斜坡。不同的组选择有不同的设定值。

传动系统的速度设定计算在本功能进行，根据速度要求，考虑每个旋转辊的位置，通过辊径、齿轮比计算该辊的转速设定值。对于活套帮助辊的速度计算，考虑帮助辊的位置、出口、入口的线速度、活套的带钢股数等计算实际该辊线速度，再通过辊径和齿轮比计算实际该辊的设定转速。对于活套的绞盘速度设定计算，考虑带钢的股数、钢绳的情况、绞盘直径、齿轮比等因素计算转速设定值。对于光整后的张力辊速度计算要考虑带钢的延伸率因数。

1）任何的操作模式，不论来自何方都需要由线协调运行检查有效性。

2）如果运行条件满足，允许被选择的传动运行。

3）如果被选择的传动准备好了，将以斜坡模式输出速度。

（4）特殊的协调功能：所有顺序控制 HPC 完成的自动功能都依靠组合联动来完成。

1）入口部分：带头到入口剪子、带头切割、带头到焊机、带尾切割、带尾到焊机。

2）出口部分：带钢切割、带头到卷取、带尾定位到卷取、带头穿带到卷取机。

（5）速度斜坡：对于入口不同的自动控制采用不同的速度斜坡，例如带头到焊机、切头、切尾、带尾到焊机等采用不同的速度。对于出口带尾或焊缝定位到飞剪、带尾定位到卷取机、带头穿带到卷取机等等也有不同的速度斜坡控制。过程段根据线运行速度的要求，考虑如 L2 或其他特殊情况的限速要求，利用速度设定斜坡发生程序完成正常的加减速度控制，速度设定斜坡发生程序同时有快停的速度斜坡产生功能。

（6）带钢定位计算：带钢利用传动张力辊或夹送辊的码盘自动定位是一个闭环控制系统，它是将带钢的特殊部位如带头、带尾、焊缝定位到指定位置，利用指定的定位位置前最近距离的光电开关作为定位起始标定点，即码盘定位的初始位置，开始定位计算。

定位启动和运行可以在任何速度斜坡条件下进行，定位控制既可以控制带钢停车也可以控制控制带钢速度变化。

（7）自动减速停车：当带钢尾部结束时，入口自动减速功能将运行速度减到抛尾速度，以便定位停车。在出口，当钢卷到达分卷长度或焊缝接近出口时自动减速到飞剪切尾速度。

以下一般作为减速点：

1）入口到抛尾的剩余长度；

2）出口卷取钢卷直径；

3）出口到焊缝的剩余长度；

4）出口到目标点的剩余长度。

根据请求的目标情况和当前速度，当减速点到达时，减速停车程序自动启动，目标的速度和减速度自动设定到控制程序内，该程序将速度减到目标值。

出口的剩余长度由跟踪程序计算出来，而入口的剩余长度由线协调运行驱动计算。程序根据要求剩余长度和减速安全长度一起作为自动减速的参考。

在入口，考虑最终带钢速度，抛尾延时、循环时间，这些数据提供给在入口的带钢尾部抛尾控制程序，带钢尾部抛尾控制程序正确地控制最终速度，到达的目标点。

分卷控制程序在出口考虑产品的钢卷尺寸，切割时的线速度，其达到产品卷的剩余长度由跟踪来计算。

6.2.1.4　活套控制

活套控制包括带钢张力控制、活套车位置控制两个独立的控制活套。

A　带钢张力控制

不论活套入口速度、出口速度、活套位置如何变化，活套张力保持恒定。

带钢张力测量位置的距离应当是最有效反应实际张力的位置，该数据作为绞盘速度控制的修正值设定。活套张力控制分为直接张力控制和间接张力控制，直接张力控制比较间接张力控制的优点是不依赖带钢的摩擦力、弯曲力、活套重量。

绞盘的速度控制依赖于入口和出口的速度差，再计算活套股数、钢绳股数、齿轮比等。

B　活套车位置控制

活套车的位置控制作为一种位置控制方式，根据活套入口出口区域带钢速度变化控制活套的位置。

在 HMI 上形象指示活套位置采用活套量的百分比，绝对值码盘传感器用于测量活套车的实际位置，活套位置控制作为一种闭环控制，当活套的设定值（入口高位、出口低位）达到后，出口区域、入口区域自动跟随过程段的速度。

C　功能描述

活套的主要作用是保证过程段的速度恒定，应用以下主要功能保证完成上述目标：

（1）在入口开卷即将完成时入口活套必须保持满套，保证最长的入口换卷时间。

（2）在尾部产品长度卷快达到目标值前，出口活套必须拉空。

采用下面的充/放套方案支持这些功能：

（1）活套充/放套方案作为一个正常使用方案，一旦允许启动时活套必须以最大速度充/放。

（2）对于入口活套，在允许启动后，入口活套采用对过程段增加一个速度差来进行充套。如果在活套前有清洗区，充/放套方案也正常使用，但要考虑清洗的效果。

（3）入口活套充套时间和使用的充套速度应当考虑开卷机剩余长度的要求。如果在充活套时对中存在问题或带钢厚度厚容易引起跑偏情况，那么活套量保持一定的高度，既保证带钢的对中，又保证了足够的时间入口换卷。

以上三种充活套方案可以在 HMI 上选择。

D　充/放双活套的方案

对于入口出口活套塔都是双活套情况，在维护模式下单个活套都可以单独移动，每一个有自己的速度控制、自己的张力测量和控制。正常生产线工作情况下，两个活套一起工作，在充套和拉空活套过程中保持相同位置。

双活套在充套时由于利用活套标定计算出两个活套高度差，在定位控制活套达到定位高度时活套位置控制自动调整。

活套自身的倾斜检测完成活套倾斜检测，在达到一定程度时停车。

E 充/放检查台活套的方案

检查台活套的目的是为了在一段时间降低带钢运行速度以保证检测人员得到最好的检查效果，如果检查台的操作人员要最好的检查效果，需要认真检查某部位的带钢，必须在保证前端光整速度的条件下，短时降带钢在检查台的运行速度。

6.2.1.5 张力处理

张力的处理与控制分以下几部分。

A 活套、卷取机、张力辊的张力控制描述

张力控制基于以下两个原则：

（1）通过转矩间接张力控制。

（2）依靠张力测量仪直接控制张力。

直接张力控制原则用于线上，并且用在张力值要求高而且精确的地方，如活套、炉区、光整区；间接张力控制使用区域主要目标设备要求带钢线速度恒定，如开卷机、卷取机。

高精度的直接张力控制来源于直接张力测量。张力控制软件采用叠加法张力控制器完成，给下级的传动控制设备一个速度叠加参数 Δv（或转速参数 Δn）。所有传动都为速度控制方式，采用高精度和高动态的速度反馈。直接张力控制独立于摩擦力、带钢弯曲力，甚至对于活套带钢自身的自身重量。直接张力控制特点是自动适应速度、温度、转矩损失、带钢厚度、宽度、活套位置。

间接张力控制没有对张力的测量设备，转矩控制传动根据下式

$$T_q = (\Delta TD)/2i\eta$$

式中　T_q——转矩设定；

　　　ΔT——控制辊的前后张力差；

　　　D——辊径；

　　　η——机械效率；

　　　i——齿轮比。

间接张力控制要考虑摩擦系数、带钢弯曲力、转矩损失、活套带钢重量。

B 卷取传动描述

开卷机和卷取机要求应具备以下功能：

（1）从线速度设定和工艺速度增加考虑独立的卷取传动速度计算。

（2）为了保证线速度，转速需要根据钢卷卷径的变化而变化。

（3）计算实际钢卷直径。

（4）计算固定或变化的卷取机或开卷机的惯性。

（5）考虑张力、加速度、摩擦力因素计算转矩设定值。

（6）开卷机、卷取机的间接张力控制也支持直接转矩和张力测量。

（7）根据带钢的厚度计算带钢在开卷机的剩余长度和在卷取机的卷取长度。

（8）计算带钢在开卷机的剩余长度时，考虑卷筒的胀径。

（9）开卷机带尾接近时考虑减张力方式。

（10）卷取机张力考虑硬壳功能。

（11）从实际转速频率中计算实际速度。

（12）传动模式和控制包括：

1）转动惯量的补偿；

2）摩擦力损失的补偿；

3）启车控制；

4）抱闸控制；

5）点动；

6）齿轮比的转换；

7）直径计算和控制；

8）辅助控制；

9）急停。

C　静止和操作张力的应用

带钢张力设定和复位依靠线状态和操作干预，当生产线开始运行时张力必须以斜坡方式达到操作值，出口和入口张力由电机的转矩代替。如果线速度保持零一定时间，静态张力以斜坡形式降到零并且请求抱闸抱住。

D　功能描述

速度控制器控制线上每一个区域的速度，下面具体描述速度和张力控制。

（1）开卷机：依据入口区域的带钢过钢状态选择不同控制方式，如果带钢在焊接前，没有纳入主线控制，这时开卷机控制模式是速度方式，其他的传动根据材料流量原则也运行在附加速度方式。这种模式的优点是在穿带时绷紧带钢。如果带钢被焊接到主线上，开卷机转入间接张力控制方式。

（2）张力辊：依据张力辊在线上的位置不同，分为速度方式、直接张力控制方式、间接张力控制方式。线上每一个区域有一个主速度，主速度控制器以主速度值控制该区域，该张力辊没有附加速度。

（3）活套：活套采用直接张力控制方式。

（4）挤干辊：挤干辊采用减弱张力控制方式。

（5）炉辊：所有炉辊采用减弱的张力控制方式。

以上过程段控制张力向下级联方式完成。为了适应张力控制的输出，速度变成工艺速度。这种工艺速度是在线区域速度上增加速度参数，其结果成为速度参考，它被当作速度以附加张力的形式控制辊。

这种工艺速度也用在过程段张力控制级联，级联从主速度辊到入口活套方向，张力级联在临近区域张力改变时控制防止张力波动。

（6）卷取机：依据入口区域的带钢过钢状态选择不同控制方式，如果带钢在分卷剪子前，带钢没有加入主线的情况时，带钢卷取机以速度方式控制。前端传动根据流量运行也以速度方式控制，只是在速度基础上减去一个参数，保证带钢在抛尾时绷紧。

在带钢加入主线情况下，张力辊根据速度切换到张力控制模式。

如果带钢通过助卷器穿带，卷取机以转矩模式运行。这时带头穿带到卷取机模式，在这种模式时，转矩值是参考转矩的几分之一，在卷取机卷了几卷后，助卷器收回，采用转矩参考值。

E 断带检测和停车控制

在张力控制和管理中包含一个重要的内容是带钢的断带自动判断和控制停车，带钢断带的自动判断根据张力计的张力和两个区域的张力差，还参考区域的速度设定值和实际值的变化综合判定是否带钢断带。在带钢自动断带检测到断带信号后，系统自动以快停方式停车。断带判断需要在现场调试阶段对其参数进行调整到最佳状态，否则容易产生误报。

6.2.1.6 对中控制

生产线上的对中控制，主要包括以下两种对中控制设备：

（1）位置对中控制（CPC），用于开卷机、对中辊。

（2）边部位置控制（EPC），用于卷取机。

对中控制器的任务是将带钢控制在线的中心，边部位置控制的目的是生产在卷取机形成干净、平的钢卷表面。对中控制是独立的控制设备，它独立控制自己的对中辊。

对中单元同基础自动化通信，基础自动化发送控制信号给对中单元，接收状态信号、实际值和带钢位置。实际值和状态信号显示在 HMI。

（1）开卷机：对中单元包含自己界面显示和通信，以下模式自动切换：

1）在带钢甩尾后，卷筒空时，对中移动开卷到中心；

2）在上卷并穿带时对中保持开卷在中心；

3）带钢焊接、张力建立、向前运行时对中切换到自动方式；

4）带钢抛尾、停止、倒带时切换到手动。

（2）带钢对中辊：对中单元包含自己界面显示和通信，以下模式自动切换：

1）张力建立和线运行方式时，对中切换到自动方式；

2）张力没有建立，线没有运行时，对中切换到手动；

3）线倒带时，切换到对中。

（3）活套对中辊：对中单元包含自己界面显示和通信，以下模式自动切换：

1）张力建立和线运行方式时，对中切换到自动方式；

2）张力没有建立，线没有运行时，对中切换到手动；

3）线倒带时，切换到对中。

（4）卷取机：EPC 单元包含自己界面显示和通信，以下模式自动切换：

1）在带钢卸卷后，卷筒空的时候，对中移动开卷到中心；

2）等待穿带时对中保持开卷在中心；

3）穿带后、张力建立、向前运行时对中自动切换到自动控制方式；

4）带钢抛尾、停止、倒带时切换到手动。

6.2.1.7 清洗控制系统

A 喷淋清洗部分

高压的碱性溶液喷淋在带材上。热的碱性溶液洗去带材表面的油脂和脂肪物质。污染物和不牢固的碎片通过高压喷淋和机械刷辊方式洗去。在磁过滤单元，洗掉的污染物从碱性溶液中过滤出来，这个碱性溶液含软化水、苛性钠和脱脂剂，按一定的比例在循环箱里混合而成。如果有必要，可将除沫剂加入到碱性溶液中。

循环泵通过热交换机将清洗液加热，传递到清洗顶部，再循环回到循环箱。多个方向的清洗液被转移到磁链过滤器，过滤的溶液通过重力返回循环箱。

失去效力的清洗液排入污水坑。流量计监控排入污水坑失去效力的清洗液数量。

开关阀是清洗循环泵的通道选择阀。在加热模式下清洗液通过热交换器循环并返回循环箱，一旦温度达到了，开始程序启动并且加入到清洗液喷淋顶部。

泵的所有手动阀由接近开关监控。如果打开状态在泵运行时丢失，则泵将自动停止。手动阀打开和关闭由操作工控制。

泵压力、流量通过流量开关监控，无流量或低流量将自动切断运行的泵。

清洗液的浓度不断地通过电导计测量。废水清洗液定期排到污水坑。排出的流量由监控记录到监控器。

热交换机安装在循环泵的压力出口。清洗液的温度升高将有更好的脱脂效果。

B　刷洗机循环系统

在刷洗机单元，刷洗泵循环清洗液从循环箱到喷淋清洗顶部，回流是通过磁过滤系统或直接通过重力返回循环箱，通过手动选择通道。喷淋清洗部分和刷洗机循环系统部分共享循环箱。

液位控制用于泵运行条件和泵的保护，泵后手动阀的接近开关有状态监控，如果打开状态在泵运行时丢失，则泵将自动停止。泵的压力、最小流量通过流量开关控制，无流量或低流量将自动切断正在运行的泵。

C　磁过滤系统

从刷洗机来的溶液包含所有的残留油脂和从带材刷洗下来的污垢。流回循环箱之前，溶液将通过磁过滤单元过滤和淤渣清除。操作工将通过手动阀的打开和关闭来选择"通过过滤器"和"不通过过滤器"。手动阀的状态由接近开关显示。

D　电解清洗部分

碱性清洗液通过热交换器后抽到箱里，清洗液从箱的底部进入从顶部溢出。这样可以确保电极完全浸没在水中。鼓风机安装在箱的顶部来冲淡过程中产生的氧和氢。箱中的液位通过液位开关监控，低液位时液位开关能自动切断整流器并报警。操作者可以从人机界面上打开流线箱的阀，把流线箱的溶液排到循环箱。在现场可以打开手动倾卸阀，把工作箱里的溶液倾卸到污水坑，手动阀由接近开关监控。

循环箱的液位通过控制可以自动添加软化水或者刷洗机的清洗液。温度控制循环维持清洗液温度在要求的操作范围。同样传导率控制将碱性清洗液的浓度维持在最佳清洗范围内，打开脱脂阀，定时器可以自动控制添加碱洗的量。流量监控在低流量时自动切断正在运行的泵。

对于自动运行应当准备一个与速度和带宽成比例数值选择的电流，当速度为 $30\mathrm{m/min}$ 时恒定的电流密度是 $800\mathrm{A/m^2}$，速度大于 $30\mathrm{m/min}$ 时电流密度成比例变化。

电极的变化周期可以在 HMI 的密码界面上设置参数，带材可以在仪表顺序中设定参数，指导值为处理带材 10000m 后交换电极。变换电极仅仅在第一条焊缝进入处理箱后完成，因此，如果操作者未能通过 HMI 发现焊缝，整流器的电极系统也能起作用。如果整流器断开，操作者从 HMI 中收到报警信号，残留在整流器中的电流将被自动平衡。

E　热水喷流清洗

喷流清洗箱在清洗系统中有三个阶段，这三个清洗阶段每一个都通过挤干辊分离。软化水通过一个手动调整阀一直添加到最后清洗部分。在最后清洗部分传导率测量监控清洗液的纯度，传导率高将自动打开软化水供应阀添加软化水。

F　污水坑

所有的废水和失去效力的溶液都收集在碱性污水坑里，然后把这些废水抽到废水处理车间。一般，一个泵运行足够处理这些废水，如果不够则第二个泵将自动投入运行。

G　带材干燥

带材干燥是让湿润的带材通过干燥机。第一个风扇通过手动调整副翼吸入周围环境的大气并将它吹入干燥机里的循环气流。第二个风扇从干燥机吹出湿气送到排气装置。温度控制的热水交换器用来加热空气把热的空气维持在最佳的带材干燥温度。

H　排烟系统

处理部分产生的烟，由除雾器洗去，然后按照环境保护的规定安全排入大气中。

6.2.1.8　急停系统

A　综述

下列两种状态启用急停系统：

（1）急停关闭：在非常紧急情况下如火灾。

（2）急停：为了保护人及机器，或作为一种设备故障的安全设计，在非常紧急情况下使用。

B　急停

急停是一种安全操作，来自于生产过程危险环境和设备保护的安全设计。急停按钮安装贯穿整个生产线，并且分区域执行。急停系统独立布线，所有急停信息都在画面记录。急停请求在急停区域内的设备尽快停车。

在线上急停时执行下面工作：

（1）带钢传送系统：在急停斜坡下控制线停车，所有在响应区内的传动同步停车。在区域停止后，所有传动立即断电。

（2）非线传动：这部分设备立即断电。

（3）阀组：供电停止或液压停止后阀将停止，UPS 将不切断供电。

C　急停结构

采用高性能的冗余 PLC 系统，输入采用双通道系统，输出驱动两个中间继电器，而后连接多个接触器，接触器的数量取决于急停传动和阀的数量。

急停接触器都是成对使用，就是说传动和阀都总是由两个串联接触器控制，为了监视当前接触器的状态，每个接触器的一个节点作为急停的反馈。

D　急停步骤

（1）按下急停按钮。

（2）扫描生产线速度为零状态，基础自动化形成相关信号输出。

（3）在线传动部分以急停斜坡速度急停停车，基础自动化形成相关信号输出。

（4）监视急停斜坡功能，基础自动化形成相关信号输出。

（5）停止斜坡监视时间。

（6）扫描速度为零状态，基础自动化形成相关信号输出。

（7）急停接触器断电，即相关传动通过接触器断电。

（8）斜坡监视时间启动，时间设定最大值500ms，这一时间在调试阶段可以优化。

（9）斜坡监视时间扫描。

（10）如果在第（5）步时斜坡监视时间没有停止，是由于急停OK信号没有及时发出或没有发出，在传动停车斜坡来时传动开始停车。

（11）扫描生产线速度为零状态，基础自动化形成相关信号输出。

（12）停车监控定时开始，最大时间设定为9s，这一时间在调试阶段可以优化。

（13）停车监控定时完成时，急停接触器无条件断开。

E　急停分区

急停分区见表6-6。

表6-6　急停分区

急停一区	入口液压站急停	ESA1
急停二区	入口钢卷小车急停	ESA2
急停三区	入口线急停	ESA3
急停四区	入口活套急停	ESA4
急停五区	过程段急停	ESA5
急停六区	出口活套急停	ESA6
急停七区	光整区急停	ESA7
急停八区	检查活套急停	ESA8
急停九区	出口区急停	ESA9
急停十区	出口钢卷小车急停	ESA10
急停十一区	出口液压站急停	ESA11
急停十二区	清洗碱液循环系统急停	ESA12
急停十三区	光整液压站急停	ESA13

6.2.1.9　光整机控制

A　光整机液压压上控制

光整机液压压上系统有两种控制模式。一种是APC（自动位置控制）模式，一种是AFC（自动压力控制）模式。正常工作时，液压压上系统工作在AFC（自动压力控制）模式。

光整机液压压上辊缝位置控制是通过比较辊缝设定值和实际反馈值来控制光整机辊缝。实际位置通过安装在光整机辊缝液压缸内的位移传感器检测出来。设定值和反馈值的偏差通过PI（比例积分）环节给到伺服阀的输出。自动位置控制APC主要利用位移传感器作为反馈，通过伺服阀来控制油缸两腔油压，达到位置闭环控制的目的，如快速打开辊缝利用的就是 APC 方式快速打开到安全位置。自动位置控制包含两侧（传动侧和工作侧）位置闭环，因此同时还包含两侧同步控制等。该功能常用于起动和停止过程。

光整机压上系统压力闭环控制是通过比较压力设定值和实际的反馈值来控制光整机轧制压力。实际压力通过安装在上支撑辊上方的两侧压力传感器检测出光整机的轧制压力。

自动压力控制 AFC 以轧制力为主要控制依据，保持设定的轧制力，一般以无负荷时的状态为零位。当液压缸在设定位置工作时，由压头检测轧制力并反馈给控制系统，指令与反馈的偏差同样将用于控制伺服阀的动作，正常工作时延伸率补偿参与控制。当然在特殊情况下（如压头故障等其他原因），也可利用油缸油压反馈完成压力闭环控制。光整机正常工作情况下一般处于自动压力控制模式。

当然在具体工作时也有工作模式的选择问题，如在手动模式下在轧制力指令大于某一值时，允许将自动位置控制转换为轧制力控制；而在轧制力指令小于某一值的情况下，可手动强制将轧制力控制转换为自动位置控制。

图 6-9 所示为压上系统控制框图。

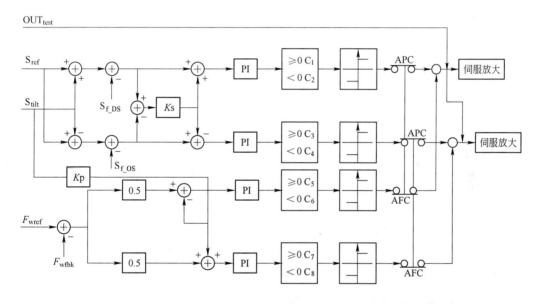

图 6-9　APC 与 AFC 控制系统框图

（1）APC 和 AFC 中相关补偿问题：这些补偿主要包括：1）伺服阀零偏补偿，该补偿位于调节器输出限幅前，主要用于消除静态误差；2）辊缝打开和关闭补偿，该补偿主要是保证打开与关闭辊缝过程的响应特性一致；3）油注补偿，根据塞侧油注的大小确定不同的补偿系数；4）伺服阀特性补偿，补偿阀的非线性。

（2）轧制力元件的标零条件：支撑辊在机架内、支撑辊平衡 ON、中间辊及工作辊平衡 OFF、两工作辊没有接触。

（3）主要故障报警及保护：为了保护机械设备，当出现以下情况时，光整机控制系统将报警或作事故处理会自动全开、停止工作或产生急停信号：1）轧制力差超限、DS 或 OS 轧制力超高限、总轧制力超高限、正常工作时总轧制力超低限、轧制力反馈错误；

2）液压缸上极限、液压缸下极限、磁尺测量错误报警、两侧辊缝偏差超限、液压系统错误（根据油压传感器信息）、伺服阀不正常、零漂超限等。

（4）无带钢时液压压上辊缝的自动标定：辊缝自动标定包括油注标定和液压辊缝标定。油注标定时液压系统处于快卸状态，并且杆侧和塞侧压力达到一定的要求，弯辊力设定为满度的 50%，延时一定时间就可以对油注位置清零。液压辊缝标定首先要进行调平处理，将压上系统快速压上到实际辊缝为 5mm 左右，利用慢速压上至轧制力为 400kN，利用倾斜调节将两侧轧制力差值调节到许可范围之内，打开辊缝 1mm，再压上至轧制力为 200kN（启动轧机时轧制力），并启动轧机至一定速度，继续压上，直至轧制力达到某一值（最大值的 30%），如有轧制力差存在，进行调平控制，达到要求，延时并将此时辊缝清零，调偏值也清零。完成标定后将辊缝打开至 10mm。

（5）有带钢时液压辊缝标定：当仅仅更换工作辊或中间辊后，可进行有带钢时自动标定。有带钢标定中调偏功能均不投入，将辊缝打开到一定开口度，输入当前工作辊和中间辊的辊径，利用前后辊径差对原有的辊缝进行修正，达到辊缝标定作用。

（6）无带钢时液压压上辊缝的手动标定：首先压上系统快速压上到实际辊缝为 5mm 左右，后手动压上至轧制力为 400kN，利用手动倾斜调节将两侧轧制力差值调节到许可范围之内，打开辊缝 1mm，再手动压上至轧制力为 200kN（启动轧机时轧制力），并启动轧机至一定速度，继续手动压上，直至轧制力达到某一值（如机架最大轧制力的 30%），如有轧制力差存在，进行调平控制，达到要求，延时并将此时辊缝清零，调偏值也清零。完成标定后将辊缝打开至 10mm。

B　光整机液压弯辊控制

弯辊控制包括工作辊正、负弯辊控制和中间辊的正弯控制。

弯辊力控制（AFC）反馈采用油压传感器（杆侧和塞侧的油压）经过适当滤波计算出相应的弯辊力。弯辊控制算法采用比例积分算法。弯辊设定由二级或由操作工设定，操作工可以手动干预，同时与板形闭环控制输出的弯辊叠加输出。在 AFC 控制方式下，将力反馈与设定的目标力相比较，根据比较所得的偏差，经过 PI 调节器，控制伺服阀动作以使偏差减小到零。液压 AFC 控制框图如图 6-10 所示。

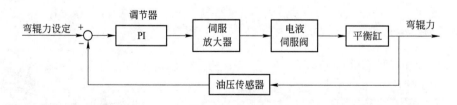

图 6-10　液压 AFC 控制框图

C　光整机中间辊横移控制

窜辊控制实现光整机中间辊横向位置控制，包括上下窜辊各自的同步控制，其工作思路类同压上系统中的辊缝控制。窜辊控制框图如图 6-11 所示。

中间辊横向抽动 APC 控制主要是依据位置检测仪表完成自动位置控制。它主要与辊型结合完成板形的部分控制，改善板形调节能力。

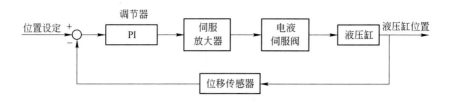

图 6-11 窜辊控制框图

在在线窜动时，窜动速度可变，并且与轧机的轧制力有一对应关系，这一关系视具体情况而定。

D 光整机主速度和张力控制及延伸率控制

光整机主速度和张力控制主要包括光整机主速度及光整机前后张力辊控制速度及张力控制。

主速度控制主要协调全部来自带钢和到带钢的过程和动作，包括初始设定值、定位、控制、过程协调等。其中主令斜坡产生器，主要用来进行运行线协调控制并连接到传动系统。它包含对带钢动作必需的所有功能：为生产速度和加速度的线速度主令斜坡功能发生器；带钢定位控制；张力控制；停机和张力操作的应用；对传动的速度设定值提供。

与全线协调的联锁主令控制可以完成：带钢点定位，用来定位特别点，如焊缝点，在设备特定的位置。在 S 辊上的脉冲发生器是作为钢板定位点的传感器。自动减速，当带尾到达时，在入口处，自动减速确保自动减到甩尾速度，根据目标和当前速度的要求，当减速点到达时设定减速度值。停机和张力操作的应用，根据生产线的状态和操作工的干预，进行张力的设定和复位，开始运行时，张力沿斜坡升到操作值。停机时，张力保持一短暂时间，再降为 0，若大于某一特定的时间，则闭合抱闸等。

张力控制由间接张力控制（不用张力计）、通过张力计的直接张力控制两个不同的控制策略执行生产线的张力控制。对于交流电机传动系统，一般应用直接张力控制。当生产线最初启动时，入口张力辊先进行转矩的调节，此时不投入延伸率控制。在光整机建立好张力以后，才能进行延伸率的控制。

若光整机前后都设置张力测量装置，利用直接测量的张力完成前后带钢的张力控制，具体见下面延伸率控制的介绍。

光整机的延伸率控制　延伸率控制与轧制力、张力控制结合，一般用于保证控制的稳定性。

$$\varepsilon = \frac{L_{\text{exit}} - L_{\text{entry}}}{L_{\text{entry}}} = \frac{v_{\text{exit}} - v_{\text{entry}}}{v_{\text{entry}}}$$

式中　ε ——延伸率；

L_{entry}——入口长度；

L_{exit}——出口长度；

v_{entry}——入口速度；

v_{exit}——出口速度。

进行延伸率控制可消除退火钢板的屈服点，以预设定的粗糙度优化带钢表面，提高带钢板形。对于粗糙度和屈服点，轧制力是最重要影响因素，张力和弯辊直接影响板形。延伸率控制有以下四种方式：

（1）通过轧制力调节的延伸率控制（见图 6-12）。延伸率仅对轧制力设定值进行补偿，此时，自动轧制力接收的给定为（轧制力设定值＋延伸率补偿值）/2，再完成自动压力闭环工作。入口张力调节通过控制入口张紧辊来实现。而出口张力的调节则通过调节光整机主速度来实现。

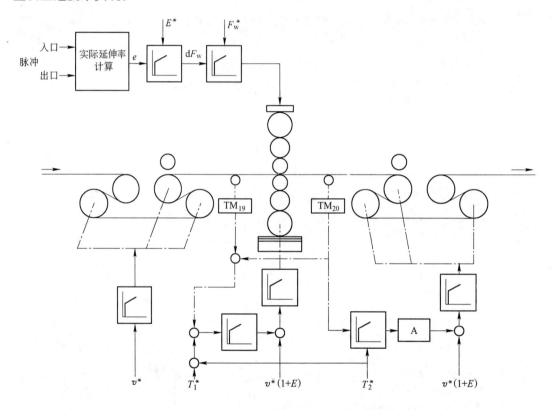

图 6-12　通过轧制力调节的延伸率控制

（2）通过入口张力辊速度调节的延伸率控制（见图 6-13）。延伸率直接作用于入口张力辊速度的调节，而通过入口张力调节作用于轧制力设定值进行补偿，此时，自动轧制力接收的给定为（轧制力设定值＋张力调节的补偿值）/2，再完成自动压力闭环工作。而出口张力的调节则通过调节光整机主速度来实现。

（3）通过轧制力和张力的延伸率控制（见图 6-14）。指延伸率除了对轧制力设定值进行补偿外，还对张力设定进行补偿。一般通过 PID 调节器来完成补偿功能。

（4）基于秒流量相等的延伸率控制（见图 6-15）。根据秒流量平衡的原则，光整机前后带钢流量相等，基于宽展为 0，因此前后带钢的速度差刚好是延伸率计算中的速度差的百分比。这样，如果延伸率恒定，要保证恒定的秒流量就必须调整轧制力和光整机主速度，满足前后张力设定要求及秒流量相等。因此利用出口张力调节轧制力，而利用入、出口的张力偏差进行 PI 调节，调节光整机主速度。

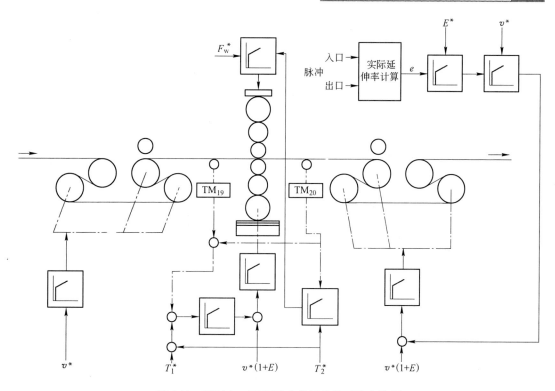

图 6-13 通过入口张紧辊速度调节的延伸率控制

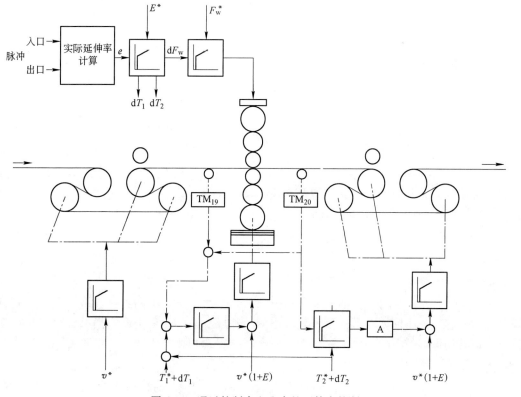

图 6-14 通过轧制力和张力的延伸率控制

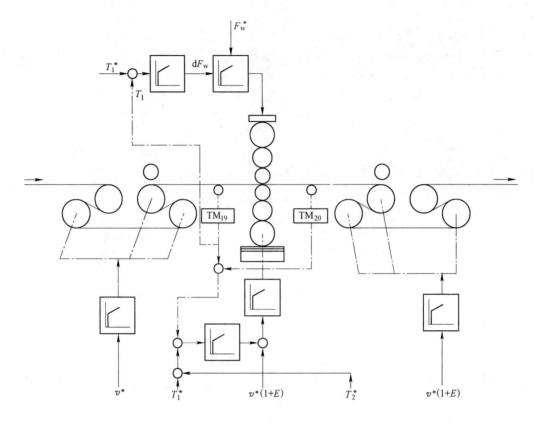

图 6-15　通过质量流的延伸率控制

E　特殊情况光整机工作方式

由于带钢板形的影响和 SPM 入口张力的改变，当工作侧与传动侧的位置偏差达 1mm 的时间超过 50ms 或轧制力偏差达某一限制值的时间超过 50ms 时，光整机将由 AFC 进入液压缸不平衡控制。也就是进入 APC 方式，通过 APC 中的同步控制来完成。

当偏差小于设定范围后，不平衡控制又切换回轧制力控制方式，轧制力指令变为 WS AFC REF = DC AFC REF =（轧制力设定值 + 延伸率补偿值）/2，其中轧制力设定值为轧制力和弯辊力之和；延伸率补偿值是主系统将延伸率设定值与反馈值之偏差经过 PID 计算再送到 HPC 系统的。不平衡控制实质上是位置控制，因此 APC 控制时轧制力指令中不包括延伸率补偿值，而仅为轧制力及弯辊力之和。不平衡控制可对液压缸位置进行精确调整，减少偏差。

F　动态变规格

对于变换规格的焊缝，其前后冷轧卷可能会是不同钢种、不同宽度、不同厚度。根据焊缝前后两卷钢的不同来料参数及需要轧出的冷轧成品厚度，利用设定模型即可算出前后两卷钢应有的设定值（光整机的轧制力设定值，入、出口张力设定值，工作辊及中间辊的弯辊力设定值，光整区域的速度设定值等）。

这样，从一个规格变到另一个规格，必然要存在一个楔形过渡区（图 6-16）。楔形过渡区由张力辊 S_5 后进入光整入口区域，这时张力设定值应该已降到安全范围，随着带钢的运动逐渐进入光整及 S_6 张力辊，出张力辊后相应的设定值应以一定的斜坡过渡到后材的设定值。

也就是说，一旦焊缝进入光整机区域，将启动过渡段设定值，焊缝出光整机区域后，又自动过渡到相应新材的设定值。

G 光整机板形控制

板形设定控制 板形设定控制主要是保证更换品种、规格时带卷头部的板形质量，同时为板形闭环控制提供好的起点，减少闭环控制的调节时间，进而改善带卷全长板形控制精度。

（1）板形设定计算：板形设定计算的主要任务是根据来料数据、轧辊数据、板形控制目标等信息设定板形控制执行器的设定值。对于六辊 UCM 轧机而言，需要设定的板形执行器主要有中间辊横向抽动量、中间辊弯辊、工作辊弯辊。由于各执行器对板形都有改变能力，它们之间存在很强的耦合关系。在设定计算时需采用特定的设定分配策略，既保证带卷头部的板形，又给板形闭环控制预留足够的控制裕量。

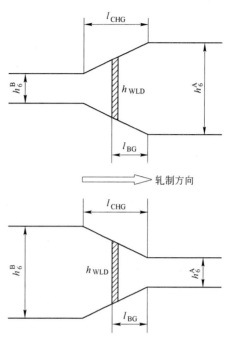

图 6-16 楔形过渡区

由跟踪系统跟踪带卷焊缝的位置，当焊缝到达光整机前启动相应的板形设定计算。

板形设定计算主要包括以下步骤：

1）收集来料数据，当采用延伸率控制方式时还需计算轧制力的大小。

2）工作辊辊形计算。

3）支持辊辊形计算。

4）采用特定的设定策略计算中间辊窜辊、中间辊弯辊、工作辊弯辊的设定值。

5）数据保存以用于离线分析。

（2）板形自学习计算：为提高板形设定模型的计算精度，利用光整机出口板形仪的实测结果对板形设定的模型参数进行自学习。自学习采用常用的指数平滑法。

由跟踪系统跟踪带卷焊缝的位置，当焊缝出光整机后板形仪检测到板形值延时几秒后启动板形自学习计算。

板形闭环控制 板形闭环控制承担光整机的主要板形控制任务，对改善带卷全长的板形质量具有决定作用。板形闭环控制在基础自动化级进行，基础自动化主要根据板形仪及板形仪控制系统根据目标板形曲线计算出来的弯辊、窜辊及倾斜的调节量进行合理分配到执行机构。光整机板形控制框图如图 6-17 所示。

轧制力前馈控制，根据压上系统轧制力补偿值的变化，实现对板形部分的弯辊系统进行补偿控制。

H AGC 液压站系统

（1）主工作泵的启动运行条件：

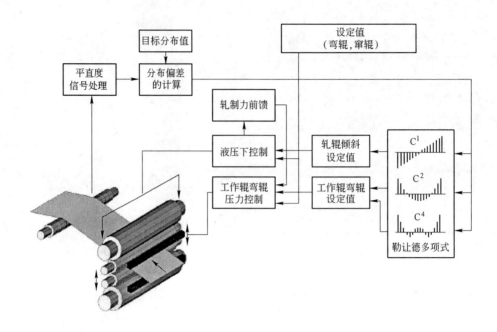

图 6-17　光整机板形控制框图

1）油箱的液位正常；

2）油箱的油温正常（30~50℃）；

3）主吸油口的开闭器及泵吸油口的开闭器闭合；

4）泵必须手动延时启动，即电机运转后，延时 5~10s 电磁换向阀得电；

5）循环泵启动。

（2）循环泵的启动运行条件：

1）油箱的液位正常；

2）主吸油口的开闭器及循环泵吸油口的开闭器闭合。

（3）主工作泵的停止条件：

1）油箱的液位过低；

2）主吸油口的开闭器及泵吸油口的开闭器打开；

3）手动停止按钮后，电磁换向阀断电，5~10s 后电机断电。

（4）循环泵的停止条件：

1）油箱的液位过低；

2）主吸油口的开闭器及泵吸油口的开闭器打开。

I　润滑站系统

（1）主工作泵的启动运行条件：

1）油箱的液位正常；

2）油箱的油温正常（25~60℃），主吸油管路油温高于25℃；

3）主泵吸油口的开闭器置"ON"。

（2）加热泵的启动运行条件：

1）油箱的液位正常；

2）泵吸油口的开闭器置"ON"。

（3）主工作泵的停止条件：

1）油箱的液位过低；

2）主泵油口的开闭器置"OFF"。

（4）加热泵的停止条件：

1）油箱的液位过低；

2）泵油口的开闭器置"OFF"；

3）油箱的油温高于33℃。

J　光整机的工作辊及中间辊的换辊控制

工作辊、中间辊自动换辊装置动作过程为：卷帘门打开→平整机前后设备移至换辊位→轧机主传动电机制动→工作辊弯辊中间辊弯辊系统切换为换辊状态，工作辊稳定缸退回，中间辊横移锁紧打开、上中间辊横移在0位，下中间辊横移在+400mm，工作辊和中间辊锁板打开→压上缸有杆腔进油（释放），缸杆下落至下极限位置→下支承辊轴承座下落，并反馈压力信号→下中间辊弯辊缸无杆腔压力释放，并反馈压力信号，下中间辊落在下中间辊换辊轨道上→下工作辊弯辊缸无杆腔压力释放，并反馈压力信号，下工作辊落在下工作辊换辊轨道上→上支承辊平衡缸有杆腔进油，并反馈压力信号，上支承辊下落→阶梯板及斜楔移至换辊位并锁定→上支承辊平衡缸无杆腔进油，并反馈压力信号，使上支承辊升至上极限位→上中间辊弯辊缸无杆腔进油，并反馈压力信号，使上中间辊上升到换辊轨道→上工作辊弯辊缸无杆腔进油，并反馈压力信号，使上工作辊上升到换辊轨道→初始位置→操作侧换辊车前进→操作侧换辊车停止→操作侧换辊车锁紧装置锁紧，以后分为以下两种情况：

（1）只换工作辊：人工已将新工作辊放在传动侧换辊架的定位槽内→中间辊钩辊装置打开→工作辊钩辊装置钩住，调整好位置后→新工作辊被推到等待位置→新工作辊推进牌坊窗口→旧工作辊推出牌坊窗口→旧工作辊推到操作侧换辊车上→传动侧换辊架液压缸缩回，工作辊钩辊装置打开→操作侧换辊车锁紧装置打开→操作侧换辊车后退到极限位置（初始位置）→旧辊由吊车吊走→只换工作辊过程完毕。

（2）换工作辊和中间辊：人工已将新工作辊中间辊放在传动侧换辊架的定位槽内→工作辊推头装置和中间辊推头装置在推辊位→新工作辊中间辊被推到等待位置→新工作辊中间辊被推进牌坊窗口→旧工作辊中间辊推出牌坊窗口→旧工作辊中间辊推到操作侧换辊车上→传动侧换辊架液压缸缩回，工作辊钩辊装置和中间辊钩辊装置打开→操作侧换辊车锁紧装置打开→操作侧换辊车后退到极限位置（初始位置）→旧辊由吊车吊走→换工作辊和中间辊过程完毕。

换完辊后，平整机进行轧制线标定，准备进行带钢平整。

K　光整机的支撑辊的换辊控制

支承辊换辊装置动作过程为：

（1）机组操作选择支承辊换辊。

（2）换支承辊时，工作辊及中间辊已被拉出机架外，各润滑管路已被拆下。

（3）支承辊在换辊位，接轴脱开，入口防皱辊在下降位，出口防跳辊在下降位，卷帘门打开，空气吹扫装置后退。

（4）阶梯板在换辊位。

（5）斜楔在换辊位。

（6）上支承辊平衡缸在上极限位置。

（7）压上缸释放到最低位。

（8）下支承轴端锁紧打开，拆除下支承辊轴承座上的管路。

（9）换辊缸缸杆缩回，将下支承辊拉出。

（10）上支承辊锁板关闭，吊车将换辊支架吊放在下支承辊轴承座上。

（11）换辊缸缸杆伸出至前进极限位置，其速度变化同前。

（12）上支承辊平衡缸移至下极限位，将上支承辊放在换辊支架上。

（13）上支承辊锁紧挡板打开。

（14）换辊缸缩回，同时拉出上下旧支承辊，速度变化同前。

（15）用吊车将旧辊吊走，将新辊放在轨道上；吊车将换辊支架吊放在下支承辊轴承座上。

（16）换辊缸缸杆伸出至前进极限位置，将新辊推入机架。

（17）上支承辊锁紧装置关闭。

（18）上支承辊位于上极限位。

（19）换辊缸缩回至后退极限位，将换辊支架及下支承辊移出，速度变化同前。

（20）用吊车将换辊支架吊走。

（21）换辊缸缸杆伸出至前进极限位，将下支承辊辊放入机架内，速度变化同前。

（22）下支承锁紧装置关闭，支承辊换辊结束。

6.2.2 过程自动化系统功能

6.2.2.1 设定值计算

（1）延伸率计算。

（2）速度设定计算。

（3）在线张力设定计算。

（4）焊机设定计算。

（5）涂油机设定计算。

（6）剪子设定计算。

（7）打包机设定计算。

6.2.2.2 物料控制

（1）管理功能控制。来自生产执行控制系统的生产顺序、钢卷基本数据、无效钢卷处理、钢卷 ID 号的管理。

（2）物料数据处理（分卷、拒绝）。

（3）成品钢卷数据（重量、质量数据、缺陷）。

（4）物料质量管理。

6.2.2.3　数据管理

（1）工艺数据编辑。

（2）测量值记录。

（3）辊数据处理。

（4）小停时间。

（5）自动和手动的报告与记录。

6.3　平整机自动化控制系统

6.3.1　平整机工艺概述

平整机是炉后的第一道工序，改善带钢表面质量和金属性能的最后工序，决定着钢板的最终质量。平整机的设备与仪表布置类似于一台单机架可逆轧机，它的控制方法与手段基本与单机架可逆轧机相同，仅在压下控制过程中属于小压下量的延伸率控制，即一般采用恒压力控制方式。

6.3.1.1　平整的作用

（1）提高板型平直度。

（2）提高带钢厚度精度。

（3）提高带钢表面质量。

（4）提高和改善带钢的力学性能。

（5）生产麻面和抛光带钢。

（6）消除低碳钢的屈服平台。

6.3.1.2　平整特点

平整压下小，厚度变化小，以延伸率控制为主。老式平整采用干平整，现在以湿平整为主，很少采用干平整法，湿平整能够获得较大的延伸率。

6.3.2　平整机自动化系统控制功能

6.3.2.1　平整机控制功能概述

在冷轧生产线上，平整机自动化控制系统也可应用标准的四级控制。各级控制功能分配与酸洗线完全一样。其主要功能是由基础自动化系统完成的，而过程自动化系统的主要功能是数据库管理，设定值计算，在基础自动化级与生产执行控制级之间的桥梁作用。平整机自动化控制系统可全部采用 PLC 和多 CPU 控制器来实现各控制功能，主要完成主速度控制、卷取张力控制、延伸率控制、自动顺序控制、电气逻辑联锁等，具体包含如下功能：

（1）工作辊弯辊控制。

（2）卷取张力控制。

（3）机架辊缝控制。

（4）液压 AGC 控制。

（5）机架延伸率自动控制。

（6）钢板主速度控制系统。

（7）主令控制系统。

（8）机架顺序控制。

（9）入口顺序控制。

（10）出口顺序控制。

（11）出口部分特殊功能控制。

（12）液压系统控制。

（13）乳液控制系统。

（14）数据管理、带钢跟踪、楔型跟踪与控制。

（15）急停部分。

6.3.2.2　主令控制系统

主令控制是一级基础自动化系统的重要控制项目，它包括系统的联动运行，传动的设定控制信号，基于不同情况下的操作模式的逻辑控制（穿带、甩尾、启车、运行等），并有确保安全运行的监视功能。主要功能有：生产线操作准备（穿带准备、加速准备、抛尾准备、剪切准备），设备联动，穿带速度设定与控制，斜坡上升加速钢板速度设定与控制，保持（当前值下的恒定速度）设定与控制，抛尾速度设定与控制，剪切速度设定与控制，机架运行状态信号处理。与主速度控制相关的信号有：运行操作 OK，电气和机械设备的准备信号，电气和机械设备操作准备的监视信号，正常停、快停、急停；特殊操作的联动，液压辊缝系统的标定；机架接手的主轴定位位置，传动运行与停止，传动的联动控制，传动的点动。

6.3.2.3　张力控制系统

根据平整机状态或操作干预来建立或重建带钢张力。当开始运转时，张力必须斜坡上升到设定值。入口、出口张力由卷取电机的力矩控制完成。低速时，张力恒定依据卷取电机的力矩控制方式。当速度升高时，张力控制从力矩控制转换到轧制力或位置控制。当速度下降低于穿带速度，张力控制从轧制力或位置控制转回到力矩控制。在停止状态，张力值短期间保持，然后下降到停止状态下的静态张力。如果速度为零并且抱闸已动作，则张力下降为零。张力可以通过主控台手动操作（启动、停止、上升、下降）。在断带时，以最大降速度停机，并且机架的辊缝打到"快开"位置，卷取机通过内部的慢斜坡停下，通过快停斜坡切断张力。在重新运行前，必须点动抽出钢板并同步带钢跟踪。

6.3.2.4　特殊设备操作

（1）液压辊缝控制系统（HGC）的标定。零点的顺序标定，位置传感器的标定和 S 辊计数器都是 HGC 的一部分。无钢板标定时，主传动必须以特定速度运转，以免工作辊压扁。主传动在换辊前，必须定位在特定位置。

（2）主传动惯量。根据轧辊的直径，计算主传动惯量，确定惯量力矩。

（3）主传动摩擦力。主传动摩擦力决定着摩擦力曲线。在延伸率控制中将用到。

6.3.2.5　数据管理、带钢跟踪、楔型控制

（1）数据管理的任务是从二级过程自动化系统和 HMI 接受道次数据，按时间数据不同分配给相应的子控制单元系统，物料跟踪系统接受这些数据并且从生产过程中也获得数

据，搜集的实际数据处理后，发送给二级过程自动化系统和 HMI 显示。数据管理处理器最主要的功能是接受道次数据包括钢板的基本数据（厚度、长度、钢质等），实际的钢卷和下一个钢卷，现场设备数据，二级过程自动化系统计算的设定值数据（张力、延伸率等）和一些设备的使能命令、停止启动，跟踪同步命令，从 HMI 获得轧辊数据（直径、凸度等）。

（2）带钢跟踪任务是从开卷到卷取的带钢跟踪，并提供给子控制单元相应信息，与 HMI 信息系统比较是否一样，在跟踪确认之后提供给控制系统使用。并且通过控制系统网络传送到外部系统。带钢跟踪采取的方法是通过钢板检测器分段获取带钢位置信息，再根据速度计算其他段的钢板位置，将分段信息送给 HMI 显示和其他相应控制系统，在 HMI 上有钢板头、钢板尾、机架和复位等带钢跟踪操作，以提供操作者手动进行跟踪修正。

（3）楔型跟踪与控制是在每一个钢卷开始运行前，对所有设定值进行接受后的验算，并对于速度、张力、辊缝进行在线调整。

6.3.2.6　机架液压辊缝控制

液压辊缝控制系统包括调整控制、调整监视、帮助功能三个功能。

（1）调整控制包括：位置控制、轧制力控制、倾斜控制、轧制力差控制、两个单独的位置控制、两个单独的轧制力控制。

（2）液压调整监视功能包括：轧制力极限、轧制力差、倾斜、最小轧制力、位置传感器失效、压力传感器失效、伺服阀寿命。

（3）帮助功能包括：斜坡函数设定，辊重量、接手重量、弯辊力修正，实际值处理，标定过程的支持，辊缝系数的调整，诊断值拟合。

6.3.2.7　弯辊控制

弯辊控制是板形控制系统的重要手段。板形由倾斜、弯辊、窜辊、冷却组合控制方法实现。而弯辊控制对于消除二次方差部分的板形效果最佳。弯辊包括正弯和负弯。

6.3.2.8　自动延伸率控制

自动延伸率控制（AEC，Automatic Elongation Control）有速度、张力控制方法和压下轧制力方法，还有二者联合方法。当用轧制力方法进行延伸率控制时，使用恒压力控制方式，入口、出口张力恒定控制；当用速度方法进行延伸率控制时，使用机组速度变化来完成延伸率控制；当用张力方法进行延伸率控制时，改变入口张力设定值来完成延伸率控制；联合方法就是控制方式的组合。

6.4　热镀锌生产线自动化控制系统

热镀锌板是以冷轧薄板为原料，在钢板表面包上镀锌层，达到增加耐腐蚀性、延长钢材使用寿命的目的。它的基本原理是钢板通过超过400℃锌液，锌液同氧气发生化学作用，生成致密的氧化锌薄膜，附着在钢板上，防止腐蚀介质接触铁表面，起到防腐蚀的作用。热镀锌钢板主要用于建筑业、动力车辆业、家具装饰业和包装业等领域，镀锌板还可以作为彩涂线的原料进一步深加工。

6.4.1　生产线设备布置描述

6.4.1.1　入口段生产线设备布置描述

图6-18为某热镀锌生产线设备布置示意图。入口线生产线有两条，每条线包括生产

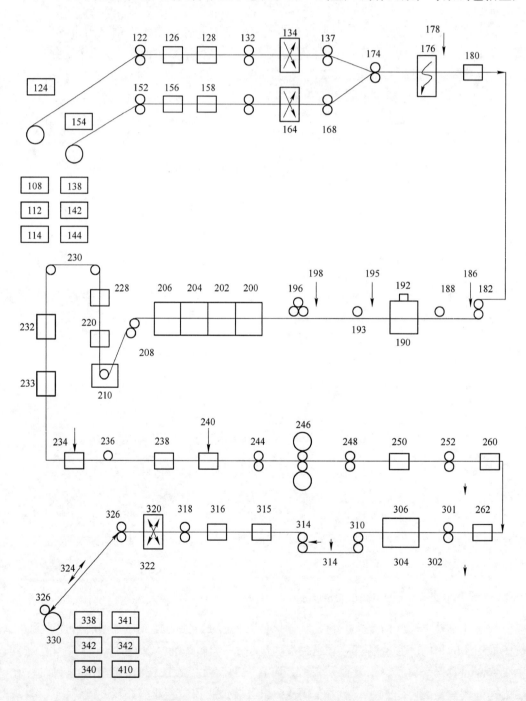

图6-18　热镀锌生产线设备布置示意图

线设备有：

（1）2个入口卷座（108和138）；

（2）2个入口钢卷小车（112和142）及测宽和测直径设备（114和144）；

（3）2个位置对中设备（124和154）；

（4）2个入口夹送辊（122和152）；

（5）2个矫直辊（126和156）；

（6）2个测厚仪（128和158）；

（7）1个剪前夹送辊（仅一号线）（132）；

（8）2个入口下切剪（134和164）；

（9）2个剪后夹送辊（137和168）；

（10）公共夹送辊（174）；

（11）焊机（176）、挖边机并带有焊缝检测（178）和废料排除（180）；

（12）1号S辊（182）及张力计（186）。

6.4.1.2 中间段生产线设备布置描述

（1）入口活套（190）、3个纠偏单元（188、192和193）、张力计（195）；

（2）2号S辊，焊缝检测（196）和张力计（198）；

（3）连退炉的预热段（200）、辐射管保温和慢冷段（202）、喷冷段（204）、出口段（206）；

（4）热的3号S辊（208）；

（5）充锌锭设备（210）；

（6）气刀（220）；

（7）镀锌后第一冷却（228）、上辊（230）；

（8）第二冷却（232）、塔式提升机（233）；

（9）水淬槽（234）、挤干辊（236）、水淬槽后带焊缝检测的纠偏装置（238）；

（10）镀层测厚仪（240）；

（11）光整机前4号S辊（244）；

（12）光整机（246）；

（13）光整机后5号S辊（248）；

（14）拉伸矫直机和张力计（250）；

（15）拉矫机后6号S辊（252）；

（16）钝化（260）热空气烘干机（262）。

6.4.1.3 出口段生产线设备布置描述

（1）7号S辊（301）；

（2）出口活套（302）、纠偏单元（304）、张力计（306）；

（3）带焊缝检测的出口8号S辊（310）；

（4）检查台（314）；

（5）出口测厚仪（315）；

（6）静电涂油机（316）；

（7）出口剪前夹送辊（318）；

（8）出口分离剪（320）废料及采样处理（322）；

（9）出口夹送辊（326）；

（10）卷取机对中设备（324）；

（11）卷取机（330）；

（12）出口钢卷小车（338）；

（13）电子秤（340）；

（14）钢卷打捆机和标签打印机（341）；

（15）2 个出口卷座（342）；

（16）出口液压站（410）。

6.4.2　热镀锌生产线控制系统配置

典型的热镀锌生产线计算机控制系统配置也是四级系统，与酸洗生产线类似。图 6-19 给出了系统配置结构，图中标出的数字符号表示信息内容。

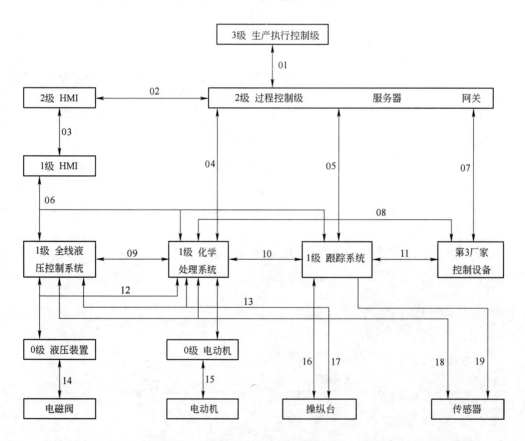

图 6-19　热镀锌生产线自动化系统配置示意图

6.4.2.1　热镀锌生产线自动化控制系统的信息交换

图 6-19 中数字符号表示信息内容如下：

01：下达钢卷生产计划和钢卷表，接受上行的报告。

02：过程自动化级 HMI Client/server 连接。

03：基础自动化级 HMI Client/server 连接。

04：工艺段在线参数输出；在线事件，过程数据，质量数据测量值上行。

05：下达钢卷数据和预设定值，跟踪信息，质量数据上行。

06：基础自动化级 HMI 变量传输。

07：通过网关连接第三厂家控制设备和自动化系统，发送设定值生产线的工作信息；接收质量数据。

08：与第三厂家控制设备和自动化系统的信息交换或硬线连接的信号，包括生产线过程和工作状态信息。

09：生产线控制模式与液压站控制系统的联系。

10：生产线之间的过程信息、质量数据、钢卷表中预设定、焊接等信息交换。

11：与第三厂家控制设备和自动化系统的焊接信息联系。

12：传送运行命令；采集电气条件、运行状态信息。

13：下达运行命令和设定值；采集逆变器信息和反馈测量值。

14：气动、电动阀的电气供电电路。

15：电机的电气供电电路。

16：带钢检查功能按钮。

17：手动控制功能按钮。

18：各传感器输入。

19：焊缝跟踪的传感器输入。

6.4.2.2 热镀锌生产线自动化控制系统功能

控制功能与本章其他生产线一样，主要控制功能有：

（1）带钢传动（速度、张力）的控制；

（2）顺序控制（带钢传动、生产处理、辅助等）；

（3）过程闭环控制；

（4）生产线各段间的协调；

（5）跟踪、预设值的管理、数据采集。

入口段主要功能：入口输入输出采集；入口传动给定；入口传动顺序控制；入口钢卷处理顺序控制；入口液压站控制。

中部段主要功能：中部输入输出采集；中部传动给定；中部传动顺序控制；中部数据处理；钝化处理。

出口段主要功能：跟踪与质量数据处理；出口输入输出数据采集；出口传动给定；出口传动控制；出口钢卷处理；出口顺序控制；出口液压站控制。

6.4.2.3 热镀锌生产线过程自动化系统功能

它包括后台进程及数据库和前台画面，画面运行在 HMI 客户机上。服务器的应用程序设计和过程自动化级的画面设计，数据库应用。它的主要功能有：

（1）钢卷计划管理；

（2）入口上线管理；

（3）基本数据输入管理；

（4）钢卷数据表管理（基本数据与设定值的数据集）；

（5）质量数据处理；

（6）成品报告；

（7）班次报告；

（8）停机报告；

（9）日报；

（10）月报；

（11）与生产执行控制级通信。

6.4.2.4　生产线上其他单体设备控制系统

生产线上其他单体设备控制系统有：

（1）焊机控制系统；

（2）连退炉控制系统；

（3）气刀控制装置；

（4）光整机和拉矫机控制系统；

（5）涂油机控制系统；

（6）钢卷打捆机和打印机控制系统。

第7章

彩色涂层生产线自动化控制系统

7.1 彩色涂层钢板概述

彩色涂层钢板作为轧钢业的最后一道工序，其生产出的产品属于高附加值钢材产品。彩色涂层钢板可以通过普通的剪切、冲压、钻孔、焊接等多种加工方法，制造成各种设备，因此被广泛应用于建筑、家具、轻工、容器、仪表、电气等领域的生产制造。

彩色涂层钢板是以镀锌板、镀铝板、锌铝合金板、冷轧板等作为基体材料，表面（单面或双面）涂以（液体辊涂或粉末喷涂）或敷以（单面或双面薄膜层压）各种有机涂料（聚氯乙烯、聚氟乙烯等）或薄膜（聚氯乙烯薄膜）的一种新型钢板。由于这些有机涂料和薄膜可以制出各种不同的颜色和花纹图案，以代替油漆装饰，故称之为彩色涂层钢板。

彩色涂层钢板兼有有机聚合物与钢板两者的特点。使用彩色涂层钢板制造设备，设备表面质量均匀，其表现为钢板的颜色、光洁度、抗弯折、抗剥落、抗化学腐蚀、抗老化性能等方面一致。除此之外，使用彩色涂层钢板还可以节省掉生产过程中的多道生产工序和部分生产设备，以及大量的生产原料和生产劳动力，更有利于消除环境污染和降低生产成本。因此，近年来我国的彩色涂层钢板生产得到了快速发展。总之，彩色涂层钢板是装饰性好、抗金属腐蚀性强、设备使用年限久的新型产品。

7.1.1 彩色涂层钢板的涂层分类

彩色涂层钢板表面的涂层种类很多，大致分为热固性涂料、热塑性涂料、热塑膜及一些特殊涂层等几大类。

7.1.1.1 涂料的主要性能要求

（1）流动性：能够适应涂层生产线工艺速度下的辊涂作业。

（2）快速固化能力：在固化温度下烘烤数秒，涂层应完全固化。

（3）耐腐蚀性：在正常的使用条件下保持其外观不受侵蚀。

（4）装饰性：外观美观，能够满足用户的使用要求，这包括涂层颜色、表面涂层光洁度等。

（5）附着力：涂层钢板经过加工后，涂层不裂，不剥落。

（6）耐划伤性：涂层钢板在运输、加工制造和使用的过程中不产生划痕。

7.1.1.2　热固性涂料

热固性涂料主要有：

（1）醇酸树脂：是经过油料或脂肪酸处理过的，多功能乙醇及多功能羧酸缩聚而成的树脂，是一种广泛使用的很坚固的涂层。其与氨基树脂混合后加热固化，涂层稳定性较好。具有装饰美观、外部稳定性好、价格便宜等优点。醇酸树脂主要用于制作活动窗帘、金属器皿和办公家具等。涂层厚度大约在 $5\sim25\,\mu m$ 之间。

（2）聚酯：是一种多功能乙醇（多为二功能和三功能）及多功能羧酸（多为二功能）饱和缩聚而成的树脂。聚酯涂层在物理特性方面有很大的变化范围，能使坚硬性和柔软性很好地结合起来，因此工业上一般用它加工成各种物件。同时，其还具有很好的化学稳定性和耐热性。聚酯主要用于家用电器、车辆制造、建筑材料等领域。涂层厚度一般控制在 $5\sim25\,\mu m$ 之间。

（3）丙烯酸树脂：是一种丙烯或甲基丙烯酸的衍生物及其他不饱和的单体的加成反应而制得的树脂。具有很高的耐污染、耐磨、耐划伤、耐久等特点，光泽度范围很宽，但变形能力不足，适合于做装饰器具，主要用做清洁器具、照明仪器的外壳以及加热器。涂层厚度在 $5\sim25\,\mu m$ 之间。

（4）硅改性聚酯：是一种硅氧烷化合物及羟基丙烯或聚酯缩聚而成的树脂。这种涂层具有明显的外部耐久性和良好的抗损坏能力，并能保持光洁度，因此是很好的建筑材料。这种涂层一般为双层，主要用于民用住宅和工业建筑的外墙。涂层厚度 $20\sim25\,\mu m$ 之间。

（5）聚氨基甲酸乙脂：是一种羟基复合物与聚异氰酸盐复合物的反应而成的树脂。涂层具有良好的耐磨性、柔韧性和耐化学腐蚀性，其厚度 $10\sim25\,\mu m$ 间。主要用于客车车厢的制造。

（6）环氧树脂：是一种氯乙醇及苯酚树脂的复合物，加入某种氨基树脂后可加热固化。这种涂层类型很多，它们的性能可硬可软，其硬度、强度、柔软性、耐磨性都是极好的，同时还具有良好的化学稳定性，多被用于作涂层底漆，最适合用来做容器衬里、金属集装箱、卫生装置等。涂层厚度 $3\sim15\,\mu m$。

7.1.1.3　热塑性涂料

热塑性涂料主要有：

（1）聚二偏氟乙烯：聚二偏氟乙烯分散于其他热塑性树脂（如丙烯酸脂）内，构成热凝组分。涂层厚度大致在 $20\sim25\,\mu m$ 之间。

（2）乙烯基溶液：是氯乙烯和醋酸乙烯的共聚物。这种涂层具有很大的柔软性，可进行张力拉拔，外层有一定的耐久性，涂层厚度 $5\sim25\,\mu m$。主要用于制作天花板和深冲构件等。

（3）聚氯乙烯有机溶胶：是聚氯乙烯在增塑剂及溶液内的分散液。这种涂层有极好的变形性，很好的装饰性和中等抗腐蚀性能。涂层厚度 $30\sim60\,\mu m$，主要用于制作石油桶的深冲元件、机械刷子、金属卡箍、集装箱板等。

（4）聚氯乙烯塑料溶胶：是聚氯乙烯在增塑剂内的分散物，涂层外观呈颗粒状。具有良好的抗划伤性能和装饰性。涂层厚度 $80\sim400\,\mu m$，其典型用途是屋顶、墙衬、隔墙、汽车侧面反光镜盘等。

7.1.1.4　热塑膜

热塑膜主要有：

（1）丙烯酸酯敷膜：是以甲基丙烯酸甲酯为主的聚合体，是丙烯酸和甲基丙烯酸衍生物的单聚物和共聚物，其厚度 $75\mu m$。这种薄膜通过加压，与涂上黏合剂的基体联结或焊接在一起，薄膜着色和透明，且具有使用寿命长、耐候性好等特点，可长时间保持不褪色、不脱落，主要应用于建筑外部。

（2）聚氯乙烯敷膜：是由聚氯乙烯加增塑剂制成。此热塑膜具有良好的柔韧性、耐候性和耐腐蚀性，主要用于室内使用的装饰印花板。薄膜厚度约为 $100\sim500\mu m$。

（3）聚氟乙烯敷膜：是用聚氟乙烯树脂制成的，即未增塑的聚氟乙烯。聚氟乙烯薄膜在耐候性、耐热性和耐腐蚀性方面都比聚氯乙烯薄膜好，其应用的范围更广。从医用储藏器到厨房墙壁再到建筑物外墙装饰、高速公路隔音板，都可以使用聚氟乙烯敷膜板。薄膜厚度 $12\sim100\mu m$。

（4）聚乙烯敷膜：是乙烯的单聚体或乙烯与其他乙烯基单体的共聚体。薄膜未被塑化，并可以分为各种聚乙烯品种的层次组合而成，其中加入了可塑剂、热稳定剂、着色剂等配合剂。可通过控制其配合组成来改变其性能。聚乙烯薄膜厚度为 $100\sim300\mu m$。

7.1.1.5　特殊涂层

特殊涂层主要有：

（1）锌粉：通常以环氧树脂为基，其中含有富锌。由于粉末涂料的回收率高，环保性好，并且涂层质量高，使得其很受欢迎。这种涂层具有可焊接的性能，特别适用于汽车行业对可焊接性能的要求。同时，它还能经受住在汽车制造上所进行的冲压变形。粉末涂料制成的涂层具有良好的耐腐蚀性，已经大量用于制造建筑构件、家庭电器、汽车部件等。涂层厚度可达 $1mm$。

（2）不粘锅塑料：通常为聚四氟乙烯在聚苯撑硫内或在聚砜化乙醚内的扩散产物。薄膜厚度 $15\mu m$。

（3）黏合底漆：是为了在一系列的处理过程中使得聚氯乙烯、橡胶或其他软质材料与金属基体牢固粘结的特殊涂层。涂层厚度 $5\sim15\mu m$。

7.1.2　彩色涂层钢板的应用

彩色涂层钢板自问世以来，已取得了长足的发展，其花色品种已达到几百种之多，已广泛用于建筑、运输、家电、轻工等各制造领域。可以说使用涂装薄膜的地方都可以使用涂层钢板代替，甚至连一部分的水泥、砖瓦、木材也可以替代。下面就以一些应用实例，简单介绍一下彩色涂层钢板的应用情况。

（1）建设业室内：主要应用在屋门、墙壁、门框、拉门、天花板、房屋轻钢结构、房屋内饰、电梯内饰、楼梯、通风管道、建筑物内饰等。建设业室外：屋顶、屋顶构件、阳台、窗台、窗框、大门、车库门、售货亭、简易房屋、街头候车亭等。

（2）运输业：主要应用在汽车天花板、背板、围板、内部装饰板、车外壳、车厢、仪表盘、操作台外壳、电车和列车天花板、隔板、内部装饰、轮船门、隔仓板、地板、集装箱、高速公路围栏等。

（3）家电业：主要应用在冰箱、洗衣机、空调、微波炉、电热水器、通风取暖炉子、灯具、电风扇、吸尘器、计算机主机外壳等。

（4）轻工领域：主要应用在石油炉、柜台、货架、盘子、广告牌、各种家具、各种办公用柜子、各种乐器外壳、各种生活用品外壳、打火机、提包等。

7.2   彩色涂层生产线基础自动化控制系统

彩涂线自动控制系统主要分为一级（基础自动化）、二级（过程控制）、仪表三部分。因为彩涂生产线较长且设备众多，自动化控制系统中多数为顺序逻辑控制，很少有复杂算法的闭环控制回路。为此本章大部分篇幅将要阐述一级的内容。

7.2.1   一级基础自动化闭环控制系统功能

7.2.1.1   入口自动减速控制

图 7-1 示意了彩涂生产线入口段设备布置。入口速度是指 1 号缝合机入口到拆卷机处板带运行速度。自动减速到预设定的低速度到达后，一个预设定长度的带钢将留在拆卷机心轴上。通过比较拆卷机心轴上的脉冲发生器（表示拆卷机心轴的转速）和夹送辊脉冲发生器（表示带钢的线速度）可以计算出拆卷机心轴上钢卷外径。又通过比较一定数目的圈数采样可以计算出带钢的厚度。当带钢的厚度值和钢卷直径已知，则钢卷的整个剩余长度可以确定，然后带钢在以稳定速度运行时，就可以确定正确的减速度值和减速时间点。

如果一卷带钢既不知道外径也不知道厚度，为了保证可以实现恰当的减速运行，则入口速度被限制在一个任意带钢厚度都可以自动减速的最大的安全速度。

系统自动比较前钢卷到后钢卷的厚度或者线速度变化时带钢厚度变化。一旦减速正在进程中，则主令速度将保持稳定，加减速被中断。可以在二级计算机和 HMI 上修改自动减速后拆卷机上的剩余长度。

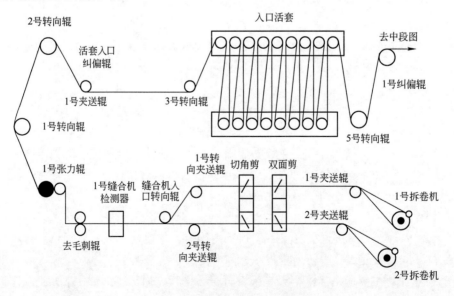

图 7-1   彩涂生产线入口段设备布置示意图

（●为变压变频传动。后同）

图 7-2 为彩色涂层生产线中段设备布置示意图。

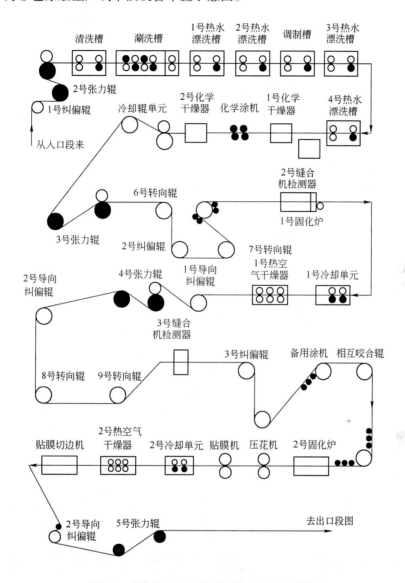

图 7-2 彩色涂层生产线中段设备布置示意图

7.2.1.2 出口自动减速和传送到张力卷取机

图 7-3 为彩图生产线出口段设备布置。出口段的功能包括：

（1）按照预设定的长度自动减速；

（2）检测缝合缝后减速；

（3）按照剪切速度要求来自动减速；

（4）传送板带到张力卷取机。

通过 6 号张力辊上的脉冲发生器计数来测量实际带钢长度。当预设定的长度或缝合缝到达，为了使出口剪具有合理的剪切速度，出口速度将自动减速和停止。在剪切结束后并且张力卷取机上的前钢卷已移走后，带钢运行以穿带速度运行直到张力卷取机的卷筒。

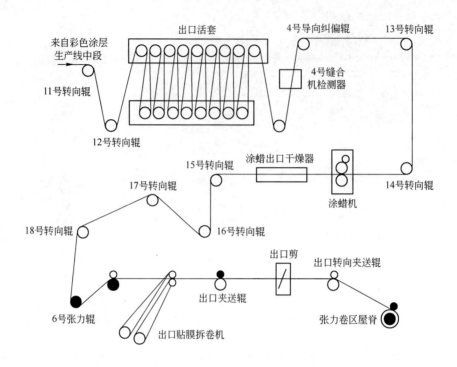

图 7-3　彩涂生产线出口段设备布置示意图

7.2.1.3　在张力卷取机卷筒上的带钢尾部定位

为了能够容易地把钢卷从卷筒上移送到钢卷滑动平台，必须将带钢尾部停在恰当的位置上。此功能的实现是利用出口转向辊运行速度的检测和到张力卷取机的距离计算，可精确地计算出带钢尾部在卷筒上的位置，从而准确停车张力卷取机。

7.2.1.4　活套车的电流控制方式

入口活套的电流控制方式是由变压变频（VVVF）交流传动控制器具体实现的。它由速度、电流双闭环回路联合完成的。从 PLC 输出设定值到入口活套交流传动控制器（VVVF）的信号有两个，一是决定活套电机输出力矩的力矩设定值；另一是决定活套运行速度的速度设定值。这种电流控制方式实际上与本书第 3 章中介绍的卷取张力控制方法之一是一致的，也是入口活套的张力控制方式。

进行电流（张力）控制时，VVVF 把力矩设定值作为速度调节器的输出限制使用。在通常的作业线运行时，PLC 送出的速度设定值大于实际的活套速度反馈（PLC 实际送出的值是活套速度设定值加上一定偏置值，该信号被称之为 SLC 设定值）。VVVF 将根据 SLC 设定值，提高活套速度。但是，在活套升速过程中，实际速度不会立刻提高到 SLC 设定值要求的速度，这将产生速度误差。当 SLC 设定值大于速度反馈值时，速度调节器进行比例积分计算并使输出达到限幅值，此时速度环饱和进入开环，而电流调节器的给定就是 PLC 输出的电流（张力力矩）设定值，呈出现 VVVF 的电流环控制。对此，力矩设定值与速度调节器的输出大小无关。VVVF 的实际输出变为力矩输出。但是，当速度调节器的输出信号小于限幅值时，速度环将再次起作用。此时速度、电流双环同时作用，VVVF 处于速度方式工作。

7.2.1.5 活套车的速度设定

A SLC 设定值的设定

入口活套速度要分为活套两侧的速度,即活套的入口区和中活套的出口区速度。二者的速度设定值是有差别的。

在速度比率分配中,图 7-1 中 1 号入口张力辊和图 7-2 中 2 号出口张力辊的速度设定值是有差别的。二者速度差的存在正表明了活套的作用。1 号张力辊或 2 号张力辊都是用其速度反馈信号或者速度设定值进行演算,但一般使用速度设定值,因为它没有滞后并且没有波动。速度设定值加上偏置,变为 SLC 设定值,一般偏置量不大于活套最高速度的 10% 左右。

为了使入口活套能以恒张力方式工作,上述的电流工作方式必须被考虑到速度设定中。在控制系统精调结束前的调试期间,可加大偏置量。但是,在带钢断带时,活套的速度会上升到 SLC 设定值,所以不得随意加大偏置量给定。

B 速度点动设定

活套的点动速度设定时通常高于入口、中心的辊子的点动速度。活套的点动运转是在通板时、停机修补施工时、或者是修补施工结束后消除带钢松弛时使用。但是,由于最终辊速必须同步,点动速度变化过程有一定时间滞后,操作员必须慎重操作。因此,首先应按运转方案中记载的速度设定来操作。在实际生产运行时的大多数情况下点动操作量值是由操作员决定的。同时加减速斜坡率(*RAMP*)设定也同样由操作员决定。

C 线速度与转速的转换

由于在运行过程中,速度同步给定是以线速度计算的,对于生产线上各台运转设备能接受的是转速,因此需要做变换。最终送往 VVVF 的应当换算为代表电机转速的频率数输出。每台运转设备都要根据电机的额定转速,换算出变换的比率。

7.2.1.6 活套车的力矩设定

A 张力设定

由过程机或操作员站 OPS 设定输出到 PLC。加减张力斜坡率(*RAMP*)设定也同样由过程机或操作员决定。设定值由 0 变为 100% 的设定时间为 2 ~ 3s。

B 电流补偿

在单体设备调试试验时,应用点动方式运转活套,用记录仪检测速度和电流,观察和分析实际电流记录。做出空载电流与运行速度的关系以及与加减速的关系。其目的是在生产运行时,从实际运行电流中扣除加减速电流和空载电流,余下的被认为是带钢张力形成的电流。把该电流值换算为张力与张力设定值相比较,完成张力闭环控制。因此,在速度变化过程中,必须对电流设定加上电流补偿。如图 7-4 所示,速度恒定后的电流值为机械损失,加速中的变化量是加速电流,加速电流部分相当于所需要的补偿量。

C 活套车的机械损失补偿

由于活套车在以不同的速度运行时,机械摩擦引起的机械损失电流是不一样的。可以使用上述方法,在用点动方式使活套以几种速度运转,对速度和电流进行采样记录,把各个速度中的机械损失作成图表,求出速度和电流的关系式。将关系式换算为张力,变成机械损失补偿量,再加进张力设定值中。

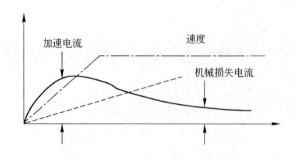

图7-4　电流波形

入口活套的速度设定值与活套速度反馈值的差相当于活套跟踪滞后。将此跟踪滞后的时间加以考虑并加进电机的力矩调节单元中，这样会使滞后时间缩短。这种调整方法和措施应当在冷负荷试车时进行。

D　活套车的负荷试验

在活套车停机状态下，确认静态张力的建立状况。如有问题，需要修改张力斜坡率设定值，达到平稳建张的状态。

运行跑合调整：在作业运行状态下，监视活套部分的带钢运行状态。在速度与张力已进入稳定情况下，操作和调整动作如下：

（1）在入口或出口减速时，如发生张力变动，调整电流补偿值或滞后时间的力矩补偿值。

（2）入口、出口的速度设定值恒定，但实际速度差出现，此时活套按恒定速度移动时会产生张力不够现象，需要调整机械损失补偿值。

（3）因活套的位置不同，产生张力差时，需要调整张力附加的补偿值。

（4）活套没移动，在活套的入口和出口有了张力差时，需要调整弯曲力矩补偿值。

7.2.1.7　负荷平衡控制

像张紧辊那样，在数个辊成一体动作时，速度同步，负荷应按目标比率关系分配作用于各个辊子上。负荷平衡控制正是这样按目标比率进行分配的一种控制。除了张紧辊之外，这种控制方式在辊群的辅助辊等也被使用（辅助辊是小电机带动的辊）。这种控制因目的不同，目标负荷分配的方法也不同。因此，虽说是负荷平衡控制，在控制回路上并不完全一样。

如果是以解决辊子过负荷为目的，最有利的方法是把负荷分配比率变为电机的容量比。在辅助辊上也是根据设备所处的场所，进行比率负荷分配。另外，在张紧辊上，由于实际运行过程中会发生辊子打滑问题。所以，在负荷平衡分配中，将选择辊子不容易发生打滑现象的负荷平衡的目标值。这种方式的负荷分配被称为负荷分配控制。

A　负荷分配控制（Load share control）

读入张紧辊入口侧张力和张紧辊出口侧张力，求出其张紧辊前后的张力比。代入各辊与带钢的接触包角，从而求得实际的张力比值。然后，通过与负荷分配目标值相比较，通过微调该辊的速度，达到张紧辊前后的张力比设定值。

B 负荷平衡控制（Load balance control）

负荷平衡控制方法实际是对于被控辊子的设定电流与反馈电流进行比较，然后加以闭环控制。控制思想比较简单，但需要考虑稳定性。因为从被控制的辊子来看，负荷平衡控制是改变线速度微调给定，如果此时张紧辊还有其他的张力控制信号加入，负荷平衡修正给定与其他回路将会相互干扰，造成不稳定，应予以注意。

C 控制的确认

在负荷分配运行中，某种负荷分配比作用于各辊子上，该值和负荷平衡控制的目标电流值几乎接近。尽管如此，也不能判定该值是否是正常控制结果。因为某种偶然的趋势，外观状态接近于平衡目标值，但是各辊并未达到平衡运行状态。此时应从外部输入一种破坏平衡状态的信号，以此检查实际负荷平衡控制的结果。

7.2.2 一级基础自动化顺序控制系统功能

7.2.2.1 入口段顺序控制

A 1 号入口运输小车自动

钢卷自动地从原料跨的原料座通过运输车送到 1 号卷座。当入口运输车在原料座开始运卷时，有光电开关检测原料座上的钢卷是否存在。当有钢卷时，运输车上的卷座上升把原料座上的钢卷升起，随后运输小车向拆卷机方向行走，运输小车由交流变频电机驱动。在原料跨内有一个行程开关，当运输小车上档尺碰到此行程开关向拆卷机方向行进后，则入口钢卷小车必须不在 1 号卷座位置，或者入口钢卷小车在 1 号卷座位置，但钢卷小车上的上升装置必须在下极限位置。当入口运输车把钢卷运输到 1 号卷座前，有一个速度转换的接近开关接触到信号后反馈给 PLC，PLC 则把入口运输车速度降下来，最终停在 1 号卷座。然后，入口运输车上的升降座下降，将钢卷放在 1 号卷座上。随后入口运输车快速退回原料座前的开始位置。

B 1 号入口钢卷小车钢卷运输

当运输车不在线内，则入口钢卷小车上的升降台上升把钢卷从 1 号座升起之后，1 号入口钢卷小车横移到 2 号卷座位置。然后，1 号入口钢卷小车升降台下降，把钢卷放在 2 号卷座。入口钢卷小车在入口处设置 1 号和 2 号卷座是为了拆卷机有充分的时间上料，合理分配钢卷车的运行时间。

C 1 号入口钢卷小车高度对中

高度对中的主要作用是钢卷直径测量及高度对中。1 号入口钢卷小车在 2 号卷座位置，入口钢卷小车上的升降装置升起，直到升降装置把钢卷抬升到钢卷小车的上升停止上限后停止。随后，1 号入口钢卷小车高度向前（拆卷机方向）横移，在经过高低速转换行程开关后，此小车低速横移到高度对中点并停止横移，此小车下降至最低点，然后 1 号钢卷小车又开始上升，按照钢卷直径可以经过 A、B、C 三个光电检测器，根据公式算出钢卷外径及钢卷中心高度。根据判断钢卷中心高度与拆卷机卷筒中心轴的高度之差，可作出如下的动作：

（1）若钢卷中心高度≤拆卷机卷筒中心轴高度，则钢卷小车上升至两个高度相等停下来。

（2）若钢卷中心高度＞拆卷机卷筒中心轴高度，则钢卷小车先停下来，接着小车下降直到钢卷小车上的钢卷中心高度与拆卷机卷筒中心轴高度相差一定距离之后，钢卷小车上升直到钢卷中心高度与卷筒中心高度相等时，钢卷小车停下来。

当1号入口钢卷小车高度对中自动完成后，发出1号钢卷小车下一个动作指令，即进行宽度对中的开始。

D　1号入口钢卷车宽度对中及钢卷插入拆卷机卷筒

开始钢卷车宽度对中动作时，触发以下顺序动作：1号拆卷机卷筒缩径开始，到缩径结束停止；1号钢卷小车对中复位；1号磁力导板在最低位；伸缩导板后退到原始位置。

上述条件均满足后，1号钢卷小车可以向前横移，通过1号入口钢卷小车宽度光电检测元件，PLC开始进行宽度计算。如果宽度对中结束后则1号钢卷小车横移结束。与此同时1号拆卷机点动；点动结束后，1号拆卷机卷心轴（即卷筒）胀径；胀径结束后，开始选择是上拆卷还是下拆卷。若是上拆卷，则1号拆卷机上压辊压紧 N 秒之后即完成。（同理，下拆卷则1号拆卷机下压辊压紧 N 秒之后完成）。1号入口钢卷小车升降装置下降到位停止后，钢卷小车向后横移，则钢卷被插入到了1号拆卷机。1号钢卷小车向后横移到2号钢卷座下的1号入口钢卷小车的原始位置。钢卷小车停止并进行横移码复位。此时，此自动过程结束，同时发出信号，表明1号拆卷机到双切剪穿带可以开始动作。

E　1号入口拆卷机到双切剪的穿带过程

钢卷插入1号拆卷机结束时，开始进行1号拆卷机到双切剪的穿带自动过程。当满足所有的自动启动的联锁条件后，按启动按钮则自动过程开始。首先是1号磁力皮带运输机最低位（初始位置）开始升起，直到升起到设定的位置后停止。然后磁力皮带运输机的伸缩导板向前伸出，直到设定的位置后停下来。1号拆卷机向后点动，此时由一对光电检测器来测量带头的角度，只有带头上拆卷位45°或者下拆卷位135°之内满足设定的要求时，点动向后结束。随后选择拆卷的方向是上拆或是下拆，选择完后拆卷机再向前点动，带钢被磁力运输机上的磁力皮带向上带动直到把带头穿入双切剪入口夹送辊，双切剪入口夹送辊开始压下并开始向前点动。几秒钟后磁力运输机伸缩导板向后退到初始位置，磁力运输机退回到初始位置。在双切剪入口夹送辊开始压下几秒钟后，并且在检测磁力运输机导板退回检测信号来后，1号拆卷机的压辊打开（上压辊或者是下压辊），磁力皮带运输机上用于帮助穿带的压辊打开，双切剪入口带钢光电检测器检测到带钢后，PLC经过计算得出停止位置，1号拆卷机点动结束，1号磁力皮带运输机降到最低位置，1号磁力皮带运输机皮带点动结束等条件都满足后，从1号拆卷机到双切剪穿带的自动过程结束。2号拆卷机到双切剪的穿带过程与1号拆卷机到双切剪的穿带过程基本相同，就不再复述。

7.2.2.2　钢卷自动处理

A　入口钢卷自动处理

入口钢卷自动处理功能包括用于拆卷机的自动钢卷处理，通过操作员启动钢卷装载到拆卷机卷筒上，入口钢卷自动处理功能开始执行。自动处理开始的过程中，钢卷装载在钢卷车上并被测量钢卷宽度和钢卷高度，随后被插入拆卷机卷筒上并自动定位在卷筒上预设定的位置上。钢卷宽度通过光电开关、脉冲发生器、计数器功能来监视和测量。钢卷外径也是通过光电开关、脉冲发生器、计数器功能来监视和测量。钢卷被插入卷筒后自动地穿带到双切剪，又从双切剪到缝合机。其中部分操作是手动或半自动进行的。往后，由剪子剪掉不符合标准的钢卷部分，剪切废料的数目可以在 HMI 触摸屏或过程计算机中输入。夹送辊运输废板，废料导板把废料送到废料车。剪切后，按照操作员的操作，带钢自动运行到达预设定的缝合位置。

B　出口钢卷处理

出口钢卷处理功能包括张力卷取机的胀缩径，将卷筒上卷好的钢卷自动地传送到钢卷车，钢卷车搬运钢卷到滑道上合适的位置。同时，下一卷缠绕卷取的准备工作也被执行了。

C　涂机的涂头快速打开

因为带钢缝合处通过涂头时，涂头如不打开会对敷料辊有损害。所以带钢缝合处经过涂头时，涂头必须自动快速打开，而后自动关闭。

D　固化炉垂度计控制

实际垂度值是通过安装在 1 号固化炉入口侧和 2 号固化炉入口侧的传感器检测获得的，通过 3 号张力辊和 5 号张力辊来控制垂度的数值。

E　出口速度设定值

出口速度设定必须满足剪切机和张力卷取机的运行速度要求。

7.2.2.3　中部段顺序控制

A　清洗段自动

运行状态，当缝合缝过清洗段入口的密封辊或出口的挤干辊时，密封辊或挤干辊必须打开，否则密封辊或挤干辊会受到损伤。

自动开始由 1 号缝合缝检测器检测缝合缝，检测到缝合缝则开始计算带钢的长度，当缝合缝离密封辊或挤干辊 2m 时，挤干辊或密封辊上下辊均打开。缝合缝过密封辊或挤干辊 2m 时，上下辊均闭合，直到检测确认闭合结束，此密封辊或挤干辊的自动过程结束。进行下一个密封辊或挤干辊的自动打开和闭合动作。清洗段有如下的密封辊和挤干辊需要动作：清洗槽密封辊、清洗槽挤干辊、刷洗槽密封辊、刷洗槽挤干辊、1 号热水漂洗槽密封辊、1 号热水漂洗槽挤干辊、2 号热水漂洗槽密封辊、2 号热水漂洗槽挤干辊、调制槽密封辊、调制槽挤干辊、3 号热水漂洗槽密封辊、3 号热水漂洗槽挤干辊、3 号热水漂洗槽密封辊、4 号热水漂洗槽挤干辊。

B　化学涂机涂头在通过缝合缝时的自动过程

化学涂机涂头自动打开和闭合过程开始动作是在 1 号缝合缝检测器检测缝合点时，开始计算从缝合缝处到化学涂头机的带钢长度 L_1，当带钢长度 $L_1 = L$（L 是从缝合缝到化学涂机涂头的位置设定值）时，化学涂机涂头上升打开，并由接近开关检测涂头确认打开到位，涂头运动停止。然后由带钢跟踪程序判断是否带钢缝合缝已过化学涂机 2m，到达后化学涂机涂头开始下降直到与带钢接触，接近开关检测确认后几秒时间，涂头闭合动作结束，化学涂机涂头开始工作。一个周期的涂头过缝合缝时自动打开过程结束。

C　在生产线停止时化学涂机涂头的自动打开闭合过程

当生产线出口段停止，但出口状态处于运行态等联锁条件均满足后，此自动过程开始。涂机涂头上下两部分动作同时开始打开和闭合动作。

D　在生产线开始运行时化学涂机涂头的自动过程

当联锁条件满足开始自动过程时，化学涂机顶部涂敷辊、化学涂机顶部带料辊、化学涂机底部涂敷辊、化学涂机底部带料辊以设定速度运转。化学涂机各部分开始以同步速度运行。同步1s后，化学涂机的下部涂头闭合，闭合2s后化学涂机上部涂头开始闭合。此自动过程结束。1号涂机涂头的自动过程、2号涂机涂头的自动过程、备用涂机涂头的自动过程完全相同。

7.2.2.4　出口段自动控制

A　出口自动减速停止

当出口自动减速停止的联锁条件满足后，自动过程开始。在出口剪剪切点到来之前数米处，出口段开始自动减速到40m/s，此时出口夹送辊转动，速度继续减速到30m/s，将有几个设备开始动作。

出口剪剪切条件是：出口废料和取样导板升降装置下降，直到设定的位置；出口夹送辊闭合直到自动结束；出口导向夹送辊剪以切速度运行3s后，出口导向夹送辊闭合；出口剪电机运行；6号张力辊的压辊压下直到压紧钢板结束；出口速度保持在30m/s。5个条件都满足后，则判断出口剪剪切点是否到达，如果没有到达，继续运行。如果到达则出口自动慢速减速停止。发出出口剪剪切动作开始，自动过程结束。

B　出口剪剪切自动过程

剪切目的分两种，一是为了分卷，二是剪切废料和取样。分卷时出口剪仅动作一次把带钢分开后，此次剪切动作循环结束，剪切计数器复位，生产线出口段剪子前部分设备停止，出口剪自动过程结束。剪切废料和取样，出口剪剪切循环开始时，出口剪空气抱闸打开，空气离合器闭合，剪子上下剪刃动作，随后上下剪刃离开，离合器空气打开，空气抱闸闭合，上下剪刃回到初始位置，剪切计数器加1，剪切循环结束。废料剪切数目达到设定数目后，开始采样。即在剪切结束后延时3s出口废料取样小门、导板升起到设定位置（如果不采样，则直接到下一步），进行采样。在采样结束后，剪切计数器复位，出口剪剪切循环结束，生产线出口段停止，剪切自动过程结束。

C　出口带尾停止过程

当第一次自动剪切循环结束时，就给出口带尾自动停止发出信号，表示出口带尾停止过程可以开始。当出口带尾停止自动的联锁条件满足后，出口导向夹送辊向前点动。同时，按照上卷取还是下卷取来进行下一步。如果是上卷取，皮带助卷器的上压辊闭合压向张力卷取机上的带钢（如果是下卷取，皮带助卷器的下压辊闭合压上张力卷取机上的带钢），直到此自动过程结束。

D　出口张力卷取机钢卷搬运过程

自动搬运的联锁条件满足后，出口钢卷车升降台慢速上升，钢卷车升降脉冲发生器计数，当升降台接触到钢卷，升降停止。随后皮带助卷器的上压辊或下压辊打开，直到初始位置。张力卷取机的卷筒缩径，到达缩径位置后，张力卷取机卷筒向后点动。张力卷取机的卷筒缩径到达缩径位置两秒后，出口钢卷车低速向前（远离张力卷取机的方向）横移。当出口钢卷车通过变速行程开关位置时，出口钢卷车脉冲发生器复位，张力卷取机点动结束，张力卷取机缠绕准备开始。

E　涂蜡机涂辊在过缝合缝时自动打开和闭合

1 号缝合缝检测器检测缝合点，由带钢跟踪程序给出的信号计算从缝合缝开始到涂蜡机涂辊的带钢长度 L_1，当带钢长度 $L_1 = L$（L 是从缝合缝到涂蜡机涂头的设定位置）时，涂蜡机涂辊电磁阀控制将涂头打开，并由接近开关检测涂头确认是否打开到位，然后钢带缝合缝通过涂蜡机。涂蜡机涂辊开始下降与带钢接触，当接近开关检测到闭合数秒时间后，涂辊闭合，一个循环周期结束。

F　生产线停止时涂蜡机涂辊的自动打开闭合过程

当生产线出口段实际设备处于停止状态，但出口段处于运行操作状态且联锁条件均满足后，涂蜡机涂辊被打开，并由接近开关检测涂头确认是否打开到位。之后，涂蜡机涂敷辊和带料辊都处于爬行运转阶段直至满足设定要求，此自动过程结束。

7.2.2.5　彩涂线包装半自动过程

出口包装段半自动过程开始，钢卷从生产线出口通过吊车运输到包装段的存储区，钢卷被吊到带式运输机鞍式卷座上。在包装线操作台上，操作员可以使用手动或自动方式工作。带式运输机向前行走，在接近包装机通过接近开关检测到钢卷到来时，运输机减速直到停止在预定的包装位置。包装机开始放上端的包装纸，放外部包装薄板，系打捆带。这些动作，每一步都可以手动进行。

7.3　彩色涂层钢板生产线二级过程控制系统功能

彩色涂层钢板生产线二级过程控制系统功能主要有数据库信息处理、带钢跟踪、材料映象。二级过程机从一级接受生产线的开始/停止信号，进行生产线过程检测的报文准备及记录。由一级钢卷移动信号进行钢卷跟踪。根据一级的缝合缝移动信号，进行材料跟踪。二级数据库服务器得到一级的涂机温度、材料检查数据、钢卷质量等数据后，组成报文，在数据库服务器上显示钢卷装载列表。过程机完成初始化数据输入及显示，产品数据详细显示，各种设定功能的计算等。在 HMI 上，设计有必要的操作画面和显示画面，例如入口钢卷数据的预设定、涂机数据的预设定、固化炉数据的预设定、张力辊张力的预设定、采集所得的涂机数据等。

7.4　彩色涂层钢板生产线仪器仪表系统

彩色涂层钢板生产线仪器仪表控制系统与自动化系统组成整体的控制系统。其中硬件分为检测仪表和检测控制仪表，即 DCS 系统。下面分别加以简单说明。

7.4.1　彩色涂层钢板生产线仪表控制系统

7.4.1.1　化学段仪表控制系统主要功能

（1）溶液和热水的温度控制。通过电阻式测温仪测量喷射管中的溶液和热水的温度，信号反馈到 DCS 系统的显示控制器上，并存储到趋势走向系统中。控制器输出连续信号去控制热交换蒸汽供给阀动作。

（2）调整段热水槽温度控制。通过电阻式测温仪检测循环槽内热水的温度，信号反馈到 DCS 系统的显示控制器上，并存储到趋势走向系统中。控制器输出开关量信号去控制蒸汽供应阀。

（3）溶液浓度控制。通过电导率变送器检测循环槽内的溶液浓度，信号反馈到 DCS 系统并且存储到趋势显示图中。控制器输出开关信号控制溶液供给源的控制阀。此项控制功能主要用于清洗槽。

（4）浓度测量。通过电导率变送器测量，信号反馈到 DCS 系统，此项控制用于 4 号热水漂洗槽。

（5）循环槽液位控制。通过压差变送器检测循环槽液位，液位信号反馈到 DCS 系统，控制器输出开关量信号去控制液位过滤水供给源的控制阀。此项控制功能在清洗槽、刷洗槽、调制槽、1 号、2 号、3 号、4 号热水漂洗槽中均有相同的应用。

7.4.1.2 1 号、2 号固化炉仪表控制系统主要功能

（1）固化炉内压力控制。通过压差变送器检测炉内压力，并把信号反馈到指示控制器 DCS 系统。控制器输出连续信号去控制安装在排气管上的控制阀。此项控制功能应用于 1 号、2 号固化炉的 1 区或 4 区。

（2）循环风机出口压力控制。通过压力变送器来检测循环风机出口压力，并把信号反馈到指示控制器 DCS 系统。控制器输出连续信号去控制 VVVF 风机运行。此项控制功能应用于 1 号、2 号固化炉的 1 号到 4 号循环风机。

（3）热空气压力控制和流量速率测量。通过压力变送器、孔口测流计和压差变送器检测热空气压力和流量速率，并把信号反馈到指示控制器 DCS 系统。控制器输出连续信号去控制安装在管道上的控制阀。此项控制功能应用于 1 号、2 号固化炉热空气供给源的主管道上。

（4）1 号、2 号固化炉低爆炸极限检测。通过低爆炸极限检测传感器检测燃气浓度，并把信号反馈到报警系统 DCS 系统中。报警系统输出开关量信号去控制新鲜空气流量阀。

（5）主要的热空气温度控制。通过热电偶检测热空气的温度，信号反馈到指示控制器 DCS 系统。这些控制器输出连续信号去控制焚烧炉燃气管道上的控制阀。

（6）焚烧炉压力控制。通过压差变送器检测焚烧炉内压力，并且信号反馈到指示控制器 DCS 系统。输出连续信号去控制安装在排气管道上的控制阀。

（7）焚烧炉燃料气体压力和流量速率测量。通过压力变送器和孔口测量计检测燃料气体的压力和流量，信号反馈到指示控制器 DCS 系统。

7.4.1.3 涂机段仪表控制系统的主要功能

（1）涂层厚度控制。涂层厚度通过两种方法来控制，一是由变频电机来控制测量辊、涂敷辊、带料辊的线速度；二是通过交流伺服电机来控制测量辊、涂敷辊、带料辊之间的接触压力。测量辊与涂敷辊之间、涂敷辊与带料辊之间的压力由磁尺测量的辊缝来决定。涂敷辊与支持辊之间的压力由压力传感器的测量来确定。压力信号反馈到指示控制器 DCS 系统中。控制器输出连续信号去控制伺服电机按照设定值要求进行调节。如果在线涂层厚度测量仪安装在固化炉出口，则通过测量干的涂层厚度也可以实现反馈控制。

（2）循环槽冷却水温度控制。通过电导率测温仪测量温度，信号反馈到指示控制器 DCS 系统中。控制器输出连续信号去控制热交换冷水供给源的控制阀。

（3）冷却水循环槽液位控制。通过压差变送器检测循环槽液位，信号反馈到指示控制

器 DCS 系统中。控制器输出开关量信号去控制脱盐水供应源控制阀。

7.4.1.4 送到中心测量系统的信号

所有用于消耗介质（各个种类的水、压缩空气、燃气、蒸汽等）的流量测量，还有流到中和站的全部污水温度和压力补偿，都要提供给工厂中心测量站，并且所有测量值同时显示在 HMI 上。

7.4.2 测量仪表

（1）频闪测量仪。频闪测量仪安装在生产线的出口检查区。频闪测量仪照射脉冲氙气闪光到钢板表面，帮助检查带钢表面缺陷。

（2）钢卷秤。钢卷秤安装在出口钢卷小车往返的中途。钢卷打捆后，通过钢卷小车把钢卷运输并放到钢卷秤上。之后，钢卷秤自动测量钢卷总量，并显示和打印相关数据清单。称重之后，钢卷被钢卷小车从称重位置移走，或使用吊车将钢卷运到包装线的存储区。

（3）带钢中心和边部位置检测。对中可以使带钢运行时与设备中心线对齐。而对边装置可使带钢卷取时，带钢边部对齐。对中装置用于 1 号、2 号拆卷机，活套入口纠偏辊，1号、2 号、3 号、4 号纠偏辊和 1 号、2 号冷却单元。对边装置用于张力卷取，层压贴膜机。

（4）焊缝检测器。焊缝点检测器分别位于化学涂机入口侧和 1 号涂机入口侧、2 号涂机入口侧和出口活套出口侧，作用是通过捕捉焊缝后的冲孔来检测缝合点。

（5）垂直度传感器（垂度计）。垂直度传感器安装在 1 号和 2 号固化炉之前，可以保持带钢在炉子内部带钢垂直度在要求的位置，以保持生产线的连续运行。

（6）低爆炸极限。低爆炸极限传感器被安放在固化炉排放管道的吸入口，以维持可燃气体的浓度在适当的状态。这些可燃烧气体是在彩色涂层固化阶段产生的，具有一定毒性。

（7）张力计。张力计安装在转动辊子两端的轴承座中，检测辊子所受的力，从而获得张力反馈值。并得到辊子两端的张力和与张力差，这对判别带钢是否走偏也有帮助。

（8）磁尺辊缝检测。磁尺安装在涂机上，用来检测各辊子间的缝隙。

（9）点火系统。航空燃烧喷嘴使用电子点火器来给每个烧嘴点火，带有点火按钮开关的点火面板，安装在本地配电盘上。通过配置的检测面板可监视航空燃烧喷嘴的点火情况。点火系统由电子点火装置、航空烧嘴检测器、特殊电缆、检测面板、DCS 接口组成。

（10）干燥气源系统。干燥气源系统是给仪表系统提供干燥气体的，由循环分离器、空气过滤器、去潮气器、回收槽、压力测量仪、压力开关、止回阀、停止阀组成。

参 考 文 献

［1］孙一康. 带钢热连轧数学模型基础［M］. 北京：冶金工业出版社，1979.

［2］刘玠，孙一康. 带钢热连轧计算机控制［M］. 北京：机械工业出版社，1997.

［3］孙一康. 带钢冷连轧计算机控制［M］. 北京：冶金工业出版社，2002.

［4］孙一康. 带钢热连轧的模型与控制［M］. 北京：冶金工业出版社，2002.

［5］唐谋凤. 现代带钢冷连轧机的自动化［M］. 北京：冶金工业出版社，1995.

［6］华建新，王贞祥. 全连续式冷连轧机过程控制［M］. 北京：冶金工业出版社，2000.

［7］李庆尧，杨弘鸣. 带钢冷连轧机过程控制计算机及应用软件设计［M］. 北京：冶金工业出版社，1995.

［8］王国栋. 板形控制和板形理论［M］. 北京：冶金工业出版社，1986.

［9］金兹伯格. 高精度板带材轧制理论与实践［M］. 姜明东，等译. 北京：冶金工业出版社，2000.

［10］张宏勋. 过程机械量仪表［M］. 北京：冶金工业出版社，1985.

［11］周业华. 鞍钢新轧冷轧2号生产线连续酸洗机组工艺段自动控制系统［J］. 冶金自动化，2004(4).

［12］于海斌，朱云龙. 可集成的制造执行系统［J］. 计算机集成制造系统，2000(6).

［13］马玉林，刘爱国. 冶金冷轧薄板企业生产计划调度体系结构及方法研究［J］. 信息与控制，2004(1).

［14］彭威，史海波. 软件架构模型及机组作业计划中的任务分配法［J］. 计算机集成制造系统，2002(3).

［15］史海波，彭威，冯春杨. 冷轧企业生产管理模式及CIMS实施方案设计［J］. 计算机集成制造系统，2002(6).

［16］孙一康. 适用于轧钢过程的计算机控制系统［J］. 中国工程科学，2000(2)：73.

［17］刘建昌，钱晓龙，陈宏志. 冷连轧机张力自动控制系统［J］. 钢铁，2002(12)：36.

［18］王国栋，刘相华，王军生. 冷连轧厚度自动控制［J］. 轧钢，2003(3):38.

［19］徐乐江. 冷轧板带生产技术的现状与发展［J］. 轧钢，1997(2):3.

［20］王君，王国栋. 各种压力AGC模型的分析与评价［J］. 轧钢，2001(5):51.

［21］许健勇，陈守群，王骏飞. 冷轧板形的系统控制［J］. 轧钢，1999 (3)：32.

［22］陈建华，等. AGC系统高精度厚度计公式的工程研究［J］. 轧钢，2002 (5)：42.

［23］田原，王琪辉. 冷连轧机张力-厚度控制交互作用多变量模式［J］. 轧钢，2002 (2)：15.

［24］秦政. 冷轧自动化系统——冷轧机实现现代化的选择. 西门子公司专家报告.

［25］Abikaram M，Leclercq Y，Pichler R. 先进的奥钢联冷轧自动化方案［J］. 钢铁，2000(10)：43.

［26］王育华. 数字式MRH主令控制器和S形速度曲线的原理［J］. 宝钢技术，1999(6):41.

［27］许益民. UC轧机板形建模与控制方法研究. 大连：大连理工大学. 2005.

［28］杨荃. 冷轧机的板形控制目标模型［J］. 北京科技大学学报，1995(12).

［29］乔梭飞. 板形控制现状及未来发展［J］. 冶金自动化，1997(1):12～15.